回归营建学：
世界营建学史简编

Return to the True Meaning of Architecture in
Its Chinese Term:
Abbreviated Edition of the General History of
World Architecture

拙匠札记
Reading Notes of Clumsy Craftsmen

薛恩伦
Enlun Xue   著
罗志刚
Zhigang Luo

中国建筑工业出版社
CHINA ARCHITECTURE & BUILDING PRESS

图书在版编目（CIP）数据

回归营建学：世界营建学史简编 = Return to the
True Meaning of Architecture in Its Chinese Term:
Abbreviated Edition of the General History of
World Architecture / 薛恩伦，罗志刚著 . —北京：
中国建筑工业出版社，2021.3
（拙匠札记）
ISBN 978-7-112-25737-9

Ⅰ . ①回⋯　Ⅱ . ①薛⋯②罗⋯　Ⅲ . ①建筑史—世界
Ⅳ . ① TU-091

中国版本图书馆 CIP 数据核字（2020）第 250050 号

责任编辑：吴宇江
责任校对：张　颖　王　烨

回归营建学：
世界营建学史简编

Return to the True Meaning of Architecture in Its Chinese Term:
Abbreviated Edition of the General History of World Architecture

拙匠札记
Reading Notes of Clumsy Craftsmen

薛恩伦
Enlun Xue　　　　著
罗志刚
Zhigang Luo

*
中国建筑工业出版社出版、发行（北京海淀三里河路 9 号）
各地新华书店、建筑书店经销
北京点击世代文化传媒有限公司制版
北京中科印刷有限公司印刷
*
开本：787 毫米 ×1092 毫米　1/16　印张：22　字数：427 千字
2021 年 12 月第一版　2021 年 12 月第一次印刷
定价：**88.00 元**
ISBN 978-7-112-25737-9
　　（36777）

内容提要

本书是一本学术专著，探讨一项"学科名称"及其发展的过程与未来，这门学科就是"营建学"（Architecture）。长期以来，人们都称它为"建筑学"，但是"建筑学"是日文、日文中的汉字，其主要原因是由于清政府拟订的《钦定京师大学堂章程》是以日本东京帝国大学建筑科（Architecture）为蓝本，此后中华民国时期的中央大学继续沿用，并成立"建筑系"。梁思成先生于中华人民共和国成立前在清华大学创办的"建筑系"于1948年（中华人民共和国成立前夕）特意更名为"营建系"。梁思成先生在讲授"概论"课时说过，他不喜欢"建筑"二字，说它不是中国的，它是由日本汉字移植过来的舶来品。梁思成先生还说，他喜欢"营建"二字，它涵括了规划、设计、建造等。"营建"是传统的古汉语，如"匠人营国""营造法式"等。"营建"恰当地对应了维特鲁威在《营建学十书》中提出的"Architecture"。2019年良渚古城遗址列入世界遗产名录，这标志着中华五千年文明史得到国际社会认可。事实说明，中国的"营建学"比古罗马还早2000年，只是中国古代没有人明确提出。中国古代的营建师被称为"匠人"，故而有"匠人营国"之称。

本书概述了古今中外"营建学"的发展历史，并且探讨了"世界营建学谱系"。探讨世界营建学谱系是一项很复杂的工作。弗莱彻（Banister Fletcher）在《比较法世界建筑史》（A History of Architecture on the Comparative Method）一书中画了一棵大树，可视作图表，有人称之为"营建之树"（Family tree of Architecture）。实际上，应当译为"营建学谱系或族谱"。这棵大树实在太不靠谱，不仅有"大欧洲主义"之嫌，而且也缺乏基本的科学分析。

在介绍中国营建学的发展历程中，我们特意加强了对少数民族营建学的介绍。此外，我们还特意增加了一章"中国当代营建师的崛起"。中国改革开放之后，营建规模很大，人才辈出，国内新生代的成长已经缩小了与国外先进大国营建师之间的差距，有些营建师或许正在超越当代国外的大师。当代中国营建师的作品不仅应当在国内介绍，也应当让国外了解。本书最后一章是质疑《广义建筑学》与《建筑学的未来》两部著作，虽然这两本书真正阅读过的人并不多，但是书中的观点值得商榷。

Abstract

This book is a researching treatise examining the academic term of "Architecture" and some seminal moments of its past and future. To start with we feel it necessary to correct some concepts. "Architecture", written in identical form of "建筑" in Chinese as in its Japanese origin, has effectively long been termed in Chinese as something concerning "a building" ever since its first introduction from Department of Architecture, Tokyo Imperial University, Japan by Chinese Qing government early 20th Century when officials set to draw up "Regius Code of Imperial University of Peking". Chinese central universities during 1912-1948 established and named their departments of architecture using this term which somehow lost some of its true meaning in translation until, Mr. Liang Sicheng, founder of Department of Architecture, Tsinghua University, changed its Chinese translation in 1948 from Department of "建筑" to that of "营建". Mr. Liang argued that historically "建筑" had never been a Chinese term, it was literally a Japanese word in the form of Chinese characters and later imported back to China. Instead, Mr. Liang stated his penchant for the indigenous term of "营建" descending from ancient China which involved elements of planning, designing and constructing etc. and was commonly used as in Chinese context like "Craftsmen help build up a country" and "Principles of Construction". Inadvertently but accurately "营建" echoes with the "Architecture" related in "The Ten Books in Architecture" by Vitruvius. Archaeological Ruins of Liangzhu City being listed as World Heritage in 2019 signals the international acknowledgement of Chinese Civilization spanning as long as five thousand years, which may further imply the fact that in ancient China the science of "Architecture" emerged some 2000 years earlier than in ancient Rome, only no explicit proposition ever emerged thereafter. But still, "craftsmen", as in "Craftsmen help build up a country", was used to address ancient Chinese architects.

This book summarizes the historical development of science of architecture in China and beyond, and the "pedigree" that comes with it. Quest for the pedigree is a sophisticated but necessary endeavor. One apparent attempt was the big tree-like diagram drew by Banister Fletcher in his "A History of Architecture on the Comparative Method". Some Chinese scholars translate it literally as "Family Tree of Architecture", while the "pedigree" might be a more proper interpretation. Either way, the "tree" seems plausible with its Europeanism tendency and lack of fundamental scientific analysis.

In chapters introducing the developing process of science of architecture in China, we focus more on ethnic minority areas which are less attended to in past works. Also we devote a whole chapter to "the rise of contemporary Chinese architects". Following China's opening up, we see the great expansion of constructions in this vast piece of land and the stunning surge of intellectuals with expertise. Gap between us and architects from some developed countries has been narrowed along with maturity of China's new generation the top ones of whom may even be pulling ahead of international masters. All these make it relevant to acquaint not only domestic but also international readers with works of Chinese architects. Last but not least, we work into the final chapter some of our opinions on two Chinese books: "Integrated Architecture" and "The future of Architecture" which we do not assume are very popular. We consider them anachronistic with monumental mistakes and feel obliged to add this revealing part in the book, in the hope of creating a healthy atmosphere for academic discussion, though at the risk of offending the author who has been honored Academician and received National Top Science and Technology Award.

献给母校——清华大学建校 110 周年

暨纪念梁思成先生诞辰 120 周年

前言 Preface

　　20 年前我就想写这样一本书，只是不知怎样开头。此外，自己掌握的材料也不够充分，是否能写好，信心也不足。后来是我的几位以前的学生、好友的鼓励，他们伴随我进行了 20 年的国内、国外学术考察，同时也协助我先后出版了《现代建筑名作访评》和《古代建筑名作解读》两套系列丛书，因此，坚定了自己的信念。此外，在广泛阅读参考书时，《一代宗师梁思成》给了我极大的启示。梁思成先生在清华大学创办的"建筑系"于 1948 年（新中国成立前夕）特意更名为"营建系"。梁思成先生在讲授"概论"课时说过，他不喜欢"建筑"二字，说它不是中国的，它是由日本汉字移植过来的舶来品。梁思成先生还说，他喜欢"营建"二字，它涵盖了规划、设计、建造等。我理解"营建"是传统的古汉语，"营"字非常重要，如"匠人营国""营造法式"等。"营建"恰当地对应了维特鲁威在《营建学十书》中提出的"Architecture"。2019 年良渚古城遗址列入世界文化遗产名录，据考证，良渚古城存在的年代为公元前 3300 年至公元前 2000 年，距今已有 5000 多年的历史。只是中国古代没有人把"营建"作为一门学科提出，中国古代的营建师被人称作"匠人"，故而有"匠人营国"之说。

　　本书是集体合作的产品，其中第 1 章和第 9 章是罗志刚与我反复讨论、共同完成的，罗志刚还独立完成了第 6 章"城市规划学的发展趋向"；王欣和张兆宏分别提供了第 7 章"景观营建学的发展趋向"的第 1 节和第 2 节的内容；白丽霞提供了第 8 章第 2 节"营建师的工作"相关材料，李雯提供了第 8 章第 3 节"营建事务所的经营管理"相关材料；曲敬铭和周锐为本书专门考察了我国部分少数民族营建学的资料；周榕和周锐协助我与几位"当代中国营建师"取得直接联系。在此，我向上述各位好友表示衷心感谢。特别应当提出，崔恺院士在百忙之中还亲自到我家来，不仅赠书与我，还与我商讨了诸多问题。

　　此外，特别感谢卢岩多年为我们出国考察给予大力协助，并为本书的写作提供了照片，同时还为本书的内容提要做了英文译稿，最后还要感谢中国建筑工业出版社吴宇江编审为本书的编辑出版给予了大力支持并提供相应的资料。

薛恩伦　2020 年 1 月 24 日（除夕之夜）写于清华大学双清苑

目录 Contents

1 从建筑学回归营建学

Return to the True Meaning of Architecture in Its Chinese Term

1.1 "Architecture"译名的困惑：建筑学？营建学？

　　长久以来，我国学术界把"Architecture"译为"建筑""建筑物""建筑学"，甚至"建筑艺术"。"建筑学"作为一个学科名称，含混不清，既误学又误国。中文"建筑"过去的常规含义是"房屋、建筑物"，常规理解中的"构筑物"也不是建筑，所以"建筑学"就是关于房屋的学问，这就导致建筑师的作用就是设计房屋，不太关心城市的总体形象。因为建筑师只管建造单体，而忽略了与城市整体环境的协调。况且"建筑"二字常常分不清楚，说的究竟是房屋还是"建筑学科"？

　　中国大百科全书的建筑、园林、城市规划卷第一页便提出"建筑"一词是从"日语汉字"引入，但没有说明细节。[①] 相关资料说明，1902 年满清政府指定管学大臣张百熙拟订了《钦定京师大学堂章程》，在大学分科目表中把工科科目分为："工艺科目之八：一曰土木工学、二曰机器工学、三曰造船学、四曰造兵器学、五曰电器工学、六曰建筑学。"其中，建筑学科以日本东京帝国大学建筑科为蓝本，留日学生归国后开设了中国最早的建筑学课程，中国农工商部高等实业学堂是中国最早开设建筑学课程的学校。[②]

　　英文 architecture 的日译汉字词汇曾有两种译法，一个是"造家（术）"；另一个是"建筑（学）"。1862 年日本首次将 architecture 译成"建筑学"，将 architect 译成"建筑术的学者"。"造家术"于 1864 年开始出现于日本，著名的东京帝国大学授业的课程先是用"建筑学"一词，1874 年将"建筑学"改为了"造家术"。日本的建筑史学家伊东忠太于 1894 年发表文章指出：architecture 的语义源自希腊，有绘画、雕刻和桥梁、船舰等多方面的含义，而"造家术"不能涵盖整个 architecture 的意义，所以应该翻译为"建筑学"。[③] 由于清政府拟订的《钦定京师大学堂章程》以日本东京帝国大学建筑科为蓝本，我国在中华民国时期的苏州工专、中央大学、东北大学与北平大学也都继续延用"建筑学"一词建立建筑系。

---

① 杨廷宝，戴念慈主编.中国大百科全书建筑、园林、城市规划卷 [M]. 北京：中国大百科全书出版社，1988.

② 卫莉，张培富.近代留日学生与中国建筑学教育的发轫 [J]. 江西财经大学学报，北京：2006 年第 1 期（总第 43 期）.

③ 同上。

当今在英日字典中 architecture 的日译为：**アーキテクチャー**，建築，**アーキテクチャ**，結構，建築物或建築術，建築学，建築。"建築学；建築様式；建築物"，日语汉字的解释便有 3 种，这很不清晰。因此，再从日语译成中文时就更不清晰了。而"建筑"一词在日语中首先是动词，指"修建、建造"的意思，其次才是名词"建筑物"。所以日语中"建筑学"的意思其实是"修建学""建造学"。建造，除了可以建造房屋外，还可以建造城市、市政工程、园林等。日语的"建筑"（动词）与当今中文的"建筑"（名词）不是一回事。今天的中文直接使用日语的"建筑学"是不妥的。

再看牛津英语大辞典的解释：architecture 是"art or science of building"，意为"房屋的艺术或科学"。按此含义，把 architecture 译为"建筑学"或许并不算错，意思就是关于建筑物的学问。但实际上，architecture 是在现代语境下才收缩为"建筑物（房屋）的学问"。古罗马时期维特鲁威（Vitruvius）所著的《营建学十书》（The Ten Books on Architecture），其中记述了确定城址、选水源、定方位、建城墙、划街巷、布路网、选择材料、各类房屋布局、主要公共性房屋形制、各类施工机械等内容，非常综合，包含了当时的城市规划和房屋设计、建造以及市政工程等内容，并不仅仅是"建筑物"的学问。

反思梁思成先生新中国成立前在清华大学创办的"营建系"，就比后来"建筑系"的命名好得多。"营"为筹划、经营、管理、规划等多重含义；"建"为建设、建造。"营建"很好地对应了"Architecture"的全部含义。① 汉语中"建""筑""造"三个字的含义很接近，建房、造房、筑房基本上是一个意思。1931 年，梁思成曾应朱启钤的聘请，出任中国营造学社的研究员和法式部主任，② 梁思成在编写《清式营造则例》和宋代《营造法式注释》时，反复强调"营造"二字的重要性。其实，不仅是古代，新中国成立初期的私营"建筑工程公司"也都称为"营造厂"。1948 年，梁思成先生特意将清华大学的建筑系更名为营建系，梁思成先生在讲授"概论"课时也说过，他不

---

① 1945 年 3 月，抗日战争胜利前夕，梁思成先生致函清华大学校长梅贻琦，提出成立建筑学院的必要性。1946 年清华大学工学院添设建筑学系，同年 10 月梁思成赴美考察建筑教育。1948 年，新中国成立前夕，梁思成将建筑学系更名为营建学系。营建学系的基础训练也从巴黎美术学院的西方学院派过渡到包豪斯（Bauhaus）的现代派。引自：郭黛姮，高亦兰，夏路编著.《一代宗师梁思成》[M]. 北京：中国建筑工业出版社，2006：143-148.

② 朱启钤曾任北洋政府内政部长，负责修缮北京故宫，对中国古建筑颇有研究。1925 年开始筹办中国营造学社，1930 年营造学社正式成立，朱启钤自任社长。中国营造学社设文献组和法式组，朱启钤兼任文献组主任，梁思成担任法式组主任。1917 年，朱启钤在江南图书馆发现了宋代李诫的《营造法式》手抄本，便委托商务印书馆以石印本印行，同时又在北京刊行仿宋本。之后又组织人员对《清钦定工部工程做法》一书进行校注。中华人民共和国成立后，1953 年 5 月朱启钤被聘为中央文史研究馆馆员兼古代建筑修整所顾问。朱启钤还是一位收藏家，在其病故之前即将大部分藏书捐赠给北京图书馆。朱启钤于 1964 年 2 月 26 日病故，享年 92 岁。

喜欢"建筑"二字，说它不是中国的，它是由日本汉字移植过来的舶来品。[①] 梁思成先生还说，他喜欢"营建"二字，它涵盖了规划、设计、建造等。[②] 清华大学营建系将学生分为建筑组、市镇规划组和园林组，首次将市镇设计引入中国，使营建系更加适应新中国建设的需用，显示出梁思成的远见卓识。梁思成认为："在原则上一座建筑物之设计与多数建筑物之设计并无区别。故都市设计，实即为建筑设计之扩大，实二而一者也"。[③]

所以，Architecture 的中文最恰当的对应词是"营建学""营建物""营建项目"，"Architect"也不是"建筑师"，而是"营建师"或"营建工程师"。维特鲁威的《建筑十书》应翻译为《营建学十书》或《营建工程十书》。相关词汇"Landscape architecture"的翻译就不是难懂的"景观建筑学"了，而是通俗易懂的"景观营建学"。

在维特鲁威时代和中国古代，营建师的职能涵盖了现在的建筑师、规划师和土木工程师，甚至水利工程师，营建的范围是整个城市。从浙江良渚古城遗址的发现也可以看到，水利工程在城市规划中的重要性。所以，"营建学"包含或大于"（房屋）建筑学"。"营建学"的用词比较容易使人的思维走向正确的方向。

习近平总书记提出，要展现中国担当，贡献中国智慧。我们原有自己传统的"营建学"的正确命名，为何还要去引用日语的汉字？本书以下均用"营建学"对应 architecture，也建议今后各大学和相关部门均以营建学取代建筑学，以显示我们新时代的大国风范，弘扬营建学的正确含义。

---

① 日本古代只有语言没有文字。到我国隋唐时代，汉字大量传入日本，日本才开始系统地利用汉字记载自己的语言。日语中有很多汉字不仅发音与汉语不同，语意也与我国汉语的意思不同，例如：日语中的汉字"手纸"（てがみ TEGAMI）意思是：书信。中文的"手纸"指的是上厕所用的纸。
② 郭黛姮，高亦兰，夏路编著．一代宗师梁思成 [M]．北京：中国建筑工业出版社，2006：162．
③ 梁思成．梁思成全集第五卷：致梅贻琦的信 [M]．北京：中国建筑工业出版社，2001．

1.2 维特鲁威的贡献

约公元前 80 年或公元前 70 年，古罗马的营建师维特鲁威就总结了当时的营建经验并写成《营建学十书》。[①]《营建学十书》共 10 篇，内容包括：古希腊、伊特鲁里亚和古罗马早期"营建学"的发展，从一般理论、营建教育，到城市选址、房屋场地选择、各类房屋设计原理、营建风格、柱式以及营建施工和施工机械等。《营建学十书》是世界上遗留至今的第一部完整的营建学著作。维特鲁威最早提出了营建房屋的三要素"坚固、实用、美观"，并且首次谈到了把人体的自然比例应用到营建物的尺度上。

这部 2000 年前的著作曾有多种译本，最具权威性、最清晰的译本应当是哈佛大学古典哲学教授莫里斯·希基·摩根（Morris Hicky Morgan，1859—1910）的英文译本。[②]

国内现有两种《营建学十书》的中文译本，译名均为《建筑十书》，遗憾的是这两种《建筑十书》译本均有原则性的错误，最主要的错误是没有把"建筑学"（Architecture）的概念搞清楚，甚至没有将"建筑学"（Architecture）与"建筑物"（Building）区分开来，而是一律译作"建筑"，让读者感到困惑。因此，本书不得不依据 1914 年摩根教授从拉丁文译成英文的译本进行扼要介绍。为了节省篇幅，本书仅译出全书的目录，以及第一书的内容摘要，其他部分译稿将作为"附录"放在本书的正文后面。

---

① 维特鲁威全名是马尔库斯·维特鲁威·波利奥（Marcus Vitruvius Pollio，公元前 80 年—公元前 25 年）是古罗马的营建师，他的工作时期在公元前 1 世纪，他的生平不详，他的生平年代主要是根据他的作品确定的。他出生时是罗马的自由民，可能是出生于坎帕尼亚，他曾经在恺撒的军队中服过役，在西班牙和高卢的驻军中制作过攻城的机械。维特鲁威后期由罗马帝国皇帝奥古斯都直接授予养老金，他生前可能并不太出名。维特鲁威在《营建学十书》第一书中自称为营建师，而且在第五书中谈到他在法诺（Fano）设计并建造过大会堂（basilica）。

② Vitruvius，translated by Morris Hicky Morgan，PH.D，LL.D. The Ten Books on Architecture [M]. New York：Dover Publications，INC.，1914.

VITRUVIUS

THE TEN BOOKS ON ARCHITECTURE

TRANSLATED BY

MORRIS HICKY MORGAN, PH.D., LL.D.

WITH ILLUSTRATIONS AND ORIGINAL DESIGNS
PREPARED UNDER THE DIRECTION OF
HERBERT LANGFORD WARREN, A.M.

20048201H

DOVER PUBLICATIONS, INC.
NEW YORK

5002572

Published in Canada by General Publishing Company, Ltd., 30 Lesmill Road, Don Mills, Toronto, Ontario.

Published in the United Kingdom by Constable and Company, Ltd., 10 Orange Street, London WC 2.

This Dover edition, first published in 1960, is an unabridged and unaltered republication of the first edition of the English translation by Morris Hicky Morgan, originally published by the Harvard University Press in 1914.

Standard Book Number: 486-20645-9
Library of Congress Catalog Card Number: 60-50037

Manufactured in the United States of America
Dover Publications, Inc.
180 Varick Street
New York, N. Y. 10014

1.2-1 摩根的英文版《营建学十书》封面

1.2-2 摩根的英文版《营建学十书》出版说明

1.2-3 摩根的英文版《营建学十书》目录：第 1 书至第 6 书

1.2-4　摩根的英文版《营建学十书》目录：第 7 书至第 10 书

1.2-5　摩根的英文版《营建学十书》说明

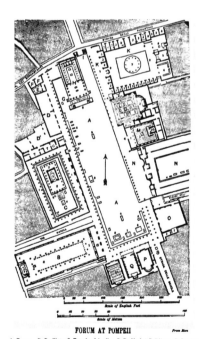

FORUM AT POMPEII　　From Mau

A, Forum. B, Basilica. C, Temple of Apollo. D, D', Market Buildings. E, Latrina. F, City Treasury. G, Memorial Arch. H, Temple of Jupiter. I, Arch of Tiberius. K, Macellum (provision market). L, Sanctuary of the City Lares. M, Temple of Vespasian. N, Building of Eumachia. O, Comitium. P, Office of the Duumvirs. Q, The City Council. R, Office of the Aediles.

1.2-6　《营建学十书》中详细介绍庞贝的城市广场（包括房屋的首层平面）

目 录

1.2-7　高履泰译《建筑十书》目录

（请注意第一书、有灰色底线的第二、第三、第四节的目录，与摩根的英文版第1书的第二、第三、第四节的目录作对比）

1.3 《营建学十书》中文译本的缺憾

国内现有两种《建筑十书》的中文译本，遗憾的是两种译本均有原则性错误。例如在 1986 年中国建筑工业出版社出版的《建筑十书》高履泰译本中，把第一书第二章的标题译为"建筑的构成"，令人对"建筑"二字无法理解，是指"建筑物"还是"建筑学"。按照哈佛大学出版社（Harvard University Press）1914 年出版的莫里斯·希基·摩根（Morris Hicky Morgan）英译本，第一书第二章的标题应译为"营建学的基本原理"（The Fundamental Principles of Architecture），非常明确。《建筑十书》高履泰译本把第一书第三章的标题译为"建筑学的部门"，若按摩根英译本，第一书第三章的标题应译为"营建学的知识范围"（The Departments of Architecture）。[①] 此外，高履泰的译本中把第一书第四章的标题译为"动物的身体和土地的健康性"，若按摩根的英译本，正确的译法应为"城市的选址"或"城市的位置"（The Site of a City）。这些错误导致对维特鲁威"营建学"的严重误解，使读者认为"营建学"中不包含城市规划。事实上，维特鲁威"营建学"第一书的第四章至第七章讲的都是城市规划的问题，例如第六章的标题为"街道的方向"，研究城市内的街区划分与大街小巷的朝向。高履泰的译本中，把第一书第六章的标题译为"城内建筑的划分和避免有害气流的布置方法"。《建筑十书》的高履泰译本出版时间较早，在国内影响较大。高履泰的《建筑十书》是根据 1943 年日文版翻译的，而日文版又是译自摩根的英文版，错误难免。不读摩根的英译本，只看高履泰的《建筑十书》中文版，必然会对维特鲁威"营建学"产生误解，甚至两院院士吴良镛先生写的《广义建筑学》也被误导，本书最后一章将评论《广义建筑学》。

2012 年北京大学出版社也出版了《建筑十书》陈平译本。陈平在"译者前言"第 22 页中特意提出：笔者还注意不要将 Architecture 译为"建筑学"，因为在维特鲁威那个时代并无"建筑学"的概念。这种观点显然是十分错误的，维特鲁威能够提出"营建学"（Architecture）这个概念正是因为他看到了"营建学"在那个时代的客观存在，才有可能提出"营建学"的概念，而《建筑十书》也正是为了全面阐述"营

---

① 按照柯林斯高阶英汉双解学习词典，Departments 可以理解为知识范围。

建学"的广泛内涵。①因此，陈平将《建筑十书》译文的第一书标题译为"建筑的基本原理与城市布局"，本来应当是很清楚的标题，少了个"学"字，就变糊涂了，书中多处有此类问题。②

有人提出维特鲁威对"营建学"的内涵阐述的并不明确，确实有这个问题。因为《营建学十书》是作者写给古罗马皇帝看的"总结报告"，这类似我国古代的"奏折"，维特鲁威在第一书第一章"营建师的培养"中对营建师提出的要求，实际上已经涵盖了营建学的基本内涵和营建学涉及的相关知识。而且，还特别解释了为什么把"营建师的培养"放在第一章。

1.4 摩根的英文版《营建学十书》目录与内容摘要的中文译稿

《营建学十书》第一书第一章首先提出"营建师的培养"（The Education of the Architect），阐述了营建师应当具备高尚的品格和各种知识，不仅要掌握理论知识，而且要会实际操作，包括绘图和体力劳动。营建师不仅要掌握绘制草图（sketches）、快速表现房屋外貌，而且能够绘制施工图和计算全部房屋的总造价（total cost of buildings）。营建师不仅要掌握营建学的专业知识，而且要求营建师熟悉历史、哲学、法律学和天文学，能够理解音乐，对医学也并非茫然无知。维特鲁威对营建师掌握的知识和能力的要求不仅广泛，而且严格。维特鲁威第一次提出"营建师"的概念，同时也准确地提出如此全面的要求，令人钦佩。

《营建学十书》第一书第二章的标题为"营建学的基本原理"（The Fundamental Principles of Architecture）。维特鲁威在营建学的基本原理中提出6项要点：柱式或法式（Order）、布局（Arrangement）、比例协调（Eurythmy）、对

---

① 唯物主义历史观认为物质是第一性的，先有了客观存在的现象，才能总结出相应的理论。据说，17世纪伟大的科学家艾萨克·牛顿（Isaac Newton 1642—1727）坐在乡间的一棵苹果树下沉思，忽然一个苹果掉落到地上，他便想到：为什么苹果只向地面落，而不是向天上飞呢？经过进一步的思考，他逐步发现所有的东西一旦失去支撑必然会坠下，继而他发现任何两物体之间都存在着吸引力，最终总结出著名的"万有引力定律"。

② 莫里斯·希基·摩根的英译本《营建学十书》中的各"书"并没有标题，但是，各章均有标题。陈平的中译本是根据芝加哥大学美术史副教授罗兰（Ingrid Rowland）的英译本，罗兰的英译本中各"书"都增加了标题。

称（Symmetry）、适当（Propriety）和经济（Economy）。①

著名的希腊 3 种柱式（Three Orders）在"营建学的基本原理"中占据首位，这 3 种希腊柱式对后世西方营建学产生了极大的影响。② 维特鲁威提出的古希腊 3 种柱式是：多立克柱式（Doric Order）、爱奥尼柱式（Ionic Order）和科林斯柱式（Corinthian Order）。

布局（Arrangement）就是要把各项工程安排在恰当的位置（putting of things in their proper places），而且要符合其应有的个性（appropriate to the character of the work）并显示出作品效果优雅（elegance of effect），布局的内容包括首层平面（ground plan）、立面（elevation）和透视（perspective）。布局不仅要求严格，工作量也很大，相当于今日的方案设计或初步设计。

匀称或比例协调（Eurythmy）是指设计的项目要美（beauty），同时各部分要调整的又恰如其分（fitness in the adjustment of the members）。项目各部分的高度应适合于其宽度（the members of a work are of a height suited to their breadth），也就是说它们都要对应对称（they all correspond symmetrically）。

在"对称"（Symmetry）的要点中，进一步提出了"对称"是要求设计项目各部分适当的协调一致（a proper agreement），并以中央部分为标准，两侧协调一致。恰如人体，是"对称"最好的实例，而中轴线两侧对称、协调一致，完美的房屋（perfect building）也应如此，例如希腊的神庙。

在"适当"或"得体"（Propriety）的要点中论述风格的完美（perfection of style）。献给战神马尔斯（Mars）和海格立斯（Hercules）的神庙应当是多立克柱式（Doric），表现神的英勇气概。祭祀维纳斯（Venus）、花神弗洛拉（Flora）的神庙用科林斯柱式（Corinthian order）建造最合适，因为这些女神形象柔美。以爱奥尼亚柱式（Ionic order）建造朱诺（Juno）、狄安娜（Diana）一类神祇的庙宇比较"适当"，这是运用适中的原则（in keeping with the middle position），因为爱奥尼亚柱式的气质恰好介于刚强的多立克柱式与妩媚的科林斯柱式之间。最后，"适当"还要取决于自然因素（natural cause）。例如，建造健康之神和药神爱斯库拉皮厄斯（Aesculapius）的神庙，要选择有利健康的地区，有适合健康的泉水等，使慕名而来的病人很快康复，使神祇得到更高的威信。

在"经济"、经营或节约（Economy）要点中，指出对工程项目的材料和场区要进行恰当的管理（proper management），同时还要精细地比较工程造价。要适应不同的需要，设计不同类型的住宅。城市住所和乡村农舍要用不同的方式建造，

---

① Vitruvius, translated by Morris Hicky Morgan, PH.D, LL.D. The Ten Books on Architecture [M]. New York: Dover Publications, INC., 1914: 13-16.

② 直到 19 世纪末之前，古典柱式一直是西方营建学的本质特征，并且作为一种文化意象被西方人所认同。

位高权重和财产富饶者的住所有特殊需求，设计应适合于他们的活动需要。

《营建学十书》第一书第三章的标题为"营建学的知识范围"（The Departments of Architecture）。营建学的知识范围可分为 3 部分：房屋的艺术或美（the art of building）、日晷或时钟制造（the making of time-pieces）和施工机械（the construction of machinery）。房屋的建造又分为两部分，一部分是城墙构筑和公共活动区内的公共房屋的建造；另一部分是私人房屋的建造。公共房屋又分 3 类：第一类为防御用的，如城墙、塔楼和城门；第二类是为宗教用的，如庙宇；第三类是为大众使用的公共房屋，如港口、广场、浴场和剧场等。

《营建学十书》第一书第三章的最后指出：所有这些房屋的建造都必须适当参考坚固耐久、使用方便和美观三项原则（All theses must be built with due reference to durability，convenience，and beauty）。[①]

《营建学十书》第一书第四章的标题为"城市的选址"（The Site of a City），首先指出：对于设防御工事城镇，应遵循以下一般原则（For fortified towns the following general principles are to be observed）。首先是选择一处非常健康的场地（a very healthy site）。此后，维特鲁威对健康的场地做了详细的说明，例如地势的高低、朝向、气温等，甚至提出古代人曾在拟定设置城市的地方先养猪作为试验，观察猪是否健康，然后再决定是否在该处建造城堡。最后还举了个实例，在阿普利亚地区（Apulia），有一座城镇叫老萨尔皮亚（Old Salpia），是罗得岛人厄尔皮阿斯（Elpias of Rhodes）所建。由于选址不当，居民饱受疾病之苦。当地的执政官马库斯·霍斯蒂留斯（Marcus Hostilius）深入调查，购得一处十分健康的沿海地区，经古罗马元老院和平民大会准许，他们全部迁往新区，并建造了新城（New Salpia），新城距老城仅 4 英里，居民开始过着健康生活。

《营建学十书》第一书第五章的标题为"城墙"（The City Walls）。确定城市位置后，首先是构筑"城墙"。城墙的基坑要挖到坚硬的地层（dig down to solid bottom），城墙的厚度要使两个全副武装的士兵在城墙上对面走过无困难。城墙的材料无严格规定，方石、碎石或泥砖均可，使用当地材料可以建成完美无缺、经久耐用的城墙。碉楼要向外突出（The tower must be projected beyond the line of wall），在敌军攻城时可以从碉楼的侧翼打击他们。碉楼之间的间距不应超出一箭

---

① 《营建学十书》的房屋建造都必须适当参考坚固耐久、使用方便和美观三项原则，并被后人不断调整。在《20 世纪营建学的功能与形式》（Forms and Functions of Twentieth-Century Architecture）书中，将维特鲁威提出营建学的 3 项基本要素（three basic factors in architecture：convenience，strength，and beauty.）的顺序改了，它将使用方便放在第一位，坚固耐久放在第二位，美观放在第三位。据说这本书是 20 世纪 50 年代美国大学营建学专业的基本教材，对国际营建界影响很大。今日反思，维特鲁威提出的顺序是正确的，按照以人为本的原则，安全是第一位的，如果房屋不能保证安全，使用方便和美观也就没有意义了。

的射程。碉楼应建成圆形或多边行。

《营建学十书》第一书第六章的标题为"街道的方向；注意风向"（The Direction of the Streets；with Remarks on the Winds）。城墙竖立起之后，就要将城内的用地进行划分。根据城区的纬度和气候条件确定大街小巷的朝向。如果能使小巷避开盛行风吹来的方向，将是恰当的设计。维特鲁威对风向问题研究得非常深入，也说明古希腊和古罗马人对风向、气流与人体健康的关系十分讲究。因此，他们认为街道的定向应该斜对着风来的方向，当阵风袭来时，住宅或其他房屋的棱角便会将其挡住、分开、击退和驱散。古希腊的安德罗尼卡·西尔哈斯（Andronicus Cyrrhus）以为风向有 8 种,他在雅典树起一座八角形大理石风神塔来证明这一点。[1]

《营建学十书》第一书第七章的标题为"公共房屋的定位"（The Sites for Public Buildings）。大街小巷确定之后，下一步就要选择城市入口、市民广场的位置和神庙的位置，以及所有其他公共设施的地点。如果城市在海边，市民广场应当靠近港口，若是城市在内陆，市民广场应当建在城市中心。每个城市保护神的神庙应建在城市内最高的地段，如朱庇特（Jupiter）、朱诺（Juno）和密涅瓦（Minerva）。古罗马神话的罗马主神水星（Mercury）神庙应当设在市民广场，伊希斯（Isis）和塞拉皮斯（Serapis）神庙应当靠近市场,阿波罗（Apollo）和巴克斯神父（Father Bacchus）的神庙应当靠近剧院，大力神赫拉克勒斯（Hercules）神庙应当设在体育场或竞技场，战神马尔斯（Mars）神庙应当设在城外阅兵场。[2] 维纳斯（Venus）神庙应当坐落在港湾，因为伊特拉斯坎人（Etruscan）的先知们在他们祭司戒律中记载，维纳斯、火神伏尔甘（Vulcan）和战神马尔斯的神庙应当设在城外，为了不使年轻人和已婚妇女经常为色欲所驱动，也避免市民之间引起武器械斗。[3]

有关《营建学十书》第二书至第十书目录的译稿详见本书后面的附录。

---

[1] 安德罗尼卡在雅典建起的八角形大理石塔的每个面上都设计了风神的雕像，雕像面向着自己的风向。塔的顶部安装了一根圆锥体柱子，柱上放置海神特里同（Triton）的青铜像，他右手持权杖，权杖能随风旋转，权杖的指针指向盛行风吹来的方向，下面便是那个方向的风神雕像。

[2] 伊西斯是古埃及宗教信仰中的一位女神，对她的崇拜传遍了整个古希腊乃至古罗马世界。她被敬奉为理想的母亲和妻子、自然和魔法的守护神。塞拉匹斯（Serapis）是衰退时期的神，由希腊人综合古埃及宗教的奥西里斯与阿匹斯设计出来的，被当成是伊西斯的丈夫、来生与肥沃生产力之神，同时也是医生与烦恼的解决者。

[3] 伊特拉斯坎人是古代意大利西北部伊特鲁里亚地区古老的民族，伊特拉斯坎文化的许多特点，曾被继伊特拉斯坎人之后统治这个半岛的罗马人所吸收。维纳斯是罗马神话中的爱神、美神，同时又是执掌生育与航海的女神，相对应于希腊神话的阿芙罗狄忒（Aphrodite），维纳斯是美和爱的化身，是欢笑和婚姻的女神。

2 中国古代营建学的成就
Achievements of Ancient Chinese Architecture

2.1 传统文化对中国古代营建学的影响

中华传统文化博大精深，"诸子百家"是对春秋战国时期各种学术派别的总称，诸子百家在流传中最为广泛的是儒家、道家、阴阳家、法家、名家、墨家、杂家、农家、小说家、纵横家。儒家和道家对中国古代营建学的影响尤为重要。儒家创始人是孔子，儒家在先秦时期和诸子百家地位平等，儒家在秦始皇"焚书坑儒"后受到重创。而后汉武帝为了维护封建专制统治，听从董仲舒"罢黜百家，独尊儒术"的建议，使儒家重新兴起。"四书五经"是儒家的经典书籍、南宋以后儒学的基本书目，也是儒生学子的必读之书。[①]

道家学派创始人是老子，[②]老子思想对中国哲学发展具有深刻影响，老子的《道德经》是全球文字出版发行量最大的著作之一。20世纪80年代，据联合国教科文组织统计，在世界文化名著中，译成外国文字出版发行量最大的是《圣经》，其次就是《道德经》。道家以"道"为核心，认为大道无为，主张道法自然，并提出道生法、以雌守雄、刚柔并济等政治、经济、治国、军事策略，具有朴素的辩证法思想，是"诸子百家"中极为重要的哲学流派，它对中国乃至世界的文化都产生了巨大的影响。中外学者认为，道家思想可以视为中华民族伟大的产物。老子与后世的庄子并称老庄。[③]《庄子·山木》篇最早提出了"天与人一也"之天人合一命题。《庄子》与《易经》《黄帝内经》《老子》《论语》，共为中华民族的几部源头性经典，不仅是道德与文化的重要载体，而且是古代圣哲修身明德、体道悟道、天人合一的智慧结晶。

---

① 四书指的是《论语》《孟子》《大学》和《中庸》，而五经指的是《诗经》《书经》《礼经》《易经》《春秋经》，简称为"诗、书、礼、易、春秋"，在这之前，还有一本《乐经》，合称"诗、书、礼、乐、易、春秋"，这6本书也被称作"六经"。《乐经》后来失传了，只剩下了五经。四书之名始于宋朝，五经之名始于汉武帝。

② 老子姓李名耳，字聃。春秋末期人，出生于周朝春秋时期陈国苦县（史学界普遍认为在今河南省鹿邑县）。中国古代思想家、哲学家、文学家和史学家，道家学派创始人和主要代表人物。老子被唐朝帝王追认为李姓始祖，乃世界文化名人，世界百位历史名人之一。今存世有《道德经》（又称《老子》），其作品的核心精华是朴素的辩证法，主张无为而治。

③ 庄子，姓庄名周，字子休（亦说子沐）。宋国人，先祖是宋国君主宋戴公。庄子是东周战国中期著名的思想家、哲学家和文学家，创立了华夏重要的哲学学派——庄学，也是继老子之后，战国时期道家学派的主要代表人物。庄周因崇尚自由而不应楚威王之聘，生平只做过宋国地方的漆园吏，史称"漆园傲吏"，被誉为地方官吏之楷模。庄子的想象力极为丰富，语言运用自如、灵活多变，能把一些微妙难言的哲理说得引人入胜。他的作品被人称之为"文学的哲学，哲学的文学"。据传，庄子又常隐居南华山，故唐玄宗天宝初，诏封庄周为南华真人，称其著书《庄子》为《南华真经》。

老子对营建学的影响有一段故事。1946 年梁思成先生在美国拜访弗兰克·劳埃德·赖特（Frank Lloyd Wright），弗兰克·劳埃德·赖特问："你是中国人，你来美国干什么？你来找我干什么？"梁思成先生说"来向你学习空间理论。"弗兰克·劳埃德·赖特说："你回去，最好的空间理论在中国，《道德经》中就有一段：'凿户牖以为室，当其无，有室之用。故有之以为利，无之以为用。'这不就是最好的说明吗？"[①] 弗兰克·劳埃德·赖特确实很欣赏中国古代哲学家老子的哲学，弗兰克·劳埃德·赖特把老子的名言"凿户牖以为室，当其无，有室之用，故有之以为利，无之以为用"视为处理空间关系的根本原则，甚至把这个"老子语录"挂在西塔里埃森音乐厅的门厅内。2006 年我拜访西塔里埃森时，还看到了这段语录。

2.2　中国史前期的营建学

2.2.1　周口店"北京猿人遗址"、河姆渡遗址与半坡聚落

周口店"北京猿人遗址"（或称周口店"北京人"遗址）位于北京西南 42km 处，遗址的科学考察工作仍在进行中。[②] 到目前为止，科学家已经发现了中国猿人属北京人的遗迹，他们大约生活在中更新世时代（Middle Pleistocene），同时发现的还有各种各样的生活物品，以及可以追溯到公元前 18000 年—公元前 11000 年的新人类的遗迹。周口店遗址不仅是有关远古时期亚洲大陆人类社会的一个罕见的历史证据，而且也阐明了人类进化的进程。周口店遗址 1961 年被国务院公布为全国重点文物保护单位；1987 年被联合国教科文组织列入世界文化遗产名录。[③]

---

① 郭黛姮，高亦兰，夏路编著 . 一代宗师梁思成 [M]. 北京：中国建筑工业出版社，2006：160.
② 1921 年，当时任中国政府矿政顾问的瑞典地质学家及考古学家安特生到周口店调查时曾来到龙骨山。他说："有一种预感，我们祖先的遗骸就躺在这里。"之后，奥地利古生物学家师丹斯基果然在此发现了两枚猿人的牙齿。于是，1926 年，安特生在为瑞典皇太子伉俪访华的欢迎会上宣布了这一消息。正式的发掘工作始于 1927 年。在其后十年的大规模考古过程中不断有重要发现，特别值得一提的是 1929 年，在一次以中国学者裴文中主持的发掘中，第一个北京猿人完整头盖骨被发现了。这一发现，轰动了全世界！使延续了 20 多年的"爪哇人"是人还是猿的争论终于有了答案，并由此把人类历史向前推进了 50 万年。从那时起，周口店北京猿人遗址就成为世界著名的文化圣地。
③ 周口店遗址博物馆新馆位于周口店遗址南侧约 500m，面积约 8000m²，博物馆展品为"北京人"最早制造和使用的工具、石器。馆藏文物 7000 多件，展出文物 1000 多件。遗址博物馆系统地向我们介绍了 60 万年前的"北京人"、10 万年前的"新洞人"、18000 年前的"山顶洞人"的生活环境、生活状况。序厅正面为龙骨山立体模型，展柜中摆放着周口店地区从 4 亿年前到 1 亿年前的各种岩石标本，反映了该地区沧海桑田的地质变化过程。

河姆渡遗址是中国晚期新石器时代遗址，位于距宁波市区约 20km 的宁波余姚市河姆渡镇，面积约 4 万 m²，1973 年开始发掘，是中国已发现最早的新石器时期文化遗址之一。[①] 河姆渡遗址发掘范围内，发现大量干栏式营建遗迹，干栏式结构适应南方潮湿气候，分布面积大、数量多，蔚为壮观。河姆渡的干栏式营建是最早的、较为单纯的木结构，架空的基座上架设大、小梁承托地板，并且在其上立柱架梁，是原始巢居的直接继承和发展。[②] 河姆渡遗址出土的纺织工具数量多、种类丰富。河姆渡原始稻作农业的发现纠正了中国栽培水稻的粳稻从印度传入、籼稻从日本传入的传统说法，在学术界树立了中国栽培水稻是从本土起源的观点。河姆渡遗址与良渚古城相辅相成，并使得我们对良渚文化有了进一步的了解。

　　西安半坡遗址是黄河流域一处典型的新石器时代仰韶文化母系氏族聚落遗址，距今 5600～6700 年之间。该遗址于 1953 年春被发现。半坡聚落遗址占地面积约 5 万 m²，大致形状为南北稍长、东西略短的不规则椭圆形。在发掘的约 1 万 m² 范围内，发现和出土了丰富的遗迹和大量的遗物。遗址居住区在中央，分南北两片，每片中心有一座供公共活动用的大房子，周围还有若干小房子，其间分布着窖穴和牲畜圈栏。居住区有壕沟环绕，沟北是公共墓地，沟东有陶窑场。围绕居住区的大壕沟宽 6～8m，深 5～6m，中间又有一条宽 2m、深 1.5m 的小沟，形成两片既有联系，又有区分的聚落布局，说明半坡聚落是两个氏族的住地。半坡聚落已经有了简单的木构体系，在中心部位设置木柱，以支持外斜伞状的屋面，屋面由紧密排列的木椽上加茅草构成。[③] 半坡居民的经济生活为农业和渔猎并重。[④] 从陶器上发现 22 种刻画符号，有人认为可能是一种原始文字。发现两座同性合葬墓，分别埋着 2 个男子和 4 个女子，一般认为是母系氏族社会的葬俗。半坡聚落的房

---

① 河姆渡遗址发掘发现的文物遗存具有数量巨大、种类丰富的特点，为研究距今 7000 年前氏族公社繁荣时期人们的生产、生活情况提供了比较全面的材料。如两次发掘出土的陶片达 40 万片之多，用同样的发掘面积作比较，是其他新石器时代遗址所不及。又如出土的纺织工具有纺轮、绕纱棒、分径木、经轴、机刀、梭形器、骨针近 10 种，根据这些部件，可以复原当时的织机。它的文化特色主要还在稻作农业、干栏式建筑、纺织和水上交通方面。

② 河姆渡的干栏木结构已初具木构架营建的雏形，构件用榫卯连接，体现了木构之初的技术水平。营建专家根据桩木排列、走向推算，第四文化层至少有 6 幢营建物，其中有一幢营建物长 23m 以上、进深 6.4m，檐下还有 1.3m 宽的走廊。这种长屋里面可能分隔成若干小房间，供一个大家庭居住。清理出来的构件主要有木桩、地板、柱、梁、枋等，有些构件上还带有榫头和卯口，约有几百件，说明当时建房时垂直相交的接点较多地采用了榫卯技术。

③ 半坡聚落简单的木构体系同时具有面状结构和骨架结构的特性，这种带有承重墙和框架式特点的混合体系在经历一段时间的发展后变为较纯粹的框架结构体系。从发掘的半坡遗址可推测，采伐木材和施工的技术已经有了一定水平。

④ 半坡遗址出土斧、锄、铲、刀、磨盘、磨棒等石制农具，矛、网坠、鱼钩等渔猎工具。还发现粟的遗存和蔬菜籽粒，以及家畜和野生动物骨骸。常见陶器有粗砂罐、小口尖底瓶和钵。彩陶十分出色，红地黑彩，花纹简练朴素，绘人面、鱼、鹿、植物枝叶及几何形纹样。

屋发现46座，有圆形、方形和长方形，有的是半地穴式房屋，有的是地面房屋。每座房屋在入口和居室之间都有泥土堆砌的门槛，房屋中心有圆形或瓢形灶坑，周围有1～6个不等的柱洞。房屋均采用木骨涂泥的构筑方法，墙壁用草拌泥涂抹，并经火烤使其坚固和防潮，适应北方寒冷的气候。[①] 半坡聚落晚期的方形房屋，是从早期的"半地穴式"发展而来的。这种房屋完全用椽、木板和黏土混合建筑而成。整个房屋用12根木柱支撑，木柱排列3行、每行4根，形成规整的柱网，初具"间"的雏形，它是我国最早的以间架木为单位的"墙倒屋不塌"的古典木构框架式房屋。

2.2.1-1　原始人居住的山洞

2.2.1-2　北京人半身雕像

---

① 圆形房屋直径一般为4～6m，其墙壁是在密集的小柱上编篱笆并涂以草拌泥。方形或长方形小型房屋面积为12～20m²，中型的房屋面积为30～40m²，最大的房屋复原面积达160m²。进门后，前面是活动空间，后面则分为3个小间。前面的空间似乎是氏族成员聚会、议事的场所；后面3个小间，是氏族公社最受尊重的老祖母或氏族首领的住所。同时，大的房屋也可能是老人和儿童的"集体宿舍"。储藏东西的窖穴分布于各房屋之间，形状多为口小底大圆袋状。

2.2.1-3 河姆渡遗址考古现场

2.2.1-4 河姆渡遗址的木构水井

2.2.1-5 河姆渡遗址的干栏式房屋复原

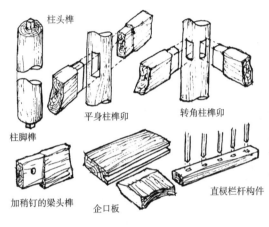

柱头榫

平身柱榫卯　　转角柱榫卯

柱脚榫

加稍钉的梁头榫　　企口板　　直棍栏杆构件

河姆渡出土的榫卯构件（杨鸿勋）

2.2.1-6 河姆渡遗址木构件上的榫头和卯口

2.2.1-7 半坡聚落遗址模型

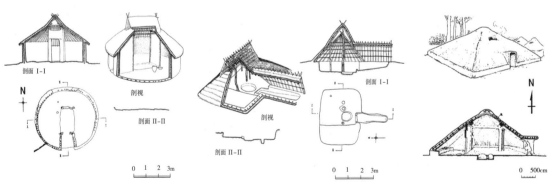

剖面 I-I

剖视

剖面 II-II

N

0 1 2 3m

2.2.1-8 半坡聚落圆形住宅

剖面 I-I

剖视

剖面 II-II

0 1 2 3m

2.2.1-9 半坡聚落方形住宅

N

0 500cm

2.2.1-10 半坡聚落的大房子复原

2.2.2 良渚古城

过去的史学家认为：夏商周之前，中华大地尚属原始社会。根据考古学者们的考证，在 5000 年前的中国，生活着华夏、东夷和苗蛮等三大部落。[①] 良渚文化曾经被认为是蚩尤或蚩尤后裔防风氏建立的文明古国，也许是《山海经》记载的羽民国。杭州良渚古城遗址（Archaeological Ruins of Liangzhu City）的发现，使我们对中华文明的认知重新思考，有些专家认为中国朝代的断代应从此改写，此前认为最早的朝代为夏、商、周，而应改成良渚、夏、商、周。在 2019 年 7 月 6 日召开的第 43 届世界遗产大会上，中国良渚古城遗址获准列入世界遗产名录。良渚古城遗址是人类早期城市文明的范例，它实证了中华五千年文明史。良渚古城遗址列入世界遗产名录，标志着中华五千年文明史得到国际社会认可。[②]

良渚遗址位于杭州市西北约 20km 的余杭区境内，因附近有良渚镇而得名，这一遗址最早发现于 1936 年。[③] 此后，考古工作者又相继发现了面积 6.3km² 的外郭城，证实良渚古城由宫殿区、内城和外郭的三重结构组成。宫殿区在莫角山。1994 年又发现了超巨型营建物基址，面积超过 30 万 m²，确认是人工堆积的大土台，土层最厚处达 10.2m，工程之浩大，世所罕见。2009—2015 年，考古工作者发现了 11 条长堤和短坝，这是世界上最早的水坝系统。[④] 良渚古城由内而外依次为宫城、王城、外郭城和外围水利系统，是迄今已知的、距今 5000 年左右的功能系统保存最完整的都城。良渚遗址的空间布局以古城为核心，分等级墓地（含祭坛），分布于城址东北约 5km 的瑶山以及城址内的反山、姜家山、文家山、卞家山等台地，城址北面 2km 至西面 11km 范围内则分布着外围水利系统。与此同时，城址内外分布着大量各种类型的遗存，与城址形成了清晰可辨、"城郊分野"的空间形态。古城距离周围山体均为 2km 左右。宫殿区面积约 0.4km²，内城区面积约

---

① 以黄帝和炎帝为领袖的华夏部落，生活在河南、陕西等中原地区。以太昊和少昊为领袖的东夷部落，生活在山东和江苏地域。以蚩尤为领袖的苗蛮部落，有的学者认为生活在东北地区，有的学者认为生活在长江流域。
② 良渚古城遗址有力地说明了中国史前期的营建学。良渚古城遗址真实、完整地保存至今，可实证距今约 5000 年的中国长江流域史前营建学发展的高度成就，它填补了《世界遗产名录》中东亚地区新石器时代考古遗址的空缺。
③ 良渚遗址位于浙江省余杭区和德清县境内。民国 25 年（1936 年），浙江省立西湖博物馆的施昕更先生首先在良渚镇一带发现并发掘了多处史前遗址。
④ 良渚古城外围水利工程共由 11 条堤坝组成，这是良渚古城建设之初统一规划设计的，它是古城的有机组成部分。这些堤坝根据形态和位置不同，可分为山前分布的长堤和连接两山的短坝，短坝又分为建于山谷谷口的高坝和连接平原孤丘的低坝。长堤是塘山长堤，全长约 5km，呈东北西南走向，是水利系统中最大的单体。这体量巨大的工程，由 5000 年前的先民建造，确实令人吃惊。

$3km^2$，外城区面积约 $6.3km^2$（含内城），外围水利系统受益面积近 $100km^2$。①

　　良渚古城城墙底部普遍铺垫石块作为基础，在石头基础以上用较纯净的黄色黏土堆筑而成，城墙底部宽 40～60m，城墙内外均有壕沟。四面城墙的堆筑方式基本一致，从堆筑技术上反映了城墙的整体性。城市的普通居民住在城内的外围，贵族住在古城中央的 30 万 m^2 的莫角山土台上。② 古城中央的营建遗址，从位置、布局分析，有"中心祭坛"和"中心神庙"的性质，普遍认为良渚时期的中心就在这里，中心生活着国王和贵族。可以推测，当时"良渚"势力占据了华夏半壁江山，如果没有较高的经济、文化水平，是不可能做到的。在位于莫角山遗址西侧约200m 处还发现一条良渚文化时期的南北向古河道，宽约 40m，河东岸的高地完全由人工堆筑而成，厚度近 4m，而且在最底部整体铺垫有棱角分明的石块。在良渚墓葬出土的大量随葬品中，玉器占了 90% 以上。③

　　良渚古城的发现，将以往发现的莫角山遗址、反山贵族墓地，乃至良渚遗址群内的许多遗址组合为一个整体，为研究良渚遗址群 130 多处遗址的整体布局和空间关系提供了新的资料。良渚古城是目前中国所发现同时代古城中最大的一座。规模宏大的营建工程及其所显示的惊人的管理和组织能力，不仅具有政治上的能力，还具有军事和防洪能力。特殊的营建方式也是首次在国内被发现，这些发现改变了过去以为良渚文化只是"一抹文明曙光"的认知，这标志着良渚文化已经进入成熟的史前文明发展阶段。

---

① 良渚古城南北长 1910m、东西宽 1770m，城墙总长约 6km，现存最好地段的城墙高约 4m。良渚古城有 9 座城门，其中 8 座为水门，东、西、南、北各有两座城门，南城墙中部还有一座陆城门。城墙内外多有护城河，城内水系呈"工"字形，与城外水系沟通，河道纵横，港埠密布，堪称水乡泽国。

② 1986 年，良渚反山遗址先被发现，这是个人工堆筑的土丘，发掘出 11 座大型墓葬，有陶器、石器、象牙及嵌玉漆器 1200 多件。瑶山遗址在反山东北约 5km，1987 年发掘出 12 座墓葬，还有一座祭坛。汇观山东距反山约 3km，发现一座完整的祭坛和 4 座大墓。大墓中发现大量玉器，有意思的是，一般有玉钺随葬的，通常也有玉琮随葬。玉琮内圆外方，琮上一般雕刻着"神人兽面纹"的神秘图案，只有掌握宗教权力的巫师才能持有。钺是古代一种兵器，是军事力量的象征，持钺者应是军事首领。琮、钺合葬，说明墓主既是军事首领又是宗教首领。

③ 象征财富的玉器、象征神权的玉琮和象征军权的玉钺，为研究阶级的起源提供了珍贵的资料，而且使世界上许多大博物馆对旧藏玉器重新鉴定与命名，使一些原被误认为是"汉玉"的历史提前了2000 多年。

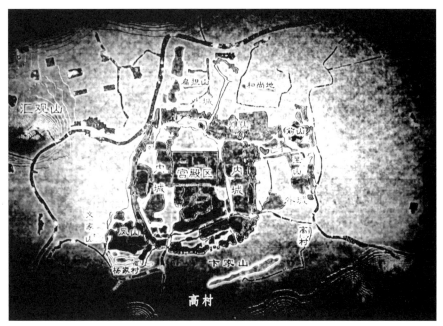

2.2.2-1 良渚古城由宫城、内城、外郭三重结构组成

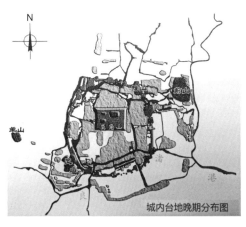

2.2.2-2 良渚古城的宫城在莫角山

2.2.2-3 远望莫角山良渚古城的宫城土台现状

2.2.2-4 良渚古城的宫城复原示意模型

2.2.2-5 良渚古城宫城房屋的基础做法

谷口高坝

山前长堤

平原低坝

良渚时期的水坝都由人工堆筑而成

2.2.2-6 良渚古城水利系统的水库与水坝

可以同时停泊多艘

2.2.2-7 远望良渚古城遗址复原的民居与码头

2.2.2-8 良渚古城宫城的木结构做法

2.2.2-9 良渚古城遗址出土象征神权的玉琮

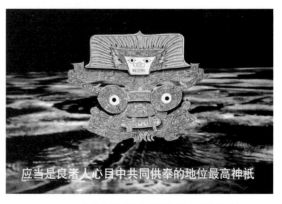

应当是良渚人心目中共同供奉的地位最高神祇

2.2.2-10 良渚古城遗址象征神权的玉琮纹饰分析

2.3 万里长城与中国大运河

中国古代营建学的成就首推万里长城（Great Wall）与大运河（The Grand Canal of China）。长城是我国古代劳动人民创造的奇迹。春秋战国时期，诸侯各国为了防御别国入侵，修筑烽火台，用城墙连接起来，形成最早的长城。以后历代君王大都加固增修。长城东起山海关，西至嘉峪关，全长约 12600 里，故称作"万里长城"。[①] "因地形，用险制塞"是修筑长城的一条重要经验，在秦始皇的时候已经把它肯定下来，司马迁把它写入《史记》之中。[②]

中国近代伟大的民主革命先驱孙中山评论长城时说："中国最有名之工程者，万里长城也。……工程之大，古无其匹，为世界独一之奇观。"美国前总统尼克松在参观了长城后说："只有这个伟大的民族，才能造出这样一座伟大的长城"。长城作为人类历史的奇迹，1987 年被列入《世界遗产名录》，当之无愧。

中国大运河始建于公元前 486 年的春秋时期，由隋唐大运河、京杭大运河、浙东运河共三大部分的十段河道组成。地跨北京、天津、河北、山东、河南、安徽、江苏、浙江 6 个省和 2 个直辖市，涵盖 27 座城市的 27 段河道和 58 个遗址点，全长 2700km（含遗产河道 1011km），是世界上开凿时间较早、规模最大、线路最长、延续时间最久的运河，在《国际运河古迹名录》中被国际工业遗产保护委员会评为最具影响力的水道。

水道运输既经济又省力，因此，水道交通很早便受到人们的重视和利用。但是，中国的主要河流绝大多数是东西走向，没有南北水道，这种横向封闭的自然水系严

---

① 里是中国古代长度单位，也称华里、市里。古代的里和现在的里长度有不同。周制以八尺为一步，秦制以六尺为一步，300 步为一里。周秦时期的一里相当于现代的 415m 左右。清光绪年间再次制定度量衡，以五尺为一步，两步为一丈，180 丈为一里，一尺相当于现代的 0.32m，一里就等于 576m。现在的一里等于 500m。一市里和一华里意思是一样的，都指 500m 或 0.5km。

② 自秦朝开始，修筑长城一直是一项大工程。据记载，秦始皇动用了近百万劳动力修筑长城，占全国人口的 1/20，当时没有任何机械，全靠人力，而工作环境又是崇山峻岭、峭壁深堑。后来每一个朝代修筑长城都是按照这一原则进行的。凡是修筑关城隘口都选择在两山峡谷之间、河流转折之处，或是平川往来必经之地，这样既能控制险要，又可以节约人力和材料，以达"一夫当关，万夫莫开"的效果。修筑城堡或烽火台也是选择在"四顾要之处"。至于修筑城墙，更是充分利用地形，像居庸关、八达岭长城都是沿着山岭的脊背修筑，有的地段从城墙外侧看去非常险峻，内侧则甚是平缓，有"易守难攻"之效。自春秋战国时期开始，到清代的 2000 多年间一直没有停止过修筑长城。据历史文献记载，有 20 多个诸侯国家和封建王朝修筑过长城。若把各个时代修筑的长城加起来，将有 10 万里以上，其中秦、汉、明三个朝代所修筑长城的长度都超过了 1 万里。

重地制约着全国各地的交通往来，不利于国家的统一、经济文化的交流和发展。因此，我国古代人民便开始设法开凿南北走向的人工河道——运河。[①]

今日，中国大运河由隋唐大运河（永济渠、通济渠、邗沟、江南河段）、京杭大运河（通惠河、北运河、南运河、会通河、中河、淮扬运河、江南运河段）、浙东运河共三大部分的十段河道组成。

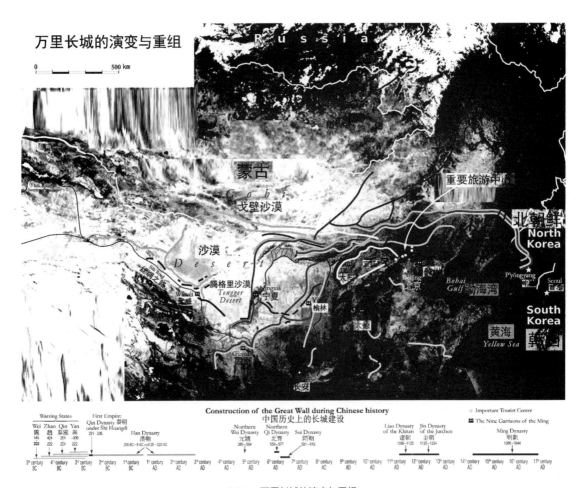

2.3-1 万里长城的演变与重组

[①] 从先秦时期到南北朝时期，中国古代劳动人民开凿了大量运河，其分布地区遍及大半个中国。西到关中，南达广东，北到华北大平原，都有人工运河。这些人工运河与天然河流连接起来可以通达中国的大部分地区。

2.3-2　长城沿着山岭的脊背修筑

2.3-3　长城利用地形修筑烽火台

2.3-4　长城的古北口城门

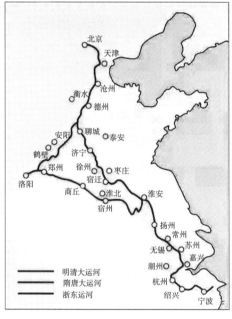

2.3-5　中国大运河

2.3-6　江南中国大运河

2.3-7　俯瞰杭州城内京杭大运河

2.3-8　大运河北京后海北端总站

2.4 汉族古代殿堂、庙宇的营建特点

2.4.1 榫卯、斗栱与预制装配的梁柱木结构体系

远古及良渚、夏、商和西周经济的发展是中国社会经济发展历史长河的源头，也是光辉灿烂的中国古代历史的重要组成部分。当黄河流域出现夏、商和西周三代文明古国之际，代表新的生产力的文字、青铜器和城市已经在北方的黄河流域、长江以南地区纷纷出现，从而使中国大陆的奴隶制王朝得以巩固和发展，成为世界东方的经济发展中心。

中国古代宫廷、庙宇营建学独特的木结构体系在几千年的历史中不断发展完善，其结构稳定、经济实用、美观大方、特点鲜明，在全世界形成独树一帜的风格。中国古代的木结构体系房屋的承重部分以木材做柱子和梁，形成梁架式结构。这种木结构体系是当代营建学中框架式结构的雏形。梁思成在《拙匠随笔（五）》中，用"从拖泥带水到干净利索"来赞扬中国木结构体系，认为中国传统木结构的构件标准化，并且可以预制，最终是现场装配。[①]

中国古代木结构营建体系的一个重要特点是"榫卯"吻合的节点，构成富有弹性的框架。"榫卯木结构"在史前期的河姆渡遗址和良渚古国均已开始使用，以后逐步发展。榫卯是极为精巧的发明，其构件连接方式使得中国传统的木结构成为超越了现代流行的结构排架、框架或刚架结构体系，而成为特殊的柔性结构体。它不但可以承受较大的荷载，而且允许产生一定的变形，特别是在地震荷载下通过变形抵消一定的地震能量。[②]中国古代木结构营建体系在"榫卯"的基础上，又发展出斗栱结构。斗栱是中国古代木结构营建体系中特有的形制，是柱与屋顶之间的过渡部分。斗栱的作用在于将上部出挑的屋檐重量传到立柱上，或间接地先传到额枋上，再转到立柱上。从柱顶上的一层层探出成弓形的承重构件叫作栱，栱与栱之间铺垫的方形木块叫作斗，两者合称斗栱。斗栱也有一定的装饰作用，并且蕴含着深

---

① 梁思成.拙匠随笔[M].天津：百花文艺出版社，2005：27-31（原载 1962 年 9 月 9 日《人民日报》）.
② 榫卯是在 2 个木构件上所采用的一种凹凸结合的连接方式，其凸出部分叫榫（或榫头），凹进部分叫卯（或榫眼、榫槽）。榫和卯咬合，起到连接作用。榫卯结构被应用于房屋结构，虽然每个构件都比较单薄，但是它整体上却能承受巨大的压力。这种结构不在于个体构件的强大，而是在于互相结合、互相支撑，从而成为中国房屋和家具的营建模式。

刻的传统文化，体现中国古代森严的等级制度。凡是非常重要或有纪念性的殿堂、神庙，才有斗栱的安置，其中以山西应县木塔和天津蓟州独乐寺观音阁最为突出。应县木塔全名为应县佛宫寺释迦塔，高67.31m，塔身共分5层6檐，如果加上内里4层暗层，也可以算是9层。应县木塔底层直径30.27m，平面呈八角形，塔内供奉着两颗释迦牟尼佛牙舍利。应县木塔继承了汉、唐以来具有民族特点的木结构楼阁式设计，充分利用传统营造技巧，合理运用斗栱结构。全塔共用斗栱54种，每种斗栱都有一定的组合形式，并将梁、额枋、柱结成一个整体。应县木塔每层都形成了一个八边形中空结构层。应县木塔建成300多年至元顺帝时，曾经历大地震7日，仍岿然不动。应县木塔内明层都有塑像，首层释迦佛高大肃穆，顶部穹窿藻井令人感觉高不可测。二层由八面采光，一主佛、两位菩萨和两位胁从排列，姿态生动。三层塑四方佛，面向四方。五层塑释迦坐像于中央、八大菩萨分坐八方。利用塔心的高大空间布置塑像，增强佛像的庄严，这是营建结构与使用功能紧密结合的典范。[①] 蓟州独乐寺，又称大佛寺，位于中国天津市蓟州区，是中国仅存的三大辽代寺院之一，也是中国现存的古代佛寺之一。独乐寺观音阁虽为千年名刹，而寺史则殊渺茫，缘始无可考，寺庙历史最早可追至贞观十年（公元636年）。梁思成曾称独乐寺观音阁为"上承唐代遗风，下启宋式营造，实研究中国营建蜕变之重要资料，罕有之宝物也。"[②]

[①] 应县佛宫寺释迦塔位于山西省朔州市应县城西北佛宫寺内，建于辽代清宁二年（宋至和三年、公元1056年），金明昌六年（南宋庆元一年、公元1195年）增修完毕。佛宫寺释迦塔平面呈八角形，外观5层，底层扩出一圈外廊，称为"副阶周匝"，它与底层塔身的屋檐构成重檐，所以共有六重塔檐。每层之下都有一个暗层，所以结构实际上是9层。暗层外观是平座，沿各层平座设栏杆，可以凭栏远眺，身心也随之融合在自然之中。全塔高约为底层直径的2.2倍，比例相当敦厚，虽高峻而不失凝重。各层塔檐基本平直，角翘十分平缓。平座以其水平方向与各层塔檐协调，又以其材料、色彩和处理手法与塔檐对比。平座、塔身、塔檐重叠而上，区隔分明、节奏清晰、轮廓丰富。此外，塔上居住着成千上万只麻燕，麻燕以木塔上的蛀虫为食，起着"护塔卫士"的作用，成为应县真实的"神话"。应县佛宫寺释迦塔是中国现存最高、最古的一座木结构宝塔，也是全国重点文物保护单位、国家AAAA级景区。它与意大利比萨斜塔、巴黎埃菲尔铁塔并称"世界三大奇塔"。

[②] 独乐寺占地总面积约16000m²，山门面阔3间，进深4间，上下为2层，中间设平座暗层，通高23m。寺内现存最古老的山门和观音阁皆为辽圣宗统和二年（公元984年）重建。观音阁是一座3层木结构的楼阁，为使结构更为稳固，中层内外柱之间加有斜撑。因为第二层是暗室，且上无檐与第三层分隔，所以在外观上像是2层寺庙。观音阁高23m，中间腰檐和平坐栏杆环绕，其上为单檐歇山顶。观音阁内中央的须弥座上，耸立着一尊高16m的泥塑观音菩萨站像，头部直抵三层的楼顶。因其头上塑有10个小观音头像，故又称之为"十一面观音"。观音面容丰润、慈祥，两肩下垂，躯干微微前倾，仪态端庄，似动非动。虽制作于辽代，但其艺术风格类似盛唐时期的作品，是我国现存最大的泥塑佛像之一。1930年，独乐寺因相继被日本学者关野贞以及中国学者梁思成调查并公布而闻名海内外。梁思成在发现独乐寺之初即强调独乐寺具有突出的唐代风格，并且推测独乐寺创建于唐朝初年。1976年7月，唐山大地震导致独乐寺院墙倒塌，观音阁墙皮部分脱落，但梁架未见歪闪。从此，独乐寺历经千年经受多次地震而不倒塌的独特抗震性能开始成为中国营建领域的研究课题。

2.4.1-1 应县佛宫寺释迦塔

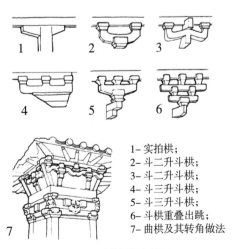

1- 实拍栱；
2- 斗二升斗栱；
3- 斗二升斗栱；
4- 斗三升斗栱；
5- 斗三升斗栱；
6- 斗栱重叠出跳；
7- 曲栱及其转角做法

2.4.1-2 斗栱组合基本概念

2.4.1-3 仰视应县木塔

2.4.1-4　木塔檐下的斗栱与麻燕　　　　2.4.1-5　檐下的斗栱与风铃　　　　2.4.1-6　应县木塔内的楼梯

2.4.1-7　应县木塔檐下的斗栱　　　　　2.4.1-8　仰视应县木塔首层的释迦佛

2.4.1-9　应县木塔二层佛像　　　　　　2.4.1-10　应县木塔中部的一角

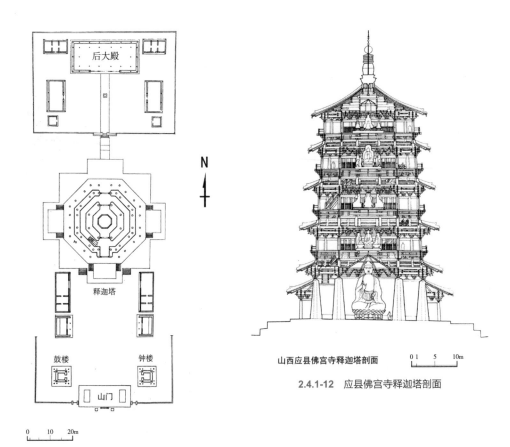

释迦塔

鼓楼　　　钟楼

山门

0　　10　　20m

2.4.1-11　应县佛宫寺释迦塔总平面

后大殿

山西应县佛宫寺释迦塔剖面

0 1　5　10m

2.4.1-12　应县佛宫寺释迦塔剖面

观音阁

N

2.4.1-13　蓟州独乐寺观音阁正面透视

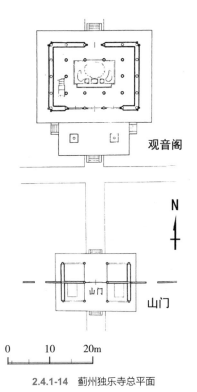

山门

0　　10　　20m

2.4.1-14　蓟州独乐寺总平面

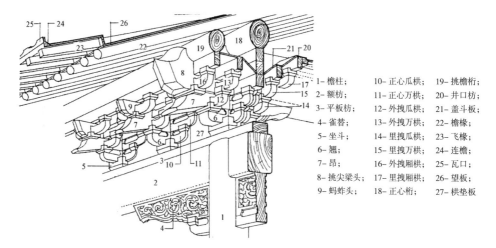

1- 檐柱;	10- 正心瓜栱;	19- 挑檐桁;
2- 额枋;	11- 正心万栱;	20- 井口枋;
3- 平板枋;	12- 外拽瓜栱;	21- 盖斗板;
4- 雀替;	13- 外拽万栱;	22- 檐椽;
5- 坐斗;	14- 里拽瓜栱;	23- 飞椽;
6- 翘;	15- 里拽万栱;	24- 连檐;
7- 昂;	16- 外拽厢栱;	25- 瓦口;
8- 挑尖梁头;	17- 里拽厢栱;	26- 望板;
9- 蚂蚱头;	18- 正心桁;	27- 栱垫板

2.4.1-15 中国古代建筑斗栱组合（清式五踩单翘单昂）

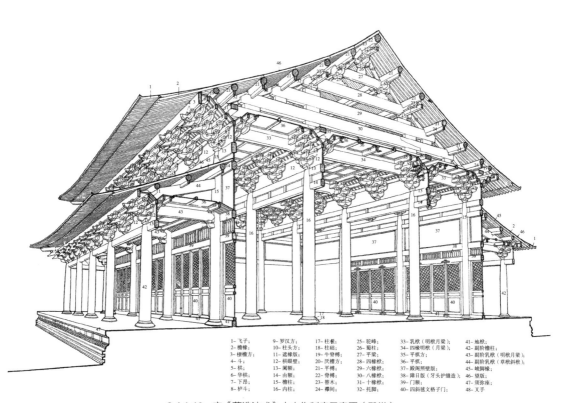

1- 飞子;	9- 罗汉方;	17- 柱櫍;	25- 驼峰;	33- 乳栿（明栿月梁）;	41- 地栿;
2- 檐椽;	10- 柱头方;	18- 柱础;	26- 蜀柱;	34- 四椽明栿（月梁）;	42- 副阶檐柱;
3- 橑檐方;	11- 遮椽版;	19- 牛脊槫;	27- 平梁;	35- 平槫方;	43- 副阶檐栿（明栿月梁）;
4- 斗;	12- 栱眼壁;	20- 庆槽方;	28- 四椽栿;	36- 平槫;	44- 副阶乳栿（草栿斜栿）;
5- 栱;	13- 阑额;	21- 平梁;	29- 六椽栿;	37- 殿阁照壁版;	45- 峻脚椽;
6- 华栱;	14- 由额;	22- 脊槫;	30- 十椽栿;	38- 障日版（牙头护缝造）;	46- 望版;
7- 下昂;	15- 檐柱;	23- 替木;	31- 十一椽栿;	39- 门额;	47- 须弥座;
8- 护斗;	16- 内柱;	24- 襻间;	32- 托脚;	40- 四斜毬文格子门;	48- 叉手

2.4.1-16 宋《营造法式》大木作制度示意图（殿堂）

2.4.2　从高台殿堂到屋基、屋身、屋顶三段式殿堂制式

　　夏朝（约公元前 21 世纪—公元前 16 世纪）是过去中国史书中记载的第一个世袭制朝代。夏朝的文物中有一定数量的青铜和玉制的礼器，年代约在新石器时代晚期、青铜时代初期。[①] 夏部落开始居住于渭水中下游，后东迁至晋南、豫西伊洛流域。夏禹放弃了鲧"堵"的治水方略，改为以疏导为主，依据地势的高下，疏导高地的川流积水，使肥沃的平原能减少洪水泛滥的灾害。[②] 殷墟的发掘，确证了中国商王朝的存在。商朝处于中国奴隶制鼎盛时期，甲骨文和金文的记载是中国最早的、系统的文字符号。[③] 在商汤灭夏，建立商朝之前，商部落是一个以畜牧业为主的部落，在黄河下游、今商丘一带繁衍。商朝确立统治，在亳（河南商丘）建都，后来在盘庚时迁都到殷（今河南安阳小屯村），所以商朝一直也称作殷商。我的大学同窗杨鸿勋教授绘制出郑州中商宫殿复原图，并且按照商朝宫殿的模式设计了殷墟早期的博物馆。[④]

　　春秋战国（公元前 770 年—公元前 221 年），是百家争鸣、人才辈出、学术风气活跃的时代，也是中国历史上的一段大分裂时期。东周在战国后期（公元前 256 年）被秦国所灭。[⑤] 过去认为，战国到西汉时期流行高台建筑，事实上，我国史前期良

---

① 夏朝，历史上惯称为"夏"。这一称谓的来源有 10 种说法，其中较为可信的观点是"夏"为夏族图腾的象形字。唐朝张守节则认为"夏"是大禹受封在阳翟为"夏伯"后而得名。据《简明不列颠百科全书》所载，"夏"意为"中国之人"。

② 经过夏禹治理之后，原来集中在大平原边沿地势较高地区的居民，纷纷迁移到比较低平的原野中，开垦肥沃的土地，并使之成为人们乐于定居的地方。《史记·夏本纪》记载夏禹治水时"劳身焦思，居外十三年，过家门而不入"，其刻苦精神得到后世传颂，治水过程也促进了各部落族人的团结。

③ 甲骨文是商朝（约公元前 17 世纪—公元前 11 世纪）的文化产物，距今约 3600 多年的历史。商代统治者迷信鬼神，其行事以前往往用龟甲兽骨占卜吉凶，以后又在甲骨上刻记事项及事后应验的卜辞或有关记事，其文字称甲骨文。自清末在河南安阳殷墟发现有文字之甲骨，目前出土数量在 15 万片之上，大多为盘庚迁殷至纣亡的王室遗物。因出自殷墟，故又称殷墟文字，因所刻多为卜辞，故又称贞卜文字。甲骨文目前出土的单字共有 4500 个，已识 2000 余字，公认千余字。它记载了 3000 多年前中国社会政治、经济、文化等各方面的资料，也是现存最早、最珍贵的历史文物。

④ 杨鸿勋 1955 年毕业于清华大学建筑系，毕业后在中国科学院担任学部委员梁思成的助手及以梁思成为主任的建筑理论与历史研究室秘书。该建筑理论与历史研究室改属建筑工程部建筑科学研究院后，杨鸿勋任园林研究组组长。杨鸿勋曾任上海大学、日本京都大学等高校客座教授，并且被聘为复旦大学兼职教授、同济大学顾问教授、华南理工大学顾问教授、华中科技大学兼职教授等。主攻建筑历史与理论以及中国传统园林，创立建筑考古学，对原始社会到封建社会晚期的一些重要营建遗址做了科学可信的复原研究，破解了中国古代营建史的诸多难题。曾任中国社会科学院考古研究所教授、联合国教科文组织顾问、俄罗斯营建遗产科学院院士、中国建筑学会建筑史学分会理事长、中国社会科学院考古研究所研究员、世界营造学社筹备委员会主席。杨鸿勋所著《建筑考古学论文集》被评选为"20 世纪文博考古最佳图书"论著类第一名；所著《中国园林艺术研究——江南园林论》被评为"20 世纪文博考古最佳图书"论著类第三名。2016 年 4 月 17 日在北京逝世，享年 85 岁。

⑤ 春秋时期指公元前 770 年—公元前 476 年，是属于东周的一个时期。春秋时代周王的势力减弱，诸侯群雄纷争，齐桓公、晋文公、宋襄公、秦穆公、楚庄王相继称霸，史称春秋五霸（另一种说法认为春秋五霸是齐桓公、晋文公、楚庄王、吴王阖闾、越王勾践）。战国时期指公元前 475 年—公元前 221 年，是中国历史上东周后期至秦统一中原前各国混战不休的时期，被后世称之为"战国"。"战国"一名取自于西汉刘向所编注的《战国策》。秦统一中国（公元前 221 年）标志着战国的结束。

渚古城的中心区已经采用了高台宫殿。以高大的退台式夯土台为基础和核心，在夯土版筑的土台上层营建，木构架紧密依附夯土台，形成土木混合的结构体系。通过将若干较小的殿堂和围廊组织在一个夯土台上，取得体量较大、形式多变的营建组合体。本书选用了傅熹年院士复原、绘制的战国时期中山王墓，作为介绍高台营建组合体的典型。[①]

中国汉族古代殿堂、庙宇独特的造型在世界上独一无二。隋唐是中国封建社会经济文化发展的高潮时期，营建技术和艺术也有了巨大的发展。隋唐时期汉族营建风格特点是气魄宏伟、严整开朗，舒展而不张扬、古朴却富有活力。唐代宫苑营建是中国传统宫苑发展成熟期的结晶，是中国营建艺术体系发展的高峰，大明宫是这一时期最重要的代表。在营建艺术风格上，大明宫具有恢宏、朴质、真实的品格，含元殿、麟德殿、宣政殿、紫衰殿、三清殿等体量巨大的建筑营造出了壮阔辉煌、庄严肃穆的氛围。在营建技术上，大明宫解决了木构架殿堂大面积、大体量的技术问题，标志着唐代宫殿木构架建筑正趋向于定型化。大明宫中的含元殿、麟德殿等不仅面积超大，而且高度也极为可观，其中含元殿的高度达到了 40 ~ 50m。[②]2010 年，西安市在大明宫原址上建立大明宫国家遗址公园。2014 年 6 月 22 日，唐长安城大明宫遗址作为中国、哈萨克斯坦和吉尔吉斯斯坦三国联合申遗的"丝绸之路:长安——天山廊道的路网"中的一处遗址点列入《世界遗产名录》。

隋唐时期汉族古代殿堂、神庙造型大致可以分为屋基、屋身、屋顶三个部分。一般台基为一层，例如五台山的佛光寺正殿，也称东大殿。[③]佛光寺建在一个向西的山坡上，总平面顺应地形，分为 3 个高度不等的平台，东大殿建在全寺最后的

---

① 中山国是战国时期北方"千乘之国"，它在战国时期占有重要地位。中山国国富兵强，曾与战国七雄中的魏、韩、赵、燕五国共同称王，以抵御秦、齐、楚等强国的侵略。20 世纪 70 年代河北平山县发现战国中山王墓，出土了上万件精美的文物，这是春秋战国时期考古的重大发现。本书选用傅熹年院士复原、绘制的战国时期中山王墓就引自他的著作——《古建腾辉》一书中的渲染图。

② 大明宫选址在唐长安城宫城东北侧的龙首原上，利用天然地势修筑宫殿，形成一座相对独立的城堡。宫城的南部呈长方形，北部呈南宽北窄的梯形。宫城外的东西两侧分别驻有禁军，北门夹城内设立了禁军的指挥机关——"北衙"。整个宫域可分为前朝和内庭两部分，前朝以朝会为主，内庭以居住和宴游为主。含元殿、宣政殿、紫宸殿是大明宫三大殿，其中含元殿是大明宫的正殿，是举行重大庆典和朝会之所，也称"外朝"。麟德殿位于大明宫的西北部，是宫内规模最大的别殿，也是唐代营建中形体组合最复杂的大营建群，是皇帝宴会、非正式接见和娱乐的场所。

③ 山西五台山佛光寺属全国重点文物保护单位，位于五台县的佛光新村，距县城 30km。佛光寺因势建造，坐东向西，三面环山，唯西向低下而疏豁开朗。寺内佛教文物珍贵，故有"亚洲佛光"之称。寺内正殿于公元 857 年建成，从建造时间上说，仅次于建于唐建中三年（公元 782 年）的五台县南禅寺正殿，在全国现存的木结构庙宇中居第二位。佛光寺的唐代庙宇、唐代雕塑、唐代壁画、唐代题记，历史价值和艺术价值都很高，被称为唐代文物"四绝"。寺内现有殿、堂、楼、阁等 120 余间。其中，东大殿 7 间，为唐代建造；文殊殿 7 间，为金代建造；其余的均为明、清时期建造。佛光寺是 1937年 6 月由中国营造学社调查队梁思成等 4 人发现、测绘的。梁思成先生曾撰文《记五台山佛光寺的建筑》，刊载于《中国营造学社汇刊》第七卷一、二期。梁先生称之为"中国第一国宝"，因为它打破了日本学者的断言:"在中国大地上没有唐朝及其以前的木结构殿堂"。

一个平台院落中，位置最高。①

汉族唐代古代殿堂独特的造型经宋、元二代，延伸至明清，虽然规模变大，但是气魄远不如唐代。北京明清故宫中的太和殿是汉族古代殿堂晚期的作品，建在高大的三重台基之上。②

汉族古代单体殿堂的平面形式多为长方形、正方形、六角形、八角形、圆形。不同的平面形式，对造型影响很大。由于采用木结构，屋身的处理又十分灵活，因此丰富了殿堂的形象。中国古代殿堂的屋顶形式也丰富多彩，早在汉代已有庑殿、歇山、悬山、囤顶、攒尖几种基本形式，并有了重檐顶。以后又出现了勾连搭、单坡顶、十字坡顶、盂顶、拱券顶、穹隆顶等许多形式。为了保护木构架，屋顶往往采用较大的出檐，同时，为了解决出檐有碍采光，以及屋顶雨水下泄易冲毁台基的缘故，便采用了反曲屋面或举折、屋角起翘，于是屋顶和屋角显得更为轻盈活泼。

此外，殿堂屋顶的"吻兽"也是屋顶重要装饰性构件。在封建社会中，装饰性构件的造型与安装位置，都具有象征意义。《唐会要》中记载，汉代的柏梁殿上已有"鱼虬尾似鸱"一类的东西，其作用有"避火"之意。晋代之后的记载中，出现"鸱尾"一词。中唐之后，"尾"字变成"吻"字，故又称为"鸱吻"。官式殿宇屋顶上的正脊和垂脊上，各有不同形状和名称的吻兽，以其形状之大小和数目之多少，代表殿宇等级之高低。吻兽排列有着严格的规定，按照殿宇等级的高低而有数量的不同，最多的是故宫太和殿上的装饰，在中国宫殿建筑史上独一无二，显示了至高无上的重要地位。③

汉族古代殿堂、庙宇的木结构经隋、唐前期发展，已进入定型化和标准化的成熟时期。宋代撰于公元 1103 年的《营造法式》记载有宋代木构架标准化、定型化的情况，其中木构架主要有殿堂、厅堂、余屋、斗尖亭榭四种，而其长、宽、高和构件尺寸均以"材高"为模数。"材"是宋代房屋营建的模数。材的实际尺寸有

---

① 东大殿是由女弟子宁公遇施资、愿诚和尚主持，于唐代大中十一年（公元 857 年）建成。东大殿面阔 7 间、进深 4 间。用梁思成先生的话说，此殿"斗栱雄大、出檐深远"，是典型的唐代神庙。经测量，斗栱断面尺寸为 210cm×300cm，是晚清斗栱断面的 10 倍。东大殿屋檐探出达 3.96m，此外，大殿构架的最上端用了三角形的人字架，这种梁架结构的使用时间在全国现存木结构古建筑中位列第一。

② 北京故宫中的太和殿俗称"金銮殿"，明永乐十八年（1420 年）建成，称奉天殿。嘉靖四十一年（1562年）改称皇极殿，清顺治二年（1645 年）改今名，是皇帝举行大典的地方。自建成后屡遭焚毁，又多次重建，今天所见为清代康熙三十四年（1695 年）重建后的形制。太和殿面阔 11 间，进深 5 间，面积 2377m²，高 26.92m，连同台基通高 35.05m，为紫禁城内规模最大的殿宇。太和殿檐角安放 10 个走兽。明清两朝 24 个皇帝都在太和殿举行盛大典礼，如皇帝登极即位、皇帝大婚、册立皇后、命将出征，此外每年万寿节、元旦、冬至三大节，皇帝在此接受文武官员的朝贺，并向王公大臣赐宴。

③ 北京故宫的太和殿是"庑殿"式屋顶，有 1 条正脊、8 条垂脊、4 条围脊，总共有 13 条殿脊。吻兽坐落在殿脊之上，在正脊两端有正吻 2 只，因它口衔正脊，又俗称吞脊兽。在大殿的每条垂脊上，各施垂兽 1 只，8 条脊就有 8 只。在垂兽前面是 1 行跑兽，从前到后，最前面的领队是一个骑凤仙人，然后依次为：龙、凤、狮子、天马、海马、狻猊、押鱼、獬豸、斗牛、行什，共计 10 只。8 条垂脊就有 80 只。此外，在每条围脊的两端还各有合角吻兽 2 只，4 条围脊共 8 只。这样加起来，就有大小吻兽 106 只了。如果再把每个殿角角梁上面的套兽算进去，那就共有 114 只吻兽了。

8 等，均为宋尺。① 深入考察现存唐代殿堂，发现《营造法式》中的技术是继承唐代的，而唐代汉族木构殿堂只存 4 座，其中五台山的佛光寺大殿最为突出。②

《营造法式》是宋崇宁二年（1103 年）出版的图书，作者是李诫。李诫是在两浙工匠喻皓《木经》的基础上编写成的。《营造法式》是北宋官方颁布的一部营建设计、施工的规范书，是我国古代最完整的营建技术书籍，它标志着中国古代营建技术已经发展到了较高阶段。此书史曰《元祐法式》。③

清代为加强营建业的管理，于雍正十二年（1734 年）由工部编定并刊行了一部《工程做法》，作为控制官工预算、做法、工料的依据。④ 样式房的雷发达家族及销算房的刘廷瓒等人，都是清代著名的工师。⑤ 清代《工程做法》和宋代《营造法式》被认为是研究中国汉族古代殿堂、庙宇营建制式的两部法典，最初开始研究这两部法典的就是梁思成。

此外，还有一部记述中国江南地区传统营造做法的专著《营造法原》。《营造法原》是记载我国江南地区传统营建做法的专著，原稿系苏州营造家姚承祖晚年遗著，由张至刚增编整理成册，全书按各部位做法，系统地阐述了江南传统营建的形制、构造、配料、工限等内容，兼及江南园林的布局和构造，材料十分丰富。书中附有照片 127 帧、版图 51 幅。《营造法原》对设计研究我国江南传统营建及维修古建有较大的参考价值。⑥

---

① 陈明达 .《营造法式》辞解 [M]. 天津：天津大学出版社，2010：186.

② 刘敦桢主编 . 中国古代建筑史 [M]. 北京：中国建筑工业出版社，1984：132-138.

③ 北宋建国以后百余年间，大兴土木，宫殿、衙署、庙宇、园囿的建造此起彼伏，造型豪华精美铺张，负责工程的大小官吏贪污成风，致使国库无法应付浩大的开支。因而，营建的各种设计标准、规范和有关材料、施工定额、指标亟待制定，以明确房屋营建的等级制度、营建的艺术形式及严格的料例功限，以杜防贪污盗窃。哲宗元祐六年（1091 年），将作监第一次编成《营造法式》，由皇帝下诏颁行。

④ 书中包括有土木瓦石、搭材起重、油画裱糊等 17 个专业的内容和 27 种典型营建的设计实例。该书虽然不尽完善，但对研究清代初期的营建技术水平而言，是一份相当完备的资料。清代营造方面的文字资料是历代中最丰富的。同时，在政府的工程管理部门中还特别设立了样式房及销算房，主管工程设计及核销经费，这对提高宫殿官府工程的管理质量起了很大的作用。

⑤ "样式雷"，是对清代 200 多年间主持皇家宫殿设计的雷姓世家的誉称。在 17 世纪末年，一个南方匠人雷发达来北京参加营造宫殿的工作。因为其技术高超，很快就被提升担任设计工作。从他起一共 7 代直到清朝末年，主要的皇室工程如宫殿、皇陵、圆明园、颐和园等都是雷氏负责。这个世袭的营建师家族被称为"样式雷"。

⑥ 姚承祖世袭营造业，他祖父姚灿庭就是一个技艺高超的匠师。姚承祖从小受其祖辈影响，喜爱营造业，很早就致力于研究香山匠人的传统建筑技法，想把它汇编整理成书，于是用工余闲暇，注意访问各位能工巧匠，探究建筑技艺，再根据家藏秘籍和图册，汇集成书。1929 年，姚承祖经过六七年时间的努力，终于将《营造法原》写成。脱稿后，将手稿交给北京中国营造学社刘敦桢，托其校阅整理，刘敦桢无暇，于 1932 年将该书介绍给营造学社。营造学社社长朱桂辛亲自校阅，由于书中所用术语与北京官式建筑不同等原因，事隔数载都没有付印。1935 年秋，刘敦桢又将《营造法原》原稿转交给他在南京工学院的学生张至刚。张至刚也是苏州人，立即将此书增编，利用课余假期，着手编制、测绘、摄影等工作，并常与姚承祖商讨书中问题，到 1937 年夏脱稿。不幸赶上日寇侵华，营造学社内迁，又因经费和印刷等原因而未能付印。新中国成立后，在党和政府的关怀下，这本脱稿 20 余年的书稿，于 1959 年与读者见面。

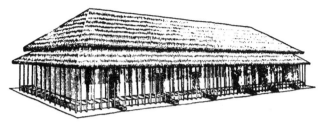

2.4.2-1 郑州中商宫殿

2.4.2-2 殷墟早期的博物馆

2.4.2-3 战国时期中山王墓复原透视

2.4.2-4 殷墟出土的甲骨文

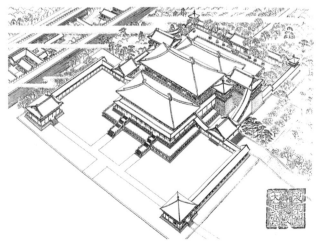

2.4.2-5 唐代大明宫麟德殿全景复原

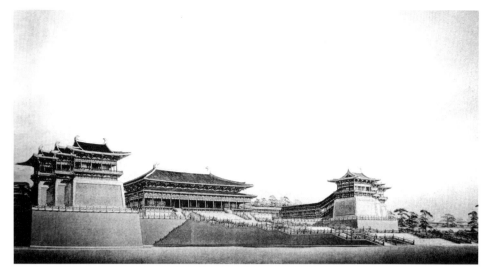

2.4.2-6　唐代大明宫含元殿复原

2.4.2-7　佛光寺东大殿透视

2.4.2-8　佛光寺东大殿正立面

2.4.2-9　佛光寺入口

2.4.2-10　佛光寺东大殿的斗栱

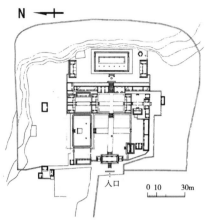

N

0 10 30m

入口

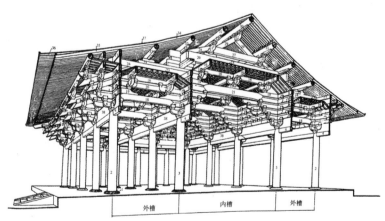

外槽　　内槽　　外槽

2.4.2-11　佛光寺东大殿屋檐转角
2.4.2-12　佛光寺东大殿佛像
2.4.2-13　佛光寺总平面
2.4.2-14　梁思成在东大殿照相
2.4.2-15　唐代佛光寺剖面结构

2.4.2-11	2.4.2-13
2.4.2-12	2.4.2-14
2.4.2-15	

1- 柱础；2- 檐柱；3- 内槽柱；4- 阑额；5- 栌斗；6- 华栱；7- 柱头枋；8- 柱头枋；9- 下昂；10- 要头；11- 令栱；12- 瓜子栱；13- 慢栱；14- 罗汉枋；15- 替木；16- 平基枋；17- 压槽枋；18- 明乳栿；19- 半驼峰；20- 素枋；21- 四椽明栿；22- 驼峰；23- 平暗；24- 草乳栿；25- 缴背；26- 四椽草栿；27- 平梁；28- 托脚；29- 叉手；30- 脊榑；31- 上平榑；32- 中平榑；33- 下平榑；34- 椽；35- 檐椽；36- 飞子（复原）；37- 望版；38- 栱眼壁；39- 牛脊枋

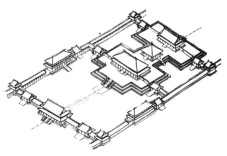

2.4.2-16	2.4.2-17
2.4.2-18	2.4.2-19
2.4.2-20	

2.4.2-16 北京故宫太和殿
2.4.2-17 北京故宫内走道
2.4.2-18 太和殿正脊吻兽
2.4.2-19 北京故宫三大殿
2.4.2-20 古代的屋顶形式丰富多彩

单坡

平顶

风火山墙

硬山

悬山

盝顶

八角攒尖

栱顶

庑殿

歇山

捲棚

重檐

圆攒尖

盔顶

三角攒尖

北京圆明园蔚林亭

四角攒尖

扇面

北京圆明园天地一家春

北京圆明园万方安和

北京内城角楼

2.4.3 有机组合的院落式总体布局

汉族古代的营建制式最早可见于《周礼》考工记。《考工记》是春秋末期齐国的工艺官书。《周礼·考工记·匠人》记载了王城规划制度,这个制度是为西周开国之初以"周公营洛"为代表的第一次都邑建设高潮而制订的营国制度。《考工记》的《匠人》篇还指出匠人职责:"建国",即给都城选择位置,测量方位,确定高程;"营国",即规划都城,设计王宫、明堂、宗庙、道路。"为沟洫"即规划井田,设计水利工程、仓库及有关附属工程。当时的匠人相当于今日的营建师。

中国汉族古代营建的总体布局有鲜明特点,总体布局以众多的单体房屋组合院落,成为一组有机组合的院落式群体,大到皇宫,小到宅院,莫不如此。[①] 总体布局以一条主要的纵轴线为主,将主要房屋布置在主轴线上,次要房屋布置在主要房屋的两侧,东西对峙,组成一个方形或长方形院落。这种院落布局既满足了安全、向阳与防风寒的生活需要,也符合中国古代社会宗法和礼教的制度。当一组庭院不能满足需要时,可在主要房屋前后延伸布置多进院落,或在主轴线两侧布置跨院。北京故宫是中国汉族古代宫廷总体布局保护最完整的范例,是中国5个多世纪以来的最高权力中心,它以园林景观和9000个殿堂组合的庞大殿堂群,成为明清时代中国文明的历史见证。[②]

中国汉族古代营建总体布局有一定的模数,例如北京故宫前三殿的门殿、太和门的前檐到后三宫的门殿、乾清门的前檐距离,即前三殿群体的南北总长为436m,恰好是后三宫群体南北总长218m(从乾清门前沿到御花园后门)的2倍。同样,前三殿群体的总宽236m,也恰好是后三宫群体总宽118m的2倍。此外,营建的数字还有象征意义。《周易》所谓的"九五之尊"也反映在北京故宫的营建中,九五是两个神秘数字,象征最尊贵、最威严的皇权。北京天安门城楼的开间为9间,进深为5间,合而为"九五"。[③] 这种有隐喻的数字在中国古代营建中比比皆是,不胜枚举。

---

① 总体布局形式有严格的方向性,常为南北向,只有少数受地形地势限制而采取变通形式,也有由于宗教信仰或风水思想的影响而改变方向的。方正严整的布局思想,主要源于中国古代黄河中游的地理位置与儒学思想。

② 北京故宫是中国明清两代的皇家宫殿,旧称为紫禁城,位于北京中轴线的中心,是中国古代宫殿营建之精华。北京故宫以三大殿为中心,占地面积72km²,宫殿面积约15km²,有大小宫殿70多座、房屋9000余间。北京故宫是世界上现存规模最大、保存最为完整的木质结构宫殿群。北京故宫始建于明成祖永乐四年(1406年),以南京故宫为蓝本,到永乐十八年(1420年)建成。它是一座长方形城池,南北长961m、东西宽753m,四面围有高10m的城墙,城外有宽52m的护城河。紫禁城内的宫殿分为外朝和内廷两部分。外朝的中心为太和殿、中和殿、保和殿,统称三大殿,是国家举行大典礼的地方。内廷的中心是乾清宫、交泰殿、坤宁宫,统称后三宫,是皇帝和皇后居住的正宫。

③ 萧默主编. 中国建筑艺术史 [M]. 北京: 中国建筑工业出版社, 2017: 1160-1161.

中国古代的住宅大部为院落式，最典型的院落式住宅是北京四合院住宅，四进院落各不相同。四合院第一进为横长倒座院；第二进为长方形三合院；第三进为正方形四合院；第四进为横长罩房院。四进院落的平面各异，并配以不同立面处理，在院中布置山石盆景，空间环境清新活泼，宁静宜人。在古代画卷中，还可以看到山区各式民居，丰富多彩。

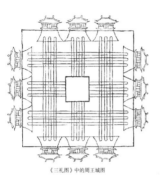

《三礼图》中的周王城图

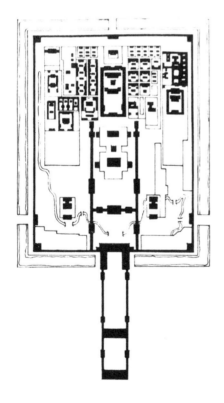

2.4.3-1　考工记中的周朝王城图
2.4.3-2　由北京故宫北望鼓楼
2.4.3-3　北京故宫角楼
2.4.3-4　北京故宫总平面示意
2.4.3-5　北京故宫中轴线宫廷设计

2.4.3-1	2.4.3-2	2.4.3-3
2.4.3-4		2.4.3-5

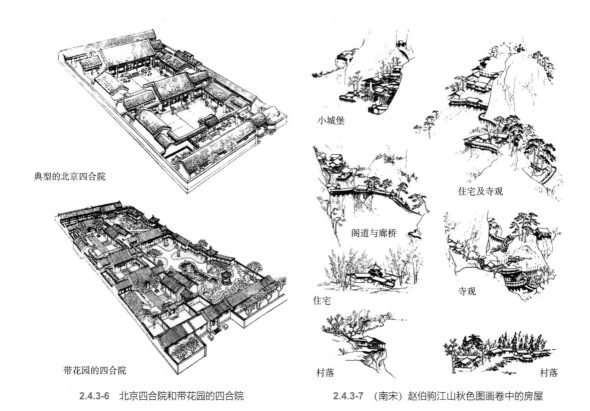

典型的北京四合院

带花园的四合院

2.4.3-6　北京四合院和带花园的四合院

小城堡

阁道与廊桥

住宅

村落

住宅及寺观

寺观

村落

2.4.3-7　（南宋）赵伯驹江山秋色图画卷中的房屋

2.5　多元化的各民族营建学

中国自古以来就是一个统一的多民族国家。中国境内由于汉族是中国第一大种群，其他民族的人数相对比较少，习惯上被称为少数民族。新中国成立后，通过识别并经中央政府确认的民族共有 56 个。在营建学方面，过去重视介绍汉族的古代殿堂、庙宇的营建特点与制式，本书将补充介绍部分少数民族的营建学特点和汉族有特色的民居。

2.5.1　汉族的江南水乡：嘉兴的乌镇

乌镇是汉族江南六大古镇之一。[①] 乌镇隶属浙江省嘉兴市桐乡，西临湖州市，北界苏州市吴江区，为二省三市交界之处。乌镇曾名乌墩和青墩，具有 6000 余年悠久历史。乌镇是典型的江南地区汉族水乡古镇，有"鱼米之乡，丝绸之府"之

① 江南六大古镇是：碧玉周庄、富土同里、风情角直、梦里西塘、水阁乌镇、富甲南浔。

称。此外，乌镇也是世界互联网大会的永久会址。第二届世界互联网大会于 2015 年 12 月 16 日到 18 日在乌镇举行，以"互联互通、共享共治，共建网络空间命运共同体"为主题的大会吸引了全世界关注的目光。

十字形的内河水系将乌镇划分为东、南、西、北四个区块，当地人分别称之为"东栅、南栅、西栅和北栅"。西栅位于乌镇西大街，毗邻古老的京杭大运河，并有公路直通苏州和桐乡市区，交通十分便利。鉴于乌镇西栅有大量的经典明清营建群，西栅保护一期工程成功运作后，从 2003 年开始，投入十亿元巨资对乌镇西栅实施二期保护开发。二期西栅街区秉承"保护历史，重塑历史街区功能"的理念，保护开发更加完善彻底，人和环境更为和谐。[①] 南栅并未开发成景区，还是当地人居住生活的地方。乌镇互联网国际会展中心，位于乌镇西栅景区西北部，西临运河，东连环河路，南接西栅景区，营建面积约 81000m²，由会议中心、接待中心和展览中心三个功能区块组成，于 2016 年 10 月全部完工。乌镇互联网国际会展中心由中国美术学院王澍教授主持设计。营建风格注重传统与现代的完美结合，特别是外立面采用 260 万片江南小青瓦、51000 根钢索，以网状肌理寓意互联网，整体呈现出江南古老营建与现代网络相融共生的和谐场景，并与乌镇水乡形成富有生机的时代对话。乌镇互联网国际会展中心是未来世界互联网大会召开的主要场馆，也是今后乌镇景区承接会议、会展的主要场所。

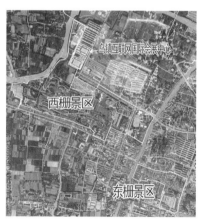

2.5.1-1 空中俯视乌镇布局

2.5.1-2 乌镇西栅水道两侧景观

---

① 西栅景区占地 4.92km²，纵横交叉河道大于 9000m，环境优美，有古桥 72 座。河道密度和石桥数均为全国古镇之最，景区内保存有精美的明清房屋 25 万 m²。横贯景区东西的西栅老街，两岸临河水阁绵延，长达 1.8km。乌镇东栅以旅游观光为主，景区面积约 1.98km²，房屋保护面积近 6 万 m²，它以其原汁原味的水乡风貌和深厚的文化底蕴一跃成为中国著名的古镇旅游胜地。

2.5.1-3　乌镇西大街集贤坊分割空间的拱门

2.5.1-4　西栅江南百床馆入口木雕

2.5.1-5　乌镇西栅河道游船

2.5.1-6　西栅纵横的水道与小桥

2.5.1-7　乌镇码头的体型组合

2.5.1-8　西栅的廊桥与风火山墙

2.5.1-9　东栅新老民居组合

2.5.1-10　乌镇东栅某旅店

2.5.1-11 乌镇西栅通向东栅的大桥

2.5.1-12 乌镇西栅通向东栅的拱桥

2.5.1-13 世界互联网会议中心

2.5.1-14 互联网会议中心水面

2.5.1-15 互联网会议中心披檐

2.5.1-16 世界互联网会议中心内院颇有情趣

2.5.1-17 世界互联网会议中心檐部转角处理

2.5.2 黄土高原的窑洞

窑洞（cave-dwelling）是中国西北黄土高原居民的古老居住形式，其"穴居式"民居的历史可以追溯到4000多年前。在中国陕甘宁地区，其黄土层非常厚，有的厚达几十公里。古代先民创造性地利用高原有利的地形，凿洞而居，创造了被称为绿色营建的窑洞。[①] 窑洞一般有靠崖式、下沉式、独立式等形式，其中靠崖式窑洞应用较多。米脂窑洞古城位于陕北黄土高原腹地、无定河中游的米脂县城东南，总占地面积达4km²。[②] 窑洞最大的特点就是冬暖夏凉。传统的窑洞空间从外观上看是圆拱形，虽然很普通，但是在以单调的黄土作为背景的情况下，圆弧形显得轻巧活泼。这种源于自然的形式，不仅体现了天圆地方的传统思想理念，同时更重要的是门洞处高高的圆拱加上高窗，在冬天的时候可以使阳光深入到窑洞的内侧，并充分利用太阳辐射，而内部空间也因为是拱形的，加大了内部的竖向空间，让人感觉开敞舒适。窑洞的载体是村落，村落的载体是山丘或黄土大自然。其中，碛口的李家山村和米脂姜氏庄园的窑洞聚落空间处理尤为出色。陕西窑洞主要分布在陕北，例如延安、榆林等地的窑洞式住宅。窑洞建在黄土高原的沿山与地下，是天然黄土中的穴居形式，因其具有冬暖夏凉、不破坏生态、不占用良田、经济省钱等的优点，被当地人民群众广泛采用。

2.5.2-1　俯视碛口李家山村窑洞聚落

---

① 我国是一个窑洞民居比较普遍的国家，包括新疆吐鲁番、喀什，甘肃兰州、敦煌、平凉、庆阳、甘南，宁夏银川、固原，陕西乾县、延安，山西临汾、浮山、平陆、太原，河南郑州、洛阳、巩义市以及福建龙岩、永定和广东梅县等地区。

② 米脂窑洞古城始建于北宋初年，后经元、明、清、民国四朝历次修缮扩建，是一座具有1000多年历史的文化名城。

2.5.2-2 碛口西湾院落

2.5.2-3 姜氏庄园内院的月亮门

2.5.2-4 姜氏庄园内院

2.5.2-5 姜氏庄园入口

2.5.2-6 山西平陆地下四合院窑洞

2.5.2-7 平陆地下四合院窑洞入口

2.5.3 藏族的布达拉宫、贵族庄园与民居

西藏的历史可以追溯到距今 4500 年的新石器时代。西藏以其雄伟壮观、神奇瑰丽的自然风光闻名于世。西藏平均高度在海拔 4000m 以上，素有"世界屋脊"之称。公元前 2 世纪，第一代藏王修建的雍布拉康是保存完好、最早的藏王宫殿。公元 7 世纪，佛教自印度传入西藏，称为藏传佛教，也称喇嘛教。藏传佛教对西藏营建的影响极大，逐步形成有地域特色的宫殿、庙宇和民居，在拉萨红山顶上修建的布达拉宫是其最杰出的代表。布达拉宫与环境融为一体，成为世界营建的典范，与布达拉宫同时期还修建了以大昭寺和桑耶寺为代表的 12 座藏传佛教寺庙。

布达拉宫以其独特的艺术风格屹立在拉萨的红山顶上，它在国际营建史上独树一帜。布达拉宫始建于公元 7 世纪，建成于 17 世纪，历时 1000 年。布达拉宫最初是松赞干布为迎娶尺尊公主和文成公主兴建的王宫，17 世纪重建后，成为历代达赖喇嘛的冬季居所，一度是西藏政教合一的统治中心，1994 年被联合国教科文组织列为世界遗产。①

帕拉庄园是西藏大贵族帕拉家族的主庄园，全称帕觉拉康，位于江孜县城西南约 4km 的班觉伦布村，因此又叫班觉伦布庄园。帕拉庄园位居旧西藏 12 大庄园之列，是目前西藏唯一保存完整的旧西藏贵族庄园。②

我国四川省西部的甘孜藏族自治州与阿坝藏族羌族自治州境内有 25 个少数民族居住，其中藏族人口在两个州内分别占 78.4% 和 57.6%。上述地区的藏族人民被称为"嘉绒藏族"，他们讲的是藏族方言"嘉绒话"，以农业生产为主。甲居藏寨位于四川甘孜州丹巴县境内，距县城约 8km。"甲居"，藏语是百户人家之意。藏寨从大金河谷层层向上攀缘，一直伸延到卡帕玛群峰脚下，整个山寨依着起伏的山势迤逦连绵，在相对高差近千米的山坡上，独院式藏族民居坐落在绿树丛中，疏密有序，烟云缭绕，与充满灵气的山谷、清澈的溪流、远处的雪峰融为一体。2005 年由《中国国家地理》杂志组织的"选美中国"活动中，以甲居藏寨为代表的"丹

---

① 布达拉宫占地约 40 万 m²，总体布局由红山上的主体宫堡、山下的方城和山后的龙王潭花园三部分组成。布达拉宫主体宫堡高 117.19m，东西总长约 370m，南北最宽处为 100m，总体营建面积约 57700m²，是西藏现存规模最大、保存最完整的古代宫堡。布达拉宫主体宫堡由红宫、白宫、札厦与朗杰札仓等 3 部分组成。红宫因红色得名，红宫内布置历代达赖喇嘛的灵塔殿和各类佛堂。白宫也因白色得名，白宫是达赖喇嘛办公和居住的地方。札厦和朗杰札仓是布达拉宫的辅助部分，其中札厦是喇嘛僧众居住的地方（札厦是僧舍的藏语发音），朗杰札仓是布达拉宫喇嘛众宗教组织进行宗教活动、仪仗训练和制作供品的地方。布达拉宫的造型"巧于因借"，充分利用红山的雄伟地势，在红山南坡上选择适当位置，在一个小山丘上建造宫殿。布达拉宫下部的房屋沿着山坡向下延伸，既能起到护坡、保护山体之作用，又能发挥营建艺术装饰作用，使宫堡与山体有机结合。布达拉宫借助地势使宫堡雄伟，成为世界营建史的空前创举。布达拉宫外侧墙体向上约 1/10 的收分，红宫墙体收分达 1/6，窗孔的大小则自下而上由小到大，这种渐变的手法有利与山体呼应，使布达拉宫犹如从山体中自然地向上生长。布达拉宫北侧的龙潭湖使布达拉宫在水中产生倒影，丰富了视觉效果。布达拉宫是西藏人民的骄傲。达赖五世在《西藏壬臣记》中赞赏布达拉宫："宫殿营建水晶造，中镶赤珠无价宝，镏金法幢高树起，光芒西射全球照。"布达拉宫的南侧山脚下有一座方城，藏语称为雪城，"雪"意为下方。雪城东西长 317m，南北宽 170m，雪城内建有印经院、布告栏、藏军司令部、布达拉宫直属宗及辖区办事处（雪巴列空）、监狱、造币厂、马厩、骡院、象房、食品作坊等，后期又增建了一些贵族住宅，总面积 33500m²。

② 帕拉家族是一个有 400 多年历史的古老家族，据说帕拉家族的祖先是年楚河上游强旺地区一座寺院中的喇嘛，曾被抽调到不丹管理普拉康寺，此后成为不丹一个部落的酋长，后因不丹内乱，帕拉家族的祖先率 500 户丁返藏受封，帕拉家族在此基础上逐步进入西藏大贵族行列。19 世纪末，帕拉家族在江孜县、拉萨、亚东县、山南等地区拥有 37 座庄园、12 个牧场、14000 余头牲畜、3000 多名农奴，成为西藏 12 大贵族之一。在西藏地方政府中，帕拉家族中先后有 5 人担任过西藏地方政府的噶伦，总管西藏行政事务。在政教合一的旧西藏，帕拉家族有着很大影响。帕拉庄园的房屋面积约 5360m²，庄园房屋以两层为主、局部 3 层，体型高低错落，两层外廊围合出内院，空间丰富，室内的木构架相对简朴，装修也没有想象的那么豪华，反映了当时西藏的总体生活水准。帕拉庄园内设有经堂、日光室、会客厅、卧室，还有玩麻将的专用大厅，少数房间内还增加了人物塑像，有助参观人员了解昔日西藏贵族的生活情景。庄园不仅设有前院，而且还有较大的后花园，环境相当舒适。

巴藏寨"被评为"中国最美的六大乡村古镇"之首。甲居藏寨占地面积约 5km²，居住嘉绒藏族 140 余户。甲居藏寨是独特的藏式民居，一户人家住一幢寨楼。寨楼坐北朝南，三五成群，相互依偎。有的寨楼远离群楼，四周绿地围合。①

2.5.3-1 从北侧仰视雍布拉康

2.5.3-2 雍布拉康北侧入口

2.5.3-3 远望布达拉宫

---

① 甲居藏寨每幢寨楼占地约 200m²，高 15m 左右，石木结构。甲居藏房完整地保存了嘉绒藏族民居的基本特征，采用传统的施工技术，保持传统的古朴风貌。虽然随着历史的不断发展，局部采用了一些新材料和新技术，但这些变化并没有影响其传统风格和藏族风韵。甲居藏寨的木质构架部分和屋檐均为红色，二层以上的墙体刷白色或墙体原色与白色相间。每年春节前夕，寨房主人依照传统习俗，以当地的"白泥巴"为主要原料，通过配制制成白色染料，精心涂染寨楼墙面，使整个藏寨披上洁白的盛装。佛教崇尚白色，藏传佛教也视白色为神圣、崇高，在教义上象征气数，寓意运气亨通。甲居藏寨是独特的藏式民居，帽形屋顶四角有白色石脊，端部向上抬起，并设有插入嘛呢旗的孔洞，暗示这里本应是碉楼的位置。从宗教意义上讲，它代表四方诸神。

2.5.3-4　红宫与朗杰札仓檐部

2.5.3-5　从朗杰札仓进入红宫

2.5.3-6　白宫东大堡与东侧的僧官学校

2.5.3-7　白宫南大堡

2.5.3-8　俯视布达拉宫雪城

2.5.3-9　布达拉宫北侧透视

2.5.3-10　帕拉庄园入口　　　　　　2.5.3-11　帕拉庄园内院　　　　　　2.5.3-12　帕拉庄园内院二层回廊

2.5.3-15　卓克基土司官寨内院

2.5.3-13　丹巴县甲居藏寨　　　　2.5.3-14　土司官寨内院回廊

2.5.3-16　丹巴县甲居藏寨民居　　　　　　2.5.3-17　丹巴县藏寨碉楼

2.5.4　千户苗寨与千年瑶寨

　　苗族是一个古老的民族,散布在世界各地,主要分布于中国的黔、湘、鄂、川、滇、桂、琼等省区,以及东南亚的老挝、越南、泰国等国家和地区。在 2010 年的中国人口普查中,中国苗族总人口约为 942.6 万人,人口在少数民族中居第 4 位。根据历史文献记载和苗族民间资料,苗族先民最先居住于黄河中下游地区,其祖先是蚩尤。"三苗"时代又迁移至江汉平原,后又因战争等原因,逐渐向南、向西大迁徙,进入西南山区和云贵高原。自明、清以后,有一部分苗族移居东南亚各国,近代又从这些地方远徙欧美。[①] 苗族是最早的稻作民族,在上古时期就种植水稻。苗族在原始社会,以树叶为衣,以岩洞或树巢为家,以女性为首领的情况在苗族古歌中有大量的反映。[②]

　　苗族营建由于特有的迁徙历史,在选材和房屋构建方面形成自己特有的风格。苗族人喜欢木制房屋,一般为 3 层。第一层为了解决斜坡地势不平的问题,所以一般建为半边屋,堆放杂物或者圈养牲畜;第二层为正房;第三层为粮仓。有的人家专门在第三层设置"美人靠",供青年姑娘瞭望及展示美丽,以便和苗家阿哥建立恋爱关系。房屋材料各地不同,黔东南苗族地区木材较多,所以木房、瓦房较多,草房土墙房较少。黔中南一带木板房、瓦房和草房、土墙房兼有,一般草房、土墙房相对较多。[③] 西江千户苗寨,位于贵州省雷山县东北部,距离省会贵阳市约 200km。由 10 余个依山而建的自然村寨相连成片,是南山风景名胜区的一部分,也是目前中国乃至全世界最大的苗族聚居村寨。西江千户苗寨所在地形为典型河流谷地,清澈见底的白水河穿寨而过,苗寨的主体位于河流东北侧的河谷坡地上。

---

① 我国的苗族可以追溯到距今五六千年前的炎黄传说时代。当时在黄河下游和长江中下游一带出现了以蚩尤为首的九黎部落联盟,而在甘陕黄土高原上形成了以炎帝神农氏和黄帝轩辕氏为首的另两大部落集团。炎帝与黄帝沿黄河由西向东发展,先后与蚩尤在涿鹿一带发生战争。蚩尤先打败炎帝,后来炎帝与黄帝联合战败了蚩尤。"轩辕之时,蚩尤最为暴,莫能伐,于是黄帝乃征师诸侯,与蚩尤战于涿鹿之野,遂禽杀蚩尤。"而蚩尤的九黎集团战败后大部分向南流徙,开始了苗族多苦多难的迁移史。至今苗族人民中还广泛流传着蚩尤的传说,他们始终信奉蚩尤为其始祖。

② 唐宋年间,苗族逐步进入到了阶级社会,农村公社的首领已有了土地支配权。元、明时期,苗族地区的封建领主经济已相当发展。明朝中央政府于弘治十五年(1502 年)在湖南苗区开始实行"改土归流",其他地区开始派遣流官。1840 年鸦片战争以后,苗族地区先后沦为半殖民地、半封建社会。苗族人民为了民族的独立和解放,与其他各族人民一道进行了艰苦卓绝的斗争,在旧民主主义革命和新民主主义革命时期都作出了贡献。1949 年之后,苗族地区经过民主改革和社会主义改造,实行民族区域自治。

③ 此外,不少苗族搭"权权房"居住,屋内不分间,无家具陈设,架木为床,垫草作席,扎草墩为凳。在黔东南和黔北部分地区,有一种比较特殊的房屋形式,称为"吊脚楼"。建在斜坡之上,把地基削成一个"厂"字形的土台,土台之下用长木柱支撑,按土台高度装上穿枋和横梁,与土台取平,横梁上垫上楼板,作为房屋的前厅,其下作猪牛圈,或存放杂物。长柱的前厅上面,又用穿枋与台上的主房相连,构成主房的一部分。台上主房又分两层,第一层住人,上层装杂物,屋顶盖瓦(或盖杉树皮),屋壁用木板或砖石装修。

千百年来，西江苗族同胞在这里日出而耕，日落而息，在苗寨上游地区开辟出大片的梯田，形成了农耕文化与田园风光。苗寨的营建特点以木质的吊脚楼为主，分平地吊脚楼和斜坡吊脚楼两大类，穿斗式歇山顶结构，一般为3层的4榀3间或5榀4间结构。底层用于存放生产工具、关养家禽与牲畜、储存肥料或用作厕所。第二层用作客厅、堂屋、卧室和厨房，堂屋外侧建有独特的"美人靠"，苗语称"阶息"，主要用于乘凉、刺绣和休息，是苗族房屋的一大特色。第三层主要用于存放谷物、饲料等生产、生活物资。西江苗族吊脚楼源于上古居民的南方干栏式营建，运用长方形、三角形、菱形等多重结构的组合，构成三维空间的网络体系，与周围的青山绿水、田园风光融为一体，是中华上古居民营建的活化石，具有很高的美学价值。苗族营建显示苗族居民珍惜土地、节约用地的心理，在我国当前人多地少的形势下具有积极的教育意义。

南岗千年瑶寨位于广东清远市连南县城西南27km处，面积约10.6hm²，是中国历史文化名村，同时也是广东十大最美古村落之一。[①]南岗瑶寨历史悠久，可靠准确的历史起源尚不清楚，但至少起源于宋代，延续至今，有1000多年历史。[②]现在的古寨只保留了200余人和368幢明清时期的古宅及寨门、寨墙、石板道等。瑶族一般都世居深山，"岭南无山不有瑶"，是为了躲避长期以来封建统治者的民族迫害和民族歧视，况且，瑶族一般住在半山腰，易守难攻。南岗千年瑶寨历史上曾依靠山势险要数次成功地抵挡官兵和其他敌对势力的进攻。南岗古寨建于海拔803m高的陡坡上，房屋依山傍坡挤在一起。往往是前面的房子的屋顶和后面房子的地面平高。其间有一条走廊过道。横街直巷，就地取材，以石块铺路，把各家各户串联起来，形成瑶排的格局。瑶族信奉盘古、人类的祖先。[③]农历十月十六日，

---

① 瑶族是中国最古老的民族之一，其民族语言分属汉藏语系苗瑶语族瑶语支。瑶族也是古代东方"九黎"中的一支，是中国华南地区分布最广的少数民族，是中国最长寿的民族之一，传说瑶族为盘瓠和帝喾之女三公主的后裔。根据2010年第六次全国人口普查统计，瑶族人口数约为279.6万人。瑶族是个山居民族，其村落大多位于海拔1000m左右的高山密林中，一般建在山顶、半山腰和山脚溪畔。新中国成立之前，边远山区瑶族大部分住竹舍、木屋和茅屋，相当一部分还住"人字棚"，只有很少部分住砖瓦屋。瑶族房屋主要有4种形式：横宽式、杆栏式、曲线长廊式和直线长廊式。

② 据史料记载，南岗（包括其他排瑶族）的祖先被认为是秦汉时期"长沙武陵蛮"的一部分。瑶族最早居住于洞庭湖以北，后来，因为战乱和受歧视而逐渐向湘粤桂三省边境处迁移。隋唐、宋朝时期，瑶族分多路逐渐向广东省内迁移，而明朝为最盛。据专家考证，南岗是全国乃至全世界规模最大、最古老、最有特色的瑶寨。现居住在山寨的瑶民，主要有邓、唐、盘、房四个氏族。他们在明代时就建立了民主选举的"瑶老制"，并形成了神圣而严厉的"习惯法"，严格管理山寨。

③ 中国民间传说中，盘古开天辟地应该是最早的神话。据说很久以前，天地还没有形成，到处是一片混沌。它无边无际，没有上下左右，也不分东南西北，样子好像一个浑圆的鸡蛋。这浑圆的东西当中，孕育一个人类的祖先——盘古。过了18000年，盘古在这浑圆的东西中孕育成熟了。他发现眼前漆黑一团，非常生气，就用自己制造的斧子劈开了这混混沌沌的圆东西。随着一声巨响，圆东西里的混沌，轻而清的阳气上升，变成了高高的蓝天，重而浊的阴气下沉，变成了广阔的大地。从此，宇宙间就有了天地之分。

相传是盘古王婆诞辰日，又传是盘古王于这天仙逝。时值秋收结束，又称"收割节"或"还愿节"。是日，排瑶各寨均在盘古王庙举行以姓氏为单位的隆重的祭祖还愿、庆祝丰收的民俗文化活动，还推选数位老歌手演唱《盘古王歌》。各户皆以酒肉、豆腐、糍粑等丰盛食品过节。

2.5.4-1 贵州西江千户苗寨全景

2.5.4-2 千户苗寨中心广场

2.5.4-3 千户苗寨广场入口

2.5.4-4 苗寨白水河上的风雨桥

2.5.4-5 千户苗寨的白水河

2.5.4-6 千户苗寨白水河上的拱桥

2.5.4-7 千户苗寨沿河的吊脚楼

2.5.4-8 苗寨河水跌落与沿河景观

2.5.4-9 千户苗寨的结构体系

2.5.4-10 苗寨现代风格的楼梯栏杆

2.5.4-11 苗寨妇女的服装

2.5.4-12 千户苗寨住户间的梯道

2.5.4-13　千户苗寨山坡下的农田

2.5.4-14　远望千年瑶寨

2.5.4-15　南岗入口

2.5.4-16　千年瑶寨入口

2.5.4-17　瑶寨的民居与店铺

2.5.4-18　盘古王庙正立面

2.5.4-19　盘古王庙塑像

2.5.4-20　瑶寨民居的穿斗架结构

2.5.5　福建客家土楼

福建客家土楼分布在福建省漳州南靖、华安、永定等地。土楼以土、木、石、竹为主要建筑材料，再利用未经焙烧的、按一定比例的沙质黏土和黏质沙土拌和而成的材料，再用夹墙板夯筑而成。福建土楼始建于宋元，成熟于明末、清代和民国时期。[①]福建土楼是世界独一无二的大型民居形式，被称为中国传统民居的瑰宝。福建土楼数量众多，经过正式确认的土楼就有3000多座，且分布广泛。2008年7月6日在加拿大魁北克城举行的第32届世界遗产大会上，福建土楼被正式列入《世界遗产名录》。福建土楼中最古老和最年轻的圆楼均在永定初溪。直径66m的集庆楼已建成600年，直径31m的善庆楼则仅有30年的历史。世界上最大的土楼在福建永定县的高北土楼群中，那里的"承启楼"，号称"土楼王"。承启楼内部有4个环路，全楼共有400多间房，最多时800人共同生活在一起，其规模惊人。形态各异的土楼是福建永定县的洪坑土楼群，那里有按八卦图建设的"土楼王子"振成楼。振成楼装修富丽堂皇，既有苏州园林的风格，也有古希腊营建的特点，是中西合璧的经典土楼。福建土楼中还有土墙最厚的景阳楼等。在众多的土楼形状中，圆土楼最为神奇和最有魅力，因为中国的远古时代，以圆和方代表天和地，尤其认为圆具有无穷的神力，给人带来万事和谐、子孙团圆。

福建南靖"云水谣"古镇山川秀美、人文丰富。镇中悠长古道、百年老榕、神奇土楼，还有那灵山碧水，都给人以超然的感觉。溪岸边，由13棵百年以上老榕组成的榕树群蔚为壮观，其中一棵老榕树的树冠覆盖面积1933m²，树枝长达30m，树干底端要10人才能合抱，是目前福建已发现的最大榕树。和贵楼、怀远楼与"云水谣"属同一景区，相距约3km，沿途由小溪串联，景色优美，一派田园风光。和贵楼，顾名思义，是劝世人弘扬"以和为贵"的中华民族传统美德。和贵楼楼前原有一条水渠，长400m。和贵楼建在3000m²的沼泽地上，整座楼像

---

① 福建土楼的形成与历史上中原汉人几次著名的大迁徙相关。西晋永嘉年间，也就是公元4世纪，北方战祸频频，天灾肆虐，当地民众大举南迁，拉开了千百年来中原汉人不断举族迁徙入闽的序幕。福建土楼以分布广、保存完好而著称，是客家文化的象征，故又称作"客家土楼"。另一种观点认为福建圆土楼发源于九龙江中下游及比邻地区，是漳州先民抗倭的产物。明代九龙江下游及比邻地区的漳州人在抗击倭寇的血雨腥风中创造出来的土楼，它最早出现的时间应是明嘉靖年间。倭寇（わこう），是指13世纪到16世纪左右侵略朝鲜、中国沿海各地和南洋的日本海盗集团的泛称，除沿海劫掠以外，主要从事中日走私贸易。

一艘大船停泊在那里，虽历经 200 多年仍坚固稳定，巍然屹立。[①] 怀远楼是双环圆形土楼，建于清宣统元年（1909 年），坐北朝南，占地 1384.7m²，共 4 层，高 14.5m，每层 34 间，共 136 间。怀远楼最引人注目之处在于其内院核心位置的祖堂"斯是室"，也就是家族子弟读书的地方。祖堂的横批是"诗礼庭"。[②]

南靖田螺坑土楼群坐落在海拔 787.8m 的狐岽山半坡上，距南靖县城 60km。田螺坑自然村因地势像田螺，四周群山高耸，中间地形低洼，形似坑而得名。土楼群由方形的步云楼和圆形的振昌楼、瑞云楼、和昌楼以及椭圆形的文昌楼组成，住户均为黄氏族人。田螺坑土楼群形体与空间的精美组合，人文与自然融为一体，给人强烈的观赏冲击。

2.5.5-1　永定县初溪土楼群

① 和贵楼内有 2 口水井，相距不过十多米，其中一口清亮如镜、水质甜美；另一口却混浊发黄、污秽不堪，被人称为"阴阳井"。和贵楼是长方形大楼，长 21.5m，楼高 5 层，一层土墙厚 1.34m。由下而上逐层缩小，到第五层墙厚仅 65cm，是南靖县内最高的一座方形土楼。和贵楼内部结构规整，有 140 个房间，楼内四角布置 4 部楼梯，可通向各层楼。天井中心建 3 间一堂式学堂。怀远楼位于漳州市南靖县书洋镇坎下村东部，简氏家庭住宅。漳州西北多山，东南临海，地势从西北向东南倾斜。怀远楼建造工期长，土墙下厚上窄，坚实牢固，防风、防水、防震性能好，而且还能防火。三环土墙便是 3 道封火墙，特别是其超凡的抗震能力令人叹服。怀远楼的楼基用巨型鹅卵石和三合土垒筑，高 3m，墙体至今光滑无剥落。

② "诗礼庭"大门两侧以及围墙上镶嵌着做工极其讲究且带有通花图案的四方琉璃砖，这是当年简氏族人从南洋带回来的。祖堂旁边建有水井，既可饮水又可防火。怀远楼东西南北均有木制楼梯，每层楼道相通，楼道全是木质结构，采光条件极好。站在楼道上，透过 3 层优美的弧形楼檐，可以看到楼外的远山与蓝天，令人感受人与自然的融洽。

2.5.5-2 初溪土楼群的集庆楼

2.5.5-3 初溪土楼群的集庆楼内院

2.5.5-4 永定县的承启楼

2.5.5-5 承启楼内院挑廊

2.5.5-6 承启楼院内排水沟

2.5.5-7 永定县高北土楼群承启楼祠堂

2.5.5-8 俯视振成楼入口与内院

2.5.5-9 振成楼入口

2.5.5-10 俯视振成楼入口

2.5.5-11 振成楼首层平面布局

2.5.5-12 南靖云水谣古镇土楼

2.5.5-13 南靖云水谣古镇和贵楼

2.5.5-14 和贵楼内的学堂

2.5.5-15 和贵楼内部空间

2.5.5-16 南靖"云水谣"古镇的怀远楼

2.5.5-17 怀远楼内的水井

2.5.5-18 南靖田螺坑土楼群

2.5.6 侗族鼓楼与风雨桥

侗族居住在贵州省的黔东南苗族侗族自治州、铜仁地区，湖南省的新晃侗族自治县、会同县、通道侗族自治县、芷江侗族自治县、靖州苗族侗族自治县，广西壮族自治区的三江侗族自治县、龙胜各族自治县、融水苗族自治县，湖北省恩施土家族苗族自治州等地。根据 2010 年第六次全国人口普查统计，侗族总人口数约为 288 万人。侗族先民在先秦以前的文献中被称为"黔首"，一般认为侗族是从古代百越的一支发展而来。[1] 侗族主要从事农业，农业以种植水稻为主。侗族种植水稻已有悠久的历史，并兼营林业，农林生产均已达到相当高的水平。侗族居住地区多是万山丛岭中的盆地，当地称为"坝子"。侗族群众信仰多神，信仰自然崇拜、灵魂崇拜和祖先崇拜。在侗族的宗教信仰中，最重要的是"萨"崇拜。侗乡南部地区普遍崇拜的女性神，称为"萨岁"，意为始祖母，也是最高的保护神。佛教在明代以前已传入侗区，清代中叶黎平县境有寺、庙、庵、宫 100 处，民国末期尚存 52 处。[2] 基督教也曾传入侗乡，但侗族信奉者寥寥无几。侗族擅长营建学，侗族营建结构精巧、形式多样。鼓楼和风雨桥是侗族营建学的标志，本书主要介绍广西壮族自治区、三江侗族自治县的鼓楼和风雨桥。

侗寨鼓楼多建于村寨中心或河边、山巅风景优美地段。鼓楼前有广场，称为鼓楼坪。鼓楼常与戏楼或一些休闲营建物围合成一个较封闭的广场，作为村寨的政治、文化中心，或商业与宗教活动中心。广西三江县侗族较集中的林溪河、八江一带的 7 个乡、96 个村寨中，竟然建有 150 余座鼓楼。几乎每个村都有鼓楼，大的村寨有 5 ~ 6 座鼓楼，甚至每个种性家族也建造自己的鼓楼，类似汉族的祠堂。侗寨鼓楼的造型十分别致，楼顶悬有象征吉祥的宝葫芦，檐下的如意斗栱、飞檐翘角，非常精巧。檐板上绘有各种古装人物画、山水画、花鸟画或生活风俗画，形态逼真、栩栩如生。侗寨鼓楼远观巍峨庄严、气势宏伟，近看亲切秀丽、玲珑雅致。侗寨鼓楼的木结构由柱、梁、枋、檩、椽组成，是非常典型的穿斗木结构体系。全部结构由杉木穿凿衔接，结构非常严谨，不用一颗铁钉。在过去，鼓楼的主要功能是寨老击鼓报警和击鼓议事。如今的鼓楼已被时代赋予了新的功用，成为侗族人民

---

[1] 对于侗族的历史源流，史学界有不同的看法。主要观点有 4 种：第一种认为侗族是土著民族，自古以来就劳动生息在这块土地上，是在这块土地上形成了人类命运共同体；第二种认为，侗族是从柳江下游的梧州一带溯河而上迁徙到今日侗乡的，因为南部方言的侗族中流传有"祖公上河"的迁徙歌谣；第三种认为，侗族是从长江下游的温州一带经过洞庭湖沿沅江迁徙来的，因为北部方言的侗族中流传的"祖公进寨"歌有这样的传说；第四种认为，侗族的主体成分是土著，在长期的历史发展过程中融合了从外地迁来的其他民族成分。

[2]《三江县志》载，清代至民国年间，三江有寺庙 12 座。但虔诚信佛的侗族不多。道教在明代也已传入侗族地区。侗乡的道士多为居家道士，这类道士不在道观出家，住居在自己家里，专为亡人做道场或为地方打太平醮。

学文化和开展娱乐活动的场所。侗寨鼓楼的造型可分为3种类型:亭式、厅式和塔式。亭式鼓楼的平面有方形、六角形和八角形，其体量较小，底部多为四方形，楼顶是多角形状，例如同乐乡孟寨村的凉亭式鼓楼。厅式鼓楼平面多为矩形，3～5开间，间距3～4m，进深6m左右。屋顶为两坡顶、悬山或歇山。有些屋顶增加骑楼，类似于天窗，这有利室内火塘排烟，例如林溪乡亮寨鼓楼和林溪岩寨鼓楼。塔式鼓楼建造得最多，造型丰富。塔式鼓楼平面有方形、六角形和八角形，屋顶多为密檐，从3～13层均有。密檐为奇数，侗族人民认为奇数代表阳性，这是受汉族的影响。例如林溪乡程阳村的马鞍鼓楼平面为正方形，坐北朝南，七重方檐，顶部为四角攒尖顶，宝顶为五珠串。马鞍鼓楼最高处还有一只凤凰塑像，每层斜脊端头还有一只小鸟，象征吉祥。2002年，广西三江县成立50周年时，在浔江东岸兴建了目前我国侗族居住区最大的木结构鼓楼——颐和鼓楼。颐和鼓楼高42.6m，有27层屋檐，底层为正方形，每边长19m。平铺下寨鼓楼位于林溪乡平铺村下寨，2000年新建，平面为正方形，檐柱中距8.1m，入口在北侧正中。平铺下寨鼓楼为11层方形重檐塔式鼓楼，顶部为四角攒尖顶，最高处的宝顶为六珠串联，简洁雄伟。本书展示的平铺下寨鼓楼剖面也说明了侗寨鼓楼的典型穿斗木结构体系及构件名称。

侗族风雨桥因桥上建有长廊，可以遮蔽风雨，因而得名。福星桥位于林溪村岩寨中的一条小溪上，1945年初建，原为木结构，2002年大木梁改为钢筋混凝土的大梁，桥上的亭廊保留了原有风格。福星桥总长11.6m、宽3.4m。具河桥位于独峒乡具河村北150m处的下游溪流上，初建于1920年，桥身长45.55m、宽3.8m，桥中有一石桥墩。桥上筑有四重檐歇山屋顶的阁楼，造型十分富丽。大桥南端还建有寨门，是难得一见的特例。三江侗族自治县著名的程阳风雨桥，被定为国家级重点文物。[①] 程阳风雨桥上建有五座桥亭，通道两侧有栏杆，形如游廊。风雨桥梁结构不用一根铁钉，只在柱子上凿穿洞眼衔接，斜穿直套，结构精巧，十分坚固。这些兴时于汉末和唐代的风雨桥，结构严谨，造型独特，极富民族气质。程阳风雨桥全长64.4m、宽3.4m、高16m，5个石墩上各筑有宝塔形和宫殿形的桥亭，逶迤交错、气势雄浑。[②]

---

① 程阳风雨桥，又叫永济桥、盘龙桥，位于广西壮族自治区柳州市三江县城古宜镇北面20km处的林溪镇，是广西壮族地区众多具有侗族韵味的风雨桥中最出名的一个。该桥与中国的赵州桥、泸定桥齐名。

② 侗族的村落依山傍水，聚族而居。大寨300～400户，小寨30～50户，极少单门独户。侗族多居于"干栏"式楼房，一般一幢3间两层楼，左右连"偏厦"，也有3层楼的，楼下安置石碓，堆放柴草、杂物，饲养禽畜，楼上住人。前半部为廊，宽2～3m，为一家休息或手工劳动之所。走廊里边正间为堂屋，设神龛，左右侧为火塘，上面有烘烤禾谷的吊炕，是取暖、煮饭的地方。卧室设于两侧偏厦或第三层楼上，顶楼存积粮食，糯禾多挂在上面，有的在寨边建立禾晾，便于防火。

鼓楼坪

上

下

N

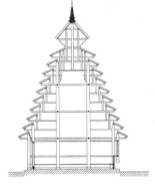

2.5.6-1	2.5.6-2	2.5.6-3
2.5.6-4	2.5.6-5	2.5.6-6
2.5.6-7	2.5.6-8	2.5.6-9

| 2.5.6-10 |

2.5.6-1　亮寨鼓楼广场平面
2.5.6-2　亮寨鼓透视
2.5.6-3　平铺下寨鼓楼背面透视
2.5.6-4　平铺下寨鼓楼剖面
2.5.6-5　林溪村的福星桥
2.5.6-6　独峒乡具河桥
2.5.6-7　侗族的程阳风雨桥
2.5.6-8　侗族的程阳风雨桥入口
2.5.6-9　程阳风雨桥上梁仪式
2.5.6-10　林溪乡河边侗族民居

2.6　中国的古典园林与名山风景区

2.6.1　中国的古典园林

中国幅员辽阔，江山多娇，面积达 960km^2 的陆地国土跨越几个不同的气候带。在这辽阔的国土内，大河奔流，海岸曲折，湖泊罗布，植物繁茂，自然景观绮丽多姿，在世界上首屈一指。此外，中国又是一个历史悠久的文明古国，延续 5000 多年创造出的辉煌灿烂的古典文化，对人类文明和进步曾经做出过巨大贡献。大地山川的钟灵毓秀、历史文化的深厚积淀，孕育出中国古典园林这样一个源远流长、博大精深的园林体系，这是理所当然的。中国古典园林是中国文明的重要遗产，被公认为世界园林之母、世界艺术奇观。造园手法被西方国家推崇、模仿。中国的造园艺术，以追求自然境界为最终和最高目的，从而达到"虽由人作，宛自天开"的审美旨趣。它深浸着中国文化的内蕴，是中华文化史造就的艺术珍品，是民族内在品格的生动写照。

中国古典园林若按隶属关系分类，可以归纳为 3 种主要类型：私家园林、皇家园林和寺观园林。以中国江南私家园林和北方皇家园林为代表的独特山水园林艺术风格，在世界营建史上自成系统，独树一帜，是中国古代灿烂文化的重要组成部分，是全人类宝贵的历史文化遗产。中国古典园林的发展大致可以分成 3 个时期：一是殷、周至秦、汉是园林生成期，或可称为从"囿"到"苑"的发展时期。殷、周为奴隶制国家，秦、汉已发展为封建帝国。[①] 汉代的"苑"不再是一种自然山林原始状态的存在，帝王们在"苑"中建"宫"设"馆"，除了游猎，还增添了生活设施，配置了观赏植物、人工山水等景色，初步具有了"园林"的性质。从汉代起，它的名称也从古代的"囿"改称"苑"。汉武帝的"上林苑"中有"建章宫""太液池"，周围数百里，并且设置了"射熊馆""鹿观"等各种动物的圈观，"苑"内还种植了

---

① "囿"是中国古代供帝王贵族进行狩猎、游乐的园林形式，通常选定"囿"的地域后划出范围，或筑界垣。囿中草木、鸟兽自然滋生繁育，一般范围都在几十里、上百里左右。《诗经·大雅》中记述了最早的周文王灵囿。"苑"是古代帝王养禽兽植林木的地方，多指帝王的花园，例如鹿苑、御苑等。

各地送来的奇花异木。① 二是从魏、晋、南北朝开始转折，北方少数民族南下，封建帝国处于分裂状态，民间的私家园林异军突起，寺观园林也开始兴盛。三是隋、唐时代帝国恢复统一，园林的发展也相应地进入全盛时期。北宋被辽金取代后，辽、金、元三代相继在燕京一带兴修皇家园林。明代及清代初期，在中国园林发展史上达到了成熟时期。成熟时期的中国古典园林，有 3 方面的特点：功能全、形式多、艺术水平高。而且，造园理论有了划时代的总结性成果，即《园冶》一书的问世。②佛教和道教的兴盛及老庄哲学的流行，使中国古典园林转向了崇尚自然，以表现大自然的天然山水景色为主旨。中国古典园林所造的假山、池沼，宛如天成，充分反映了"天人合一"的民族文化特色，表现出一种人与自然和谐统一的宇宙观。此外，中国古典园还特别强调"意境"（artistic conception）。意境指文艺作品借助形象传达出的意蕴和境界，由若干形象构成的形象体系，是以整体形象出现的文学形象的高级形态，蕴含深远。③ 例如中国古典园林中的匾题和对联，既是诗文与造园的结合，也是文人与营建师的结合。

中国现存的古典园林有颐和园、承德避暑山庄、沧浪亭、拙政园、留园、网师园等，这些古典园林的名作，体现高度的技术水平和不朽的艺术价值，显示出古代劳动人民的智慧和力量，令人感受到中国古典园林的魅力和中国传统文化的深层意义。

应当特别指出的是，清华大学建筑学院教授周维权对中国古典园林和中国名山风景区研究所做的贡献。周维权的《中国名山风景区》和《中国古典园林史》是研究中国古代景观营建学比较重要的理论研究成果。本书提出的相关论点，主要依据上述两本著作。④

---

① 建章宫建于汉武帝太初元年（公元前 104 年），是规模宏大的宫苑，素有"千门万户"之称，武帝曾一度在此朝会、理政。为了往来方便，跨城筑有飞阁辇道，可从未央宫直至建章宫。建章宫的外围筑有城垣，宫城中分布众多不同组合的殿堂。建章宫毁于新莽末年战火中，遗址位于今西安市三桥镇北的高堡子、低堡子村一带，今地面尚存，可确认的有前殿、双凤阙、神明台和太液池等遗址。

② 《园冶》是中国第一部园林艺术理论专著，为明末造园理论家计成所著，成稿于崇祯四年（公元1631 年），刊行于崇祯七年（1634 年）。全书共 3 卷，附有图片 235 幅。《园冶》是中国造园艺术的传世经典，也是世界首部造园学专著，被日本宫廷评价为"开天工之作"，被欧美国家奉为"生态文明圣典"。它不仅展现了中国造园艺术的高度，也为现代别墅的建造与私人家居装修提供了可模仿的范本。

③ "意境"是艺术辩证法的基本范畴之一，也是美学研究的重要课题。意境是属于主观范畴的"意"与属于客观范畴的"境"二者相结合的一种艺术境界。这一艺术辩证法范畴极为广大，内容极为丰富。"意"是情与理的统一，"境"是形与神的统一。在这两个统一过程中，情理与形神相互渗透，相互制约，这就形成了"意境"。

④ 周维权，云南大理人，1927 年生，清华大学建筑学院教授，中国风景园林学会常务理事，北京园林学会常务理事，建设部风景名胜专家顾问。长期从事教育、设计以及中国景观营建学的研究工作。周维权教授孜孜以求、勤耕不辍，为我国城市规划、营建设计和风景园林事业做出了重大贡献，在业内享有极高的声望。

1- 壁门；2- 神明台；
3- 凤阙；4- 九室；
5- 井干楼；6- 圆阙；
7- 别凤阙；8- 鼓簧宫；
9- 嶕峣阙；10- 玉堂；
11- 奇宝宫；12- 铜柱殿；
13- 疏圃殿；14- 神明堂；
15- 鸣鸾殿；16- 承华殿；
17- 承光殿；18- 枍栺宫；
19- 建章前殿；20- 奇华殿；
21- 涵德殿；22- 承华殿；
23- 婆娑宫；24- 天梁宫；
25- 骀荡宫；26- 飞暗相属；
27- 凉风台；28- 复道；
29- 鼓簧台；30- 蓬莱山；
31- 太液池；32- 瀛洲山；
33- 渐台；34- 方壶山；
35- 曝衣阁；36- 唐中庭；
37- 承露盘；38- 唐中池

清绘建章宫图（清《四库全书·关中胜迹图志》）

2.6.1-1 汉代的建章宫

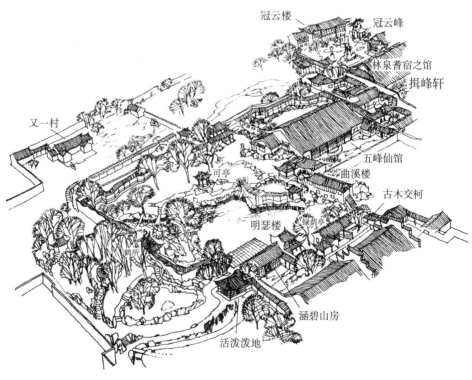

2.6.1-2 苏州留园鸟瞰

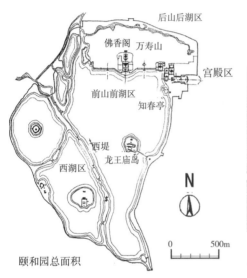

颐和园总面积

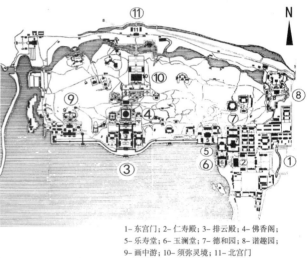

1– 东宫门；2– 仁寿殿；3– 排云殿；4– 佛香阁；
5– 乐寿堂；6– 玉澜堂；7– 德和园；8– 谐趣园；
9– 画中游；10– 须弥灵境；11– 北宫门

2.6.1-3	2.6.1-4
2.6.1-5	2.6.1-6
2.6.1-7	

2.6.1-3　苏州留园假山
2.6.1-4　苏州拙政园
2.6.1-5　北京颐和园总平面
2.6.1-6　颐和园万寿山总平面
2.6.1-7　北京颐和园万寿山前
　　　　的长廊

2.6.2　中国的名山风景区

　　中国幅员辽阔，国土陆地面积达 960km²，山地和丘陵约占国土面积的 2/3。山岳的形象在先民的心目中占有特殊地位。《山海经》《水经注》《禹贡》等早期的古籍已对山岳有过详尽的记载和描写。[①] 魏晋以后，文人名流"读万卷书，行万里路"，跋山涉水游览名山大川，已成为传统的社会风尚，并为后人留下难以数计的佳作名篇。

　　在中国的众多名山中，五岳是历史最悠久的五座名山。五岳是中国汉文化中五大名山的总称，是中国古代民间山神崇拜、五行观念和帝王巡猎封禅相结合的产物。五岳分别是东岳泰山、西岳华山、南岳衡山、北岳恒山、中岳嵩山。[②] 五岳曾是封建帝王仰天功之巍巍而封禅祭祀的地方，更是封建帝王受命于天、定鼎中原的象征。一向以其俊秀的英姿、绚丽的风采吸引着全世界的游客慕名而来，其中以"黄山归来不看岳"而闻名的安徽黄山以及"匡庐奇秀甲天下"著称的江西庐山的名气为最大，并享有"世界级名山"的声誉。五岳的其他评价也很精彩，例如"东岳泰山之雄，西岳华山之险，中岳嵩山之峻，北岳恒山之幽，南岳衡山之秀"，以及"恒山如行，泰山如坐，华山如立，嵩山如卧，唯有南岳独如飞"的说法等。此外，中国的"五岳"也是道教崇奉的中国五大名山的总称。道教认为每岳都有岳神，就像东岳泰山岳神"齐天王"、南岳衡山岳神"司天王"、西岳华山岳神"金天王"、北岳恒山岳神"安天王"、中岳嵩山岳神"中天王"，岳神各领仙宫玉女几万人治理其领地。[③] 中国还有"佛教四大名山"，相传四大佛教名山的山西五台山曾是文殊菩萨的道场，四川峨眉山曾是普贤菩萨的道场，浙江普陀山曾是观音菩萨的道场，安徽九华山曾是地藏菩萨的道场。此外，国家曾先后两批公布共计 42 座旅游名山为"重

---

① 《山海经》是中国一部记述古代志怪的古籍，大体是战国中后期到汉代初中期的楚国或巴蜀人所作，也是一部荒诞不经的奇书。该书作者不详，古人认为该书是"战国好奇之士取《穆王传》，杂录《庄》《列》《离骚》《周书》《晋乘》以成者"。现代学者也均认为成书并非一时，作者亦非一人。山海经内容主要是民间传说中的地理知识，包括山川、道里、民族、物产、药物、祭祀、巫医等。保存了包括夸父逐日、女娲补天、精卫填海、大禹治水等不少脍炙人口的远古神话传说和寓言故事。《水经注》是我国古代一部集北宋魏以前地理学大成的名著。其文内容丰富、体例严谨，详细记载了 137 条河流干流及 1252 条流所经地区的山陵、城邑、关津的地理情况、建置沿革和有关的历史事件、人物甚至神话传说，在历史、文学等方面也都有重要的价值。《禹贡》是中国古代名著，属于《尚书》中的一篇，其地理记载囊括了各地山川、地形、土壤、物产等情况。《禹贡》虽然托名为大禹所作，其实却是战国后的作品。

② 泰山海拔 1545m，位于山东省泰安市泰山区。华山海拔 2154.9m，位于陕西省渭南华阴市。衡山海拔 1300.2m，位于湖南省衡阳市南岳区。恒山海拔 2016.1m，位于山西省大同市浑源县。嵩山海拔 1491.71m，位于河南省郑州市登封市。

③ 道教名山的另一种解释：道教发祥于江西省贵溪县西南的龙虎山，传说第一代天师张道陵，炼九转神丹于此，得道后入蜀，其孙张鲁在巴蜀传其道。当时道有十大洞天、七十二福地，均为道教名山，其中湖北武当山、江西龙虎山、安徽齐云山、四川青城山尤为著名。

点风景名胜区"。这尚未包括今日旅游火热的张家界和九寨沟。

黄山原名"黟山"，因峰岩青黑，遥望苍黛而名。后因传说轩辕黄帝曾在此炼丹，故改名为"黄山"。黄山代表景观有"四绝三瀑"，四绝：奇松、怪石、云海、温泉；三瀑：人字瀑、百丈泉、九龙瀑。黄山迎客松是安徽人民热情友好的象征，承载着拥抱世界的东方礼仪文化。1990年12月12日，黄山被联合国教科文组织列入"世界自然和文化遗产名录"。黄山在中国文学艺术的鼎盛时期，即公元16世纪中叶受到广泛的赞誉，并以"震旦国中第一奇山"而闻名。[①]2004年黄山又入选首批世界地质公园，成为同时获得世界文化和自然遗产以及世界地质公园三项荣誉的旅游胜地。

华山（Mount Hua）亦称太华山，属秦岭山脉的东延部分。华山位于陕西省渭南市华阴市，南接秦岭，北瞰黄渭，是中华文明的发祥地。"中华"和"华夏"之"华"，就源于华山。华山地处黄河中游流域，与黄河一起孕育了中华民族。据历代学者研究考证，古代华夏文明主要聚集在以华山为中心的方圆500km范围内。华山景域面积约148km^2，西距陕西省会西安120km。[②]华山自古以来就有"奇险天下第一山"的说法，华山花岗岩形成期距今约12100万年，华山山脉地区的地壳发生活动，在受挤压、褶皱和破裂的过程中，岩浆开始沿着裂缝向表层地壳上升侵入，在3000～6000km深处冷却，凝结成岩。华山花岗岩有较多的节理和断层，将完整的花岗岩体分割成大大小小的岩块。在纵横河流的切割活动中，风化剥蚀形成了一组俊秀的山峰和许许多多奇形怪状的岩石。东、西、南三峰呈鼎形相依。作为华山主峰，中峰、北峰相辅，周围小山峰环卫而立，极为壮观。本书"华山全景示意图"引自周维权先生的《中国名山风景区》一书，该书画是周先生亲手绘制的，气势磅礴，更重要的是这样的山体形象很难用摄影来表达。[③]

---

① 黄山经历了造山运动和地壳抬升，以及冰川和自然风化作用，才形成其峰林结构。黄山有七十二峰，素有"三十六大峰，三十六小峰"之称，主峰莲花峰海拔高达1864.8m，与光明顶、天都峰并称三大黄山主峰，为"三十六大峰"之一。黄山生态系统稳定平衡，植物群落完整而垂直分布，景区森林覆盖率为84.7%，植被覆盖率达93.0%，有高等植物222科827属1805种，有黄山松、黄山杜鹃、天女花、木莲、红豆杉、南方铁杉等珍稀植物。首次在黄山发现，或以黄山命名的植物有28种。其中属国家一类保护的有水杉，二类保护的有银杏等4种，三类保护的8种，有石斛等10个物种属濒临灭绝的物种，6种为中国特有种，尤以名茶"黄山毛峰"、名药"黄山灵芝"最为知名。黄山是动物栖息和繁衍的理想场所，有鱼类24种、两栖类21种、爬行类48种、鸟类176种、兽类54种。主要有红嘴相思鸟、棕噪鹛、白鹇、短尾猴、梅花鹿、野山羊、黑麂、苏门羚、云豹等珍禽异兽。
② 华山山脉是深层侵入岩体的花岗岩浑然巨石，顶部是粗粒（粒径5mm）斑状花岗岩；中部是中粒（粒径2～5mm）花岗河长岩及片麻状花岗岩。据地质科学工作者用放射性同位素测定，华山花岗岩形成期距今约12100万年，华山山脉地区的地壳发生活动，在受挤压、褶皱和破裂的过程中，岩浆开始沿着裂缝向表层地壳上升侵入，在3～6km深处冷却，凝结成岩。从新生代燕山期约7000万年以前，华山山脉的地壳继续上升，而渭河地带却向下凹陷。这种内动力地壳作用，时快时慢、时断时续，显现出东西一线上并列着许多平整的三角形或梯形面，形成了秦岭北麓的大断层。这些大致平行的东西向断层，将山地割切成若干长条形断块，而断块在彼此相互上升与下降的活动中，则多呈北翘、南俯的岭谷相间地形。
③ 周维权. 中国名山风景区 [M]. 北京：清华大学出版社，1996：144.

2.6.2-1 黄山风景区之一

2.6.2-2 黄山风景区之二

2.6.2-3 黄山风景区之三

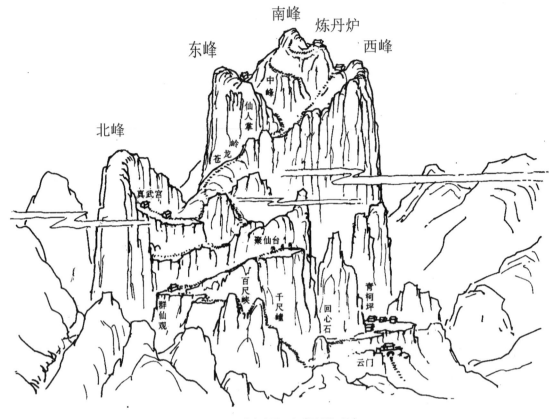

南峰

炼丹炉

东峰

西峰

中峰

仙人掌

北峰

苍龙岭

真武宫

寨仙台

群仙观

百尺峡

千尺幢

回心石

青柯坪

云门

2.6.2-4　华山全景示意（周维权 绘）

2.6.2-5　华山西峰

2.6.2-6　华山西峰山顶

2.6.2-7　日月岩在上天梯之上

2.6.2-8　华山北峰

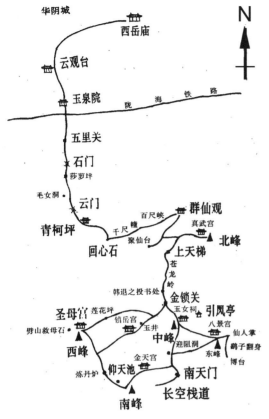

華陰城

西岳庙

云观台

玉泉院　　陇　海　铁　路

五里关

石门
莎萝坪

毛女洞　　云门

青柯坪　　回心石　　千尺㠉　百尺峡　　群仙观

真武宫

聚仙台　　北峰

上天梯

苍龙岭

韩退之投书处　　金锁关

圣母宫　　莲花坪　　玉女祠　　引凤亭

镇岳宫　　玉井　　八景宫

劈山救母石　　中峰　　仙人掌

西峰　　迎阳洞　　鹞子翻身

金天宫　　东峰　　博台

炼丹炉　　仰天池　　南天门

南峰　　长空栈道

2.6.2-9　华山总平面示意

2.6.2-10　上天梯位于华山中峰北面

076

3 外国古代营建学的发展与世界营建学谱系

Development of Ancient Foreign Architecture and the Family Tree of World Architecture

3.1 古西亚、古埃及与伊斯兰的营建学

3.1.1 古西亚的营建学

西方考古学家普遍认为：巴勒斯坦的杰里科（Jericho）是世界上最古老的地方，而且一直以来都有人居住。[①]

两河流域是古代西亚文明的摇篮。两河流域是指底格里斯河（Tigris）和幼发拉底河（Euphrates）的中下游，通常称作美索不达米亚平原（Mesopotamia）。两河流域文明由苏美尔文明、巴比伦文明和亚述文明三部分组成，其中巴比伦文明以其成就斐然而成为两河流域文明的典范，古巴比伦王国与古埃及、古印度和古代中国构成了公认的世界四大文明古国。[②]

亚述（Assyria）是古代西亚奴隶制国家，位于底格里斯河中游。公元前 3000 年中叶，属于闪米特族的亚述人在此建立亚述尔城，后逐渐形成贵族专制的奴隶制城邦。公元前 19 世纪—公元前 18 世纪，亚述发展成为帝国。亚述帝国是世界史上第一个可以称得起"军事帝国"的国家。亚述时期的营建以堡垒和宫殿为主，这些宫殿又以居室和庭院组成。亚述时期最重要的宫殿是建造于公元前 722 年—公元前 705 年的萨尔贡二世（Sargon II of Assyria）王宫，这座王宫建在都城西北角卫城中的一个高 18m 的土台上，占地面积约 17 万 m²。[③] 亚述时期宫殿显著特点是其表层有华丽的彩色砖墙修饰，因而，外观金碧辉煌。萨尔贡二世宫殿的守护神兽为高浮雕，王宫入口两侧雕凿的神兽，亚述人称之为"舍都"，也称"人面双翼

---

① 杰里科是巴勒斯坦（Palestine）著名的旅游胜地，位于约旦河西 7km 处的约旦河谷，西距耶路撒冷 38km，南距死海 6km，低于海平面 300m，与耶路撒冷的高度落差 1000m，因而被认为是世界上"最低的城市"。9800 年前，杰里科大约有 3000 人居住，现在保留有遗址。

② 两河流域是世界上文化发展最早的地区，不仅为世界发明了第一种文字——楔形文字，还建立了第一个城邦，编制了第一种法律，建立了世界上最早的学校，发明了第一个制陶器的陶轮，制定了第一个 7 天的周期，第一个阐述了上帝以 7 天创造世界和大洪水的神话。至今为世界留下了大量的远古文字记载资料（泥版）。由于两河流域在地图上好像一弯新月，人们常把这片土地称为"新月沃土"。新月沃土上有 3 条主要河流，约旦河、底格里斯河和幼发拉底河，共 40 万 ~ 50 万 km²。

③ 在萨尔贡王宫中共建有 30 个院落和 210 个房间，从王宫的南面大门进入首先来到了一个宽大的院落，王宫的北面是正殿和后宫，后面是行政机关，西面建有几座庙宇和山岳台。

公牛像"。①

新巴比伦王国（Neo-Babylonian Empire）注重巴比伦的城市建设，在新巴比伦城修有两道城墙和一道护城河。巴比伦城的8道城门用8个神的名字来命名，城门装饰华丽，北门称为伊什塔尔门（Ishtar Gate），这是世界上最早的史诗——巴比伦英雄叙事诗《吉尔伽美什》中司管爱情的女神名称。②尼布甲尼撒二世、新巴比伦王国国王（约公元前630年—公元前562），重新建造的新巴比伦城是一座长、宽均为17.7km的四方形城市，幼发拉底河从城中穿过，城内不仅有豪华的宫殿，还建造了传说中的空中花园（Hanging Gardens of Babylon）。③

波斯帝国位于西亚伊朗高原地区，以古波斯人为中心形成的君主制帝国，始于公元前550年居鲁士大帝开创的阿契美尼德王朝，全盛时期领土东起印度河平原、帕米尔高原，南抵埃及、利比亚，西至小亚细亚、巴尔干半岛，北达高加索山脉。在营建艺术方面，波斯帝国留下了波斯波利斯的宝贵宫殿。④

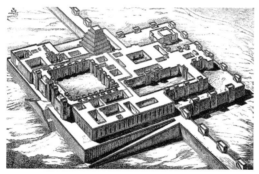

3.1.1-1 亚述的撒艮王宫遗址

3.1.1-2 撒艮王宫复员示意

① 守护神兽为人首、狮身、牛蹄，头顶高冠，胸前挂着一绺经过编梳的长胡须，一对富有威慑力的大眼睛，身上还长着展开着的一对翅膀，显得气宇轩昂，令人敬畏。这种形象的石雕矗立在宫门口，是一种王权不可侵犯的象征。萨尔贡二世宫门前的这两只镇门兽形象影响到了其他民族，古波斯和西亚地区也都十分盛行，它逐渐成为一种吉祥动物，并具有神秘的力量。

② 新巴比伦城北门在阳光的照耀下闪闪发光，各种金色的动物雕塑在藏青色琉璃砖上具有高雅、素朴的艺术效果，同时而又光彩夺目，显示了西亚古代艺术水平。西亚地区此后的伊斯兰营建艺术，在许多方面继承了新巴比伦的装饰风格。在琉璃砖的采用上，东方阿拉伯营建艺术也从古代巴比伦营建学中获得了启迪。这座伊什塔尔城门现由柏林国家博物馆复原收藏。

③ 空中花园，阿拉伯语为"悬空的天堂"。尼布甲尼撒国王为了治愈爱妻的思乡病，特地建造了这座超豪华的"天堂"，以用作礼物献给她。果然，爱妻的愁容一扫而光。空中花园为立体结构，共7层，高25m。基层由石块铺成，每层用石柱支撑。层层都有奇花异草，蝴蝶在上面翩翩起舞。园中有小溪流淌，溪水引自幼发拉底河。空中花园被誉为世界七大奇迹之一。此外，还建造了50座神殿，巴别通天塔（Babel Tower）为其中最重要的一座。

④ 波斯帝国从各被征服民族征调劳动者和营建材料，用以兴建宫室，装点都城。波斯的营建艺术融合埃及、巴比伦、希腊各民族的艺术成就，构成自己独特、雄伟和壮丽的风格。大流士一世的新都波斯波利斯的宫殿建在巨石垒成的高台上，有大王听政的殿堂和百柱大厅，柱高7.62m，以圣牛、角狮和人面形为柱头。高台阶陛侧面的壁上浮雕为万人不死军、廷臣和各被征服民族进奉贡物的行列。

3.1.1-3　萨尔贡二世宫殿的守护神兽（现藏卢浮宫）
3.1.1-4　新巴比伦古城的伊什塔尔城门（现藏柏林国家博物馆）
3.1.1-5　伊什塔尔城门的琉璃砖
3.1.1-6　巴比伦的空中花园设想
3.1.1-7　俯视波斯帝国的波斯波利斯的宫殿遗址

3.1.1-3	3.1.1-4
3.1.1-5	3.1.1-6
3.1.1-7	

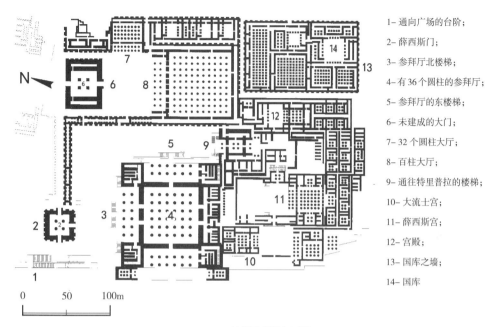

1– 通向广场的台阶；

2– 薛西斯门；

3– 参拜厅北楼梯；

4– 有36个圆柱的参拜厅；

5– 参拜厅的东楼梯；

6– 未建成的大门；

7– 32个圆柱大厅；

8– 百柱大厅；

9– 通往特里普拉的楼梯；

10– 大流士宫；

11– 薛西斯宫；

12– 宫殿；

13– 国库之墙；

14– 国库

3.1.1-8　波斯波利斯宫平面

3.1.1-9　波斯波利斯宫殿遗址入口侧壁上的不死军浮雕

3.1.1-10　波斯波利斯宫的圣牛人面柱

3.1.2　古埃及的营建学

距今 9000 多年前，开始有人类在尼罗河河谷定居，进行农业和畜牧业生产活动。古埃及的居民是由北非的土著居民和来自西亚的塞姆人（Semu）融合形成。[①]埃及文明的产生和发展同尼罗河关系密切，古代埃及的尼罗河几乎每年都泛滥，淹没农田，但同时也使被淹没的土地成为肥沃的耕地。尼罗河还为古埃及人提供了交通的便利，使人们比较方便地来往于尼罗河两岸。[②]古代埃及人最早信仰、崇拜多神，神有多种形象，有些神具有人的形象，有些神则具有其他形象，如动物、植物和星辰等。此外，不同地区也有不同的神祇，据说古埃及的神祇多达 2000 之众。这种多神崇拜起源于原始社会的图腾崇拜，在埃及统一前的各个小部落中，人们都崇拜各自不同的神。随着美尼斯统一埃及全境，法老开始推行各自出生地的神，并称其为主神，由全埃及共同崇拜。法老被称为神王，拥有行政、司法和军队的最高权力，同时也是主神的大祭司。绘画中出现的神祇和法老常常一手执权杖（crook），一手持生命之符（Ankh symbol or key of life），表示对埃及人有生杀大权。古代埃及人认为死亡并不意味着生命的终结，人死后还可以复活，尸体如能完好地保存下来，灵魂得以寄托，复活的灵魂需要原先的身躯。因此，他们又发明了尸体的防腐法。受这种"来世观念"的影响，古埃及人活着的时候就充满信心地为死后做准备，尤其是帝王和贵族，他们用各种方法装饰自己坟墓，以求死后获得永生。

最著名的金字塔群是吉萨金字塔群，位于尼罗河西岸的吉萨高原（Giza Plateau），距古王国的首都孟菲斯不远，在开罗西南 80km。吉萨金字塔群建于埃及古王国时期，主要由 3 座金字塔组成，其中最大的是胡夫金字塔（Pyramid of Khufu or Cheops），又称大金字塔，其次是卡夫拉金字塔（Pyramid of Khafre），最小的是孟卡拉金字塔（Pyramid of Menkaure）。在卡夫拉金字塔东侧还有著名的狮身人面像（Great Sphinx）。[③]1979 年，吉萨金字塔群被联合国教科文组织确定为世界遗产。吉萨最大的金字塔是古埃及第 4 王朝法老胡夫为自己建造的墓地，卡夫拉金字塔和狮身人面像是胡夫后一任法老卡夫拉统治时期为自己建造的墓地，卡

---

① 塞姆人又称闪米特人（Semites），是起源于阿拉伯半岛和叙利亚沙漠的游牧民族，今天生活在西亚、北非的大部分居民就是阿拉伯化的古代闪米特人的后裔。埃及最早的原住民始于北方，居住在尼罗河下游的奥玛里（el-Omari）、莫林达（Merimda）和法尤姆（Faiyum）。埃及南方最早的原住民文化、巴达里（Badari）文化的出现比北方晚了几个世纪。

② 5000 年前，埃及人就知道了如何掌握洪水的规律和利用两岸肥沃的土地。尼罗河的河谷一直是棉田连绵、稻花飘香，在撒哈拉沙漠和阿拉伯沙漠的左右夹持中，蜿蜒的尼罗河犹如一条绿色的走廊，充满无限生机。

③ 胡夫（Khufu）是埃及古王国时期的一位法老，他的统治期约为公元前 2589 年—公元前 2566 年，是埃及第 4 王朝的第 2 位法老。

夫拉的儿子孟卡拉任法老时又下令为自己建造了第 3 座金字塔。[①]

开罗以南 700km 的尼罗河西岸一片荒无人烟的石灰岩峡谷中，古埃及中王国和新王国时期的法老们在石灰岩的峭壁上开凿墓室，用来安放他们显贵的遗体。早期还在陵墓入口前建造了葬礼神庙，形成规模庞大的陵墓区。陵墓区被称为帝王谷（Velley of Kings）和王后谷（Velley of Queens），王后谷在帝王谷南侧约 1.5km，陵墓区东侧不远的一片沙漠地带就是中王国和新王国的都城底比斯。[②]哈特谢普苏特（Hatshepsut，公元前 1508 年—公元前 1458 年）是古埃及著名的女法老，哈特谢普苏特的陵墓建成于公元前 1470 年。哈特谢普苏特的陵墓在埃及被称为"Djeser- Djeseru"，其含义是"壮丽之最"（The Sublime of Sublimes）。[③]埃及法老时代的祭司、贵族和工匠头也效仿法老为自己建造陵墓，已发掘的古埃及私人陵墓超过 500 处。[④]

埃及神庙是古代埃及重要的营建类型，神庙的功能在于对神祇的祭祀和对法老的崇拜，并有宣扬国威、王权的作用。神庙建成后，通常会指定祭祀某位神祇或纪念某位法老王，人们可以在神庙内进行各种祈祷仪式。虽然神庙的发展可追溯到公元前 4500 年，但是神庙的大力兴建却始于金字塔的建成之后，最初建造的神庙也比较简单，新王国时期形成建造神庙的高潮。卡纳克神庙群位于尼罗河东岸，是底

---

① 每座金字塔的东墙外都建有一座为丧葬礼仪使用的神庙，并且有一条小路从神庙延伸到尼罗河边，死去的法老通过船只运到尼罗河岸边，经过这条小路完成他们最后一段旅途。吉萨金字塔群是一个连贯的整体，一切都是为了神化死去的法老，金字塔群的遗迹还在继续发掘。

② 帝王谷坐落在尼罗河西岸的库尔恩（Al-Qurn）山脚下。库尔恩山峰轮廓线貌似金字塔，法老们建造的陵墓以金字塔形象的库尔恩山峰为背景，表达继承先人传统的意愿。帝王谷和王后谷地区都很大，帝王谷又分东区和西区。帝王谷东区陵墓按 KV 编号，帝王谷西区陵墓按 WV 编号，王后谷陵墓的编号为 QV。陵墓根据发现的顺序进行编号，例如帝王谷东区最先发现的拉美西斯七世陵墓编号为 KV1，帝王谷东区发现较晚的图坦卡门陵墓编号为 KV62。帝王谷和王后谷的陵墓已发掘有价值的陵墓 60 余处，其他陵墓有些是空的，有些陵墓的主人至今不详，大部分陵墓也并不对外开放，而开放的陵墓也仅有 10 余处。有些陵墓只供学术研究，有些还在发掘中。

③ 哈特谢普苏特陵墓的创造性表现在 3 个方面：其一是总体布局因地制宜。虽有明显的中轴线，却不严格对称，两侧的布局虽不相同，却仍然保持视觉的均衡，沿着中轴线的大坡道加强了轴线的视觉效果；其二是退台式的陵墓造型。陵墓有 3 层退台，总高 30m，各层平台的进深不同，而退台的比例优美；其三是柱廊衬托。陵墓顶层柱廊环绕纪念性内院，空间丰富，柱廊典雅、肃穆。哈特谢普苏特陵墓尽端是圣坛，圣坛嵌入山体陡壁，陵墓以山体为背景，似乎比金字塔更有气魄。哈特谢普苏特陵墓为后世的陵墓设计树立了典范。据说，昔日陵墓前的坡道连接着狮身人面像大道，大道两侧树木成荫，气势非凡。陵墓二层柱廊的每根方柱前都有哈特谢普苏特的站立雕像，雕像者称为奥西里斯式雕像（Osirian statues）。哈特谢普苏特的端庄雕像保持着女性的魅力，双臂交义放在胸前，面部下方有象征法老的假胡须，下身包裹着木乃伊式的葬服。

④ 私人陵墓布局相对简单，但生活气息浓厚。法老的陵墓宣扬个人战功，同时把自己紧密地和神祇连在一起。私人陵墓中的绘画更多地描绘大众生活。距帝王谷和王后谷不远的德尔麦迪那（Deir Al-Medina）有不少古埃及工匠头和艺术家的陵墓。工匠和艺术家们为了建造法老们的陵墓在德尔麦迪那地区世代居住 200 余年，他们不仅为自己建造了工人村，也在高地上为自己建造了陵墓。在工匠和艺术家的陵墓中有许多艺术价值极高的作品，这些作品不仅使我们了解到 3000 年前埃及人的生活状况，也使我们汲取了珍贵的艺术营养。

比斯最古老和最大的庙宇。神庙群共分为 3 区，各区均有独立的围墙。中间区占地约 30hm²，其太阳神庙保存得最完好，也是规模最大的神庙，此神庙献给太阳神阿蒙。北区占地约 2.5hm²，北区的神庙献给战神蒙图（Montu），战神是底比斯地区早期的神祇；南区的神庙献给女神姆特（Mut）。卡纳克神庙群的建造始于公元前 2000 年古埃及中王国初期，但是大部分营建物建造于新王国时期，并持续建造至托勒密王朝。卡纳克神庙群的建造历经 30 位法老，长达 2000 多年，成为古埃及持续建造时间最长的神庙。①

　　阿布辛拜勒的拉美西斯二世神庙是一座凿岩神庙，位于埃及南端的纳赛尔湖（Lake Nasser Aswan）西岸，距阿斯旺（Aswan）230km，距苏丹边境仅 40km。拉美西斯二世神庙依山崖而建，面向尼罗河，神庙约于公元前 1284 年开始兴建，至公元前 1264 年完成，这座宏伟的凿岩建筑被称为"受阿蒙宠爱的拉美西斯神庙"（Temple of Ramesses，beloved by Amun）。②

3.1.2-1 吉萨金字塔群全景

---

① 卡纳克神庙群中献给太阳神阿蒙的中间区神庙有十重巍峨的门楼（Pylons），还有大小殿堂 20 余座，以及相应的柱廊、庭院、纪念性方尖碑、法老雕像、圣湖、圣坛和 1300 个狮身羊首像，蔚为壮观，这是研究埃及中王国和新王国时期的历史、文化和营建学的重要史料。
② 1910 年埃及开始修建阿斯旺大坝，拉美西斯二世神庙和努比亚地区的其他遗址一度被大水淹没。20 世纪中期，埃及政府决定重建阿斯旺大坝。大坝建成后，努比亚遗址将完全被大水淹没。1960—1980 年，联合国教科文组织发起拯救行动，对包括拉美西斯二世神庙在内的努比亚遗址进行切割、拆卸、搬迁和重新装配，使这些珍贵的历史文物被保存下来。拉美西斯二世神庙被整体迁移 180m，它比原址高 65m，成为世界遗产保护成功的范例。我们今日看到的拉美西斯二世神庙，就是拆迁后的世界遗产。

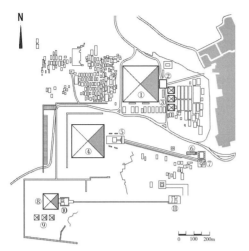

| 3.1.2-2 | 3.1.2-3 |
| 3.1.2-4 | 3.1.2-5 |

| 3.1.1-6 |

3.1.2-2 吉萨金字塔群总平面
3.1.2-3 哈特谢普苏特陵墓立面
3.1.2-4 工匠陵墓的壁画农业丰收
3.1.2-5 尼斐尔泰丽陵墓壁画
3.1.2-6 卡纳克神庙群总平面

1- 卡纳克神庙群中间区; 2- 中间区的太阳神庙; 3- 南区姆特神庙; 4- 北区战神蒙图的神庙; 5- 圣羊道通向尼罗河; 6- 圣羊大道通卢克索神庙

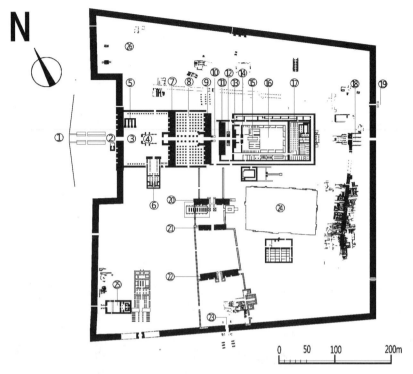

3.1.2-7 卡纳克神庙群中间区平面

1- 卡纳克神庙群中间区入口；2- 太阳神庙第一道门楼；3- 太阳神庙大前院；4- 大前院的塔哈尔卡柱廊；5- 塞提二世建造的三圣殿；6- 拉美西斯三世神庙；7- 太阳神庙第二道门楼；8- 太阳神庙大多柱厅；9- 太阳神庙第三道门楼；10- 图特摩斯一世方尖碑；11- 太阳神庙第四道门楼；12- 哈特谢普苏特方尖碑；13- 太阳神庙第五道门楼；14- 太阳神庙第六道门楼；15- 太阳神庙的圣坛；16- 太阳神庙中王国庭院；17- 图特摩斯三世节日神庙；18- 拉美西斯二世东庙；19- 卡纳克神庙群东门；20- 太阳神庙第七道门楼；21- 太阳神庙第八道门楼；22- 太阳神庙第九道门楼；23- 太阳神庙第十道门楼；24- 卡纳克神庙群圣水湖；25- 月神孔斯的神庙；26- 卡纳克神庙群露天博物馆

3.1.2-8 卡纳克太阳神庙第一道门楼立面

3.1.2-9 太阳神庙纸莎草束柱头

3.1.2-10　从南侧多柱厅望方尖碑

3.1.2-11　卡纳克太阳神庙东门

3.1.2-12　拉美西斯二世神庙入口正立面

3.1.2-13　晨光照射 4 座拉美西斯二世立姿雕像

3.1.3　伊斯兰的营建学

伊斯兰的营建学包括伊斯兰教建立至今的各种宗教和非宗教的营建特点，以及影响伊斯兰文化圈内营建结构的设计和建设。伊斯兰教营建物的基本类型有：清真寺、墓穴、宫殿和要塞。除了这4种类型，伊斯兰教营建这个词汇还被引申用在一些重要性相对较低的房屋如公共浴场、喷泉和一些室内设施。[①]

公元630年，伊斯兰教的先知穆罕默德的军队征服了古莱氏族的麦加城。从公元8世纪起的伊斯兰教义（源自《圣训》），禁止了在房屋设计上使用人和动物。在房屋设计上，需要遵照《十诫》及类似伊斯兰教义中神的指示——"不得自行制作神的图像或偶像"（and thou shalt not make for thyself an image or idol of God）以及"在我之前不得有神"（thou shalt have no god before me）。对于犹太人和穆斯林而言，《十诫》是不容亵渎的。他们阅读这些戒条，同时禁止任何对偶像和图像的崇拜。公元7世纪，穆斯林的军队征服了广阔的土地。一旦穆斯林控制了某个地区，他们首先需要一个做礼拜的地方——清真寺，基本的布局元素也被融合到全部清真寺中。在穆斯林地区无数壮观的清真寺宣礼塔，与其说它们是用以召唤人们礼拜的，不如说是信仰力量的最好表达。清真寺宣礼塔很高，有一两个突出的阳台，是宣礼员站立的地方，召唤穆斯林去做礼拜。[②]营建学是民族和文明的个性体现，因而，了解伊斯兰营建风格有助于了解伊斯兰文化。[③]伊斯兰的纹样堪称世界之冠，供欣赏用的伊斯兰纹样的题材、构图、描线、敷彩皆有匠心独运之处。伊斯兰几何纹样应当是独创的，其无始无终的折线组合蕴含着无限变化，它以一个纹样为单位，反复连续地使用便构成了著名的阿拉伯式花样。此外，还有文字纹样，即由阿拉伯

---

① 伊斯兰（al-Islam）系阿拉伯语音译，公元7世纪由麦加人穆罕默德在阿拉伯半岛上首先兴起，原意为"顺从""和平"，指顺从和信仰创造宇宙的独一无二的主宰安拉及其意志，以求得两世的和平与安宁。信奉伊斯兰教的人统称为"穆斯林"（Muslim，意为"顺从者"与伊斯兰"Islam"是同一个词根）。穆罕默德（阿拉伯语：محمّد，拉丁语：Muḥammad；约公元570年–632年6月8日），全名穆罕默德·本·阿卜杜拉·本·阿卜杜勒·穆塔利·本·哈希姆（Abu al-Qasim Muhammad Ibn Abd Allah Ibn Abd al-Muttalib Ibn Hashim，含义为：受到善良人们高度赞扬的真主的使者和先知），政治家和宗教领袖，穆斯林认可的伊斯兰先知。广大穆斯林认为穆罕默德是安拉派遣到人类的最后一位使者。伊斯兰教教徒之间俗称"穆圣"。穆罕默德享年63岁，葬于麦地那。起初，伊斯兰作为一个民族的宗教，接着作为一个封建帝国的精神源泉，然后又作为一种宗教、文化和政治的力量，一种人们生活的方式，在世界范围内不断地发展着。伊斯兰教国家遍布亚、非两大洲和一些西方国家，约有50多个国家，并成为21世纪世界的三大宗教之一。
② 宣礼塔最初是矮墙与方形的石塔，后来一种通用的宣礼塔造型被设计出来，其底层是方形的，第二层变成了多边形，之后又成为圆柱体的塔身，并且冠以圆顶或锥形顶。奥斯曼帝国时期的宣礼塔高度已超过70m。伊斯兰营建工程的一个特点是，即使是最宏大的清真寺工程，也总是在短得惊人的时间内完成，穆斯林营建师常为他们的建设速度而骄傲。
③ 伊斯兰营建由于地区和年代的不同而形式各异，寻找其共性是比较困难的，但是下述各项特点有助于理解伊斯兰营建艺术。其各项特点包括：宣礼塔、穹顶、门和窗的形式（尖拱、马蹄拱或是多叶拱），以及纹样等。

文字构成的装饰性纹样。

　　早期的伊斯兰教清真寺始于公元 691 年耶路撒冷的圆顶清真寺，它有很丰富的圆顶并使用了风格化的重复装饰花纹，即阿拉伯式花纹。[①] 伊斯坦布尔的圣索菲亚大教堂也对伊斯兰教清真寺产生过影响，当奥斯曼从拜占庭手中夺得这座城市后，他们将巴西利卡元素添加到了清真寺，并将拜占庭式的营建元素融合到他们自己的清真寺中，如圆顶。

　　波斯是伊斯兰教诞生后第一次传播的地区之一。公元 7 世纪，底格里斯河和幼发拉底河东岸是波斯的首都，这个地区早期的伊斯兰教清真寺不只是借用，而是直接采用了波斯帝国的营建传统和方法，甚至在很多方面都体现波斯营建传统的扩展和进化。波斯风格的清真寺主要有锥形的砖柱、大的拱廊以及大量砖头堆成的拱门。公元 785 年开始建设的科尔多瓦清真寺，标志着伊比利亚半岛和北非伊斯兰教的摩尔式营建风格的开始。[②] 西班牙的阿尔罕布拉宫用红色、蓝色和金色构造了开放和活泼的内部装饰，墙面装饰了丰富的植物图案，以及阿拉伯文碑铭和阿拉伯式花纹作品，并贴有釉面砖。[③] 土耳其营建传统使伊斯兰艺术在中亚达到顶峰，最多最大的清真寺都在土耳其，这些清真寺包含了来自拜占庭、波斯和叙利亚的设计。土耳其建造了自己的冲天炉式圆顶（Cupola），其奥斯曼帝国形成了自己独特的营建风格，如 16 世纪中叶的苏莱曼清真寺。[④] 印度的莫卧儿王朝在阿格拉建立的泰姬陵，是沙贾汗为其妻子建造的陵墓，代表了印度伊斯兰营建的最高水平，并得到了世界的公认。不过，1527 年莫卧儿王朝开国皇帝阿克巴在印度北方邦阿格拉古城西南 36km 建造的古城法塔赫布尔·西格里（Fatehpur Sikri）比泰姬陵更胜一筹，英语把"法塔赫布尔·西格里"译为"胜利之城"（the City of Victory），法塔赫布尔·西格里融合了阿拉伯、波斯和印度的营建元素，在营建学方面的成就远

① 圆顶清真寺又称金顶清真寺、萨赫莱清真寺，坐落在耶路撒冷老城东部的伊斯兰教圣地内，是伊斯兰教著名清真寺，也是伊斯兰教的圣地，穆斯林称为高贵圣殿，犹太人和基督徒称之为圣殿山。它一直是耶路撒冷最著名的标志之一。公元 687 年—691 年，由第 9 任哈里发阿布杜勒·马里克建造。数百年来，欧洲游客称之为奥马尔清真寺。

② 科尔多瓦清真寺位于西班牙科尔多瓦省的科尔多瓦市，又名大礼拜寺，是西班牙著名的伊斯兰清真寺，也是世界上最大的清真寺之一。8 世纪摩尔人（Moors）征服了西班牙，在科尔多瓦市建造了 300 多座清真寺，以及大量宫殿和公共营建物。10 世纪时，科尔多瓦市是穆斯林世界主要的政治和文化中心之一。13 世纪斐迪南三世时期，科耳多瓦大清真寺被改建成教堂，同时还建造了许多防御工事，包括主教城堡和卡拉奥拉碉堡。摩尔人是中世纪伊比利亚半岛（西班牙和葡萄牙）、西西里岛、马耳他、马格里布和西非的以阿拉伯语为母语的穆斯林居民。

③ 阿尔罕布拉宫（Alhambra Palace），西班牙的著名故宫，始建于 13 世纪摩尔人统治期间，坐落于安达卢西亚省北部的内华达山脚下，由众多的院落组成，是伊斯兰教艺术在西班牙的瑰宝，有"宫殿之城"和"世界奇迹"之称。

④ 苏莱曼清真寺（Süleymaniye Mosque）是耸立在伊斯坦布尔市金角湾西岸的清真寺，由奥斯曼帝国的建筑师希南（Sinan）于 1550—1557 年间设计建造，平面呈长方形。苏莱曼清真寺是一座典型的土耳其式清真寺。

远超越了泰姬陵。^① 在开罗建造的穆罕默德·阿里清真寺（Mosque of Muhammad Ali）具有埃及阿拔斯王朝时期古朴典雅的营建风格。穆罕默德·阿里（1769—1849）是阿尔巴尼亚人，1805 年成为埃及统治者。^②

3.1.3-1　耶路撒冷的圆顶清真寺

3.1.3-2　科尔多瓦清真寺大教堂室内

3.1.3-3　阿尔罕布拉宫

3.1.3-4　仰望阿尔罕布拉宫回廊细部

---

① 薛恩伦.印度建筑的兼容与创新：孔雀王朝至莫卧儿王朝 [M]. 北京：中国建筑工业出版社，2015.
② 穆罕默德·阿里清真寺（Mosque of Muhammad Ali）是埃及伊斯兰教清真寺，位于开罗旧城萨拉丁城堡内，始建于 1830 年，具有土耳其风格。清真寺墙内外层均敷以黄色雪花石膏。穆罕默德·阿里清真寺院正面刻有阿拉伯文、《古兰经》文和伊斯兰教四大哈里发艾布·伯克尔、欧麦尔、奥斯曼和阿里的名字。寺的大型圆屋顶高约 52m、直径长 21m。两个宣礼尖塔直插云霄，塔顶距地面 85m，是开罗城标记之一。古城堡内有埃及军事博物馆，展示埃及各历史时期军队的武器、装备、服装、著名战例、工事和城堡的实物、仿制品、模型、图画等。

3.1.3-5　穆罕默德·阿里清真寺

3.1.3-6　沿中轴线望印度泰姬陵

3.1.3-7　埃及阿里清真寺透视

3.1.3-8　从阿里清真寺回廊望内院

3.1.3-9　伊斯坦布尔圣索菲亚大教堂

3.2 古希腊至文艺复兴的欧洲营建学

3.2.1 古希腊与古罗马的营建学

爱琴海很像一个大湖，西部和北部是欧洲大陆，东面是小亚细亚，南侧是克里特岛，爱琴海中还散布着几百个小岛。克里特岛是爱琴文明的先驱，克里特岛的地理位置非常优越，它横列在爱琴海南端，东西长 250km、南北宽 12 ~ 60km，犹如一道屏障，它是远古埃及、小亚细亚和欧洲大陆海上交通必经之地。公元前 2000 年，克里特已经成为一个拥有高度文明的民族，他们建立起以陶瓷业和金属业为主的手工业城市，克诺索斯王宫是克里特文明最伟大的创造。[①] 公元前 1500 年—公元前 1200 年，在希腊伯罗奔尼撒半岛东北部的阿尔戈斯平原上有一座名为迈锡尼（Mycenae）的城堡遗址，它是比克里特文明稍晚一些的迈锡尼文明（Mycenaean civilization）的中心，在迈锡尼遗址中发现大量金银工艺品和埃及的艺术品碎片。石料砌筑的迈锡尼城墙和大门非常坚固，显示了他们的防御能力。大门上方的一对雄狮雕刻精美，展现了迈锡尼文明的艺术水平。[②] 公元前 1200 年，来自北方古希腊的多利安人（Dorian）入侵爱琴海地区，他们首先占据克里特岛，接着又占领了爱琴海的其他岛屿和伯罗奔尼撒半岛。[③] 克里特人的文字在北方希腊人入侵后就消失了，北方古希腊人摧毁了爱琴海原住民创造的高度文明，但是，爱琴海的手工艺品和手工业被保存下来，成为创造古希腊文明的基础。公元前 1000 年—公元前 600 年，希腊人经历了定居带来的各种问题，部落中的核心村逐步联合起来，成为一个"城邦"（polis），或称"城市国家"（city-state）。城邦成为古希腊政体最基本的单元，这是希腊历史发展的重要阶段。城邦就是主权国家，每个

---

① 传说中的米诺斯国王（King Minos）在克诺索斯（Knossos）成立了一个王国。公元前 1600 年—公元前 1500 年，米诺斯国王在克诺索斯建造了自己的宫殿，在克诺索斯遗址中发现大量珍贵文物，它是欧洲文明生活最早的标志。

② 公元前 3000 年初，希腊爱琴海地区进入早期青铜器时代；公元前 2000 年为中、晚期青铜器时代；公元前 2000 年—公元前 1100 年，最先在克里特岛出现克里特的米诺斯文明（Minoan civilization in Crete），而后在希腊半岛出现迈锡尼文明（Mycenaean civilization）。爱琴文明（Aegean civilization）是古代希腊爱琴海地区文明的总称，爱琴文明的历史时代恰好与青铜器时代吻合。

③ 关于"多利安人入侵"（Dorian invasion）在史学界尚有争议，考古学家们普遍认为克里特岛原住民的逃亡是由于克里特岛北面的锡拉火山爆发，火山灰覆盖了克里特岛。

城邦都有自己的法律、军队和神祇。国王是城邦的最高统治者，国王的城堡建在城市中心的山顶上，被称为"卫城"（Acropolis）。此后，城邦又修建了城墙，保护山下居民的房屋和市场，使得城邦更为安全，这段时期的卫城称为"古老的卫城"（Archaic Acropolis）。古希腊的民众一直在为争取自己的权益而斗争，最终在一些城邦内建立起一种"民主制政权"。[1] 公元前 5 世纪—公元前 4 世纪是古希腊文化的古典时期，古典时期是古希腊文化的全盛时期，或称雅典的黄金时代。全盛时期的古希腊人在哲学、文学、戏剧、营建学、雕塑等诸多方面都有很高的造诣。希腊古典时期在营建学方面最大的成就是重建雅典卫城和确立"柱式"（Order），柱式使营建设计规范化，保证了纪念性营建物的立面比例优美。古希腊创造了多立克柱式（Doric Order）、爱奥尼柱式（Ionic Order）和科林斯柱式（Corinthian Order），这 3 种柱式为西方古典营建学奠定了基础。这 3 种柱式风格不同，其中多立克柱式风格朴实，爱奥尼柱式风格秀丽，科林斯柱式风格丰满，它们的共同特点都是和谐的比例。[2] 古希腊一般人的住宅很简单，公元前 7 世纪之前的民间房屋已不复存在，也没有文献记载。根据维特鲁威的著作《营建学十书》第二书、第一章中记载，古希腊一般民宅使用未烧结的黏土砖筑墙，屋顶结构用木材、泥土和草。[3]

古希腊有许多城邦，雅典卫城（Ακρόπολη or Acropolis of Athens）就是古希腊最著名的城邦卫城。古希腊的雅典城邦被近似圆形的城郭（enceinte）围合，城郭建于公元前 479 年—公元前 478 年，为了抵御波斯人的入侵，城郭直径约 6.5km，围合出的面积约 200hm²，围合的区域包括作为宗教中心的雅典卫城、作为商业和行政中心的古集市（Ancient Agora）和居民区。若按每个家庭平均有 4 人计算，古希腊的雅典城有 6 万～8 万人。此外，还有许多其他城邦的人到雅典工作，也还有一些奴隶，这些人并没有雅典市民的政治权力。因此，雅典城邦的人口总计 40 万～50 万人。[4] 雅典卫城位于雅典城邦中心的偏南部位，雄踞海拔 150m 高的卫城山丘的顶部，是城市的地标。"Acropolis"在希腊语中意为"最高点"，雅典卫城东西向最长的距离为 270m，南北向宽约 156m，卫城占地面积约 3hm²，卫城下面是露出地面的岩层（outcrop），卫城山丘的东、南、北三面都是悬崖绝壁，北侧和东侧的悬崖高达 30m，具有天然的防御功能，人们只能从西侧进入卫城。雅典

---

① 英语中的民主（Democracy）源于希腊语"dēmokratía"，含意为"人民统治"（rule of the people），英语中的政治（Politics）也源于城邦（polis）。

② 希腊的古典柱式成功地表现在雅典卫城中的帕特农神庙（Parthenon）、伊瑞克提翁神庙（Erechtheion）、胜利女神庙（Temple of Athena Nike）和卫城山门（Acropolis Propylaea）。伊瑞克提翁神庙的女像柱廊（Porch of the Caryatids）是古希腊柱式的特例，极具创造性。

③ Vitruvius, translated by Morris Hicky Morgan. The Ten Books on Architecture[M]. New York：Dover Publications, Inc., 1914：38-39.

④ Panos Valavanis. Acropolis：visiting its museum and its monuments[M]. Athens：Kapon Editions, 2015：6.

的城名来自智慧女神雅典娜（Athena）的名字，在古希腊神话中雅典娜是这座城的保护神。1987年，雅典卫城理所当然地被评为世界遗产。[①] 雅典卫城考古工作的重大成果是"神秘水源"的发现，神秘水源的位置在城堡北侧偏西的悬崖边，邻近阿波罗洞穴，在迈锡尼时代曾有巨石城墙将水源上部地段围合，形成标高略低的"小城堡"，作为战备用地，或许是保卫水源的驻军用地。今日雅典卫城的伊瑞克提翁神殿西北侧45m处的山坡上，有一条天然的垂直裂隙，裂隙深达34.5m，裂隙底部是迈锡尼人修建的蓄水池，蓄水池平面形如蜂巢，直径约4m，水源从岩石壁上渗出，思虑周密。[②] 这项设计独特的水井不得不令人惊异，更值得赞赏的是水井的隐蔽性，不仅裂隙的顶部完全隐蔽，裂隙中部连通阿革劳罗斯洞穴（cave of Aglauros）的出口也被墙体封闭。[③] 此后，雅典卫城历经波希战争和古希腊城邦之间的内战，迈锡尼时代发现的水源既没有被破坏，也没有被废弃。虽然"神秘水源"为希腊人民提供了几个世纪的饮水，水源的宗教作用大于供水功能，古希腊人把雅典卫城的水源视为"水神"，把水源视为宗教圣地，"神秘水源"加强了卫城作为雅典城邦宗教中心的地位。伯里克利时代（公元前480年—公元前404年）是雅典的黄金时代，今日看到雅典卫城的神庙都是在伯里克利时代重建的。雅典最伟大的雕刻家菲迪亚斯（Phidias，公元前480年—公元前430年）和另外两位营建师伊克提诺斯（Ictinus）和卡利特瑞特（Callicrates）共同负责完成雅典卫城的重建工作，菲迪亚斯与伊克提诺斯、卡利特瑞特的密切合作成为营建学发展过程中雕塑家与营建师合作最早的典范。伯里克利时代修建的雅典卫城有以下5项重要作品：卫城保护神雅典娜青铜塑像（Statue of Athena Promachos）；帕提农神庙（Parthenon）；伊瑞克提翁神殿（Erechtheion or Erechtheum）；雅典娜胜利女神庙（Temple of Athena Nike）和山门（Acropolis Propylaea）。雅典卫城是一组以雅典娜青铜塑像为中心、布局自由的营建群，是城市设计的创举。武士形象的雅典娜青铜塑像在卫城的作用非常重要，塑像高7m，连同基座总高9m，塑像距山门37m。雅典娜青铜塑像不仅在卫城广场中起着控制作用，而且控制着雅典全城，从海上远望便可见到雅典娜青铜塑像，雅典娜青铜塑像是菲迪亚斯最早的作品之一，可谓出手不凡。19世纪德国营建师、画家利奥·冯·克伦泽（Leo von Klenze）的一幅绘画，生动地表现出雅典卫城在伯里克利时代的面貌，或许绘画对雅典娜青铜塑像的高度略

---

① 据相关文献记载，雅典卫城所处的地区早在新石器时代便有人居住。雅典卫城所处的地段由灰色的石灰岩构成，岩石虽然十分坚硬却可渗透水分。雅典卫城所处地区的表层由片岩、砂岩与石灰泥组成，其山脚可开挖洞穴，形成有利人类居住的环境。

② George E. Mylonas. Mycenae and the Mycenaean Age[M]. Princeton：Princeton University Press，1966：40-43.

③ 迈锡尼水源隐蔽的顶部靠近雅典卫城的阿瑞封瑞翁库（House of the Arrephorio）的西北角，阿瑞封瑞翁库曾经是存放献给雅典娜奉献品的地方。

有夸张。① 雅典娜青铜塑像的青铜材料源自马拉松战役的战利物资，因此，塑像有双重含义，既是敬奉保护神雅典娜，又可颂扬马拉松战役的胜利。帕提农神庙和伊瑞克提翁神庙是卫城内两座重要的作品，两幢神庙互相呼应，并且与雅典娜青铜塑像形成鼎足之势。帕提农神庙占据的地段最高，今日看到的帕提农神庙是伯里克利时代改建后的遗迹，是古希腊多立克柱式发展的顶峰，也是西方文化的最高表征。伊瑞克提翁神庙建造的时间稍迟于帕提农神庙，伊瑞克提翁神庙代表了古希腊时代的创新精神，它不仅是爱奥尼柱式的典范，而且进一步创造了女像柱，以美女形象替代粗壮的多立克柱，这种大胆的构思为后世树立了榜样。② 今日看到的雅典卫城，并非全是伯里克利时代的作品，也有古罗马时代的作品。雅典卫城南侧的狄俄尼索斯剧场（Theatre of Dionysus）是古希腊时代建造的露天剧场，也是世界上最古老的剧场之一；希罗德·阿提库斯剧场（Odeon of Herodes Atticus）修建于公元 161年，是古罗马时代建造的剧场，可容纳约 5000 观众。

早在公元前 1500 年，意大利半岛便有人居住，也有考古学家认为距今 300万年前的旧石器时代意大利半岛便有人居住。公元前 1000 年，印欧语系的民族开始在台伯河、阿尔诺河流域和亚平宁山脉之间的意大利半岛中部定居，这些印欧语系的部族经过长期融合同化，形成了亚平宁半岛人的祖先。③ 关于古罗马的历史有另一种传说：公元前 1193 年，当特洛伊城（Troy）遭到希腊人攻克的时候，维纳斯女神（Venus）的儿子艾尼阿斯（Aeneas）及其追随者沿着小亚细亚和地中海沿岸逃出来，并沿北非西行穿过迦太基（Carthage），后渡海经过西西里岛，沿着亚平宁半岛北上来到台伯河的东岸，后来艾尼阿斯的后代罗穆路斯（Romulus）成为古罗马的第一任国王，这一年被后来的历

---

① 利奥·冯·克伦泽（Leo von Klenze）是 19 世纪德国营建师，与卡尔·弗里德里希·申克尔同为古典复兴最杰出的代表人物，利奥·冯·克伦泽更加注重古典营建传统，尤其是古希腊营建的城市空间设计理念。利奥·冯·克伦泽不仅仅是营建师，在素描和油画上也很有造诣。他很早就开始研究古希腊营建及雕塑的原有色彩，还绘制了一批古典营建原本状态的想象图。本书选用的利奥·冯·克伦泽绘画引自 History of Athens，From Wikipedia，the free encyclopedia.
② 伯利克利时代的雅典卫城是雅典城邦的宗教中心和民主的象征，每逢重大节日，尤其是雅典娜节（Panathenaia），庆祝节日的群众游行要从城邦的北门或称迪普利翁门（Dipylon Gate）出发，向南穿越集市（Agora）的中心广场，然后登上卫城，最终在卫城的雅典娜祭坛结束，游行的路线形成泛雅典娜节日大道（Panathenaic Way）。雅典娜节日大道总长约 1050m、最宽处达 20m，部分路段以石块铺面，为了保证节日大规模的游行队伍登上卫城，特意修筑了坚固的砖砌坡道。在卫城上向雅典娜祭献的仪式很隆重，由女祭司为雅典娜塑像披上一件新的长袍（Peplos），这是雅典娜节日最终的高潮。
③ 在古罗马以前的意大利半岛居住着众多民族，但有关资料十分缺乏。例如伊特拉斯坎人（Etruscan）自称拉森人，希腊人称之为第勒尼安人，拉丁人则称之为伊特鲁里亚人（Etruria），他们居住在台伯河（Tiber）、阿尔诺河流域（Arno）和亚平宁山脉之间的意大利半岛中部，即拉丁文称作伊特鲁里亚的地区（摘自：简明不列颠百科全书（卷 3）[M]. 北京：中国大百科全书出版社，1986：457-458.）。

史学家认为是公元前 750 年—公元前 753 年。[①] 以古罗马城为中心的印欧语系各部族初步形成政治上统一的罗马王国（Roman Kingdom）或称罗马王政（Regal Period），罗马王国时期氏族部落组织尚完整存在。[②] 公元前 510 年罗马人驱逐了罗马王国时代第 7 任君主，结束了罗马王国时代，建立了罗马共和国（Roman Republic）。罗马共和国由元老院（Senate, from Latin senex, meaning "old man"）、执政官（Consuls）和部族会议（Comitia Tributa）三权分立。公元前 60 年，罗马共和国的军事统帅恺撒（Gaius Julius Caesar，公元前 100 年—公元前 44 年）与克拉苏、庞培秘密结盟，一度共同控制罗马政局。继恺撒之后，恺撒的继承人盖乌斯·屋大维·图里努斯（Gaius Octavianus Thurinus，公元前 63 年—公元 14 年）和安东尼用了 10 年的时间征服了全部敌手，两人划分了势力范围，屋大维返回罗马，安东尼驻守东方。由于安东尼贪恋女色和军事上的失利，使屋大维找到机会，最终消灭了安东尼，结束了近百年的内战。屋大维此时已经控制了罗马共和国的全部疆域，东至幼发拉底河，南至非洲的撒哈拉沙漠，西至大西洋，北至多瑙河与莱茵河。公元前 27 年，元老院授予屋大维"奥古斯都"（Augustus）的尊称和大元帅或皇帝头衔（Imperator），建立元首制，罗马共和国结束，古罗马进入了罗马帝国时代，屋大维统治罗马长达 43 年。[③] 屋大维建立罗马帝国后，并未实行帝制，而是宣称恢复共和制，由元首（Princeps）和元老院共同执政，自己只不过是共和国第一公民，即元首，但实际上屋大维已成为独裁统治者，因为在他的背后是强大的罗马军团。奥古斯都执政后，励精图治，休养生息，取得两个百年和平（Two Centuries of Peace）。

古罗马城是以帕拉蒂诺山丘为核心，形成罗马城的雏形，这个地段被称为罗马广场（Square Rome）。此后，逐步扩大到台伯河东岸的 7 座山丘（The Seven Hills of Rome），确立了古罗马城的政治中心。7 座山丘最初分别为不同的人群所占有，

---

① 特洛伊战争是以荷马史诗《伊利亚特》（Iliad）为背景的历史故事，也称特洛伊木马屠城。阿芙洛狄忒在希腊神话中是代表爱情、美丽与性欲的女神，在罗马神话中被称为维纳斯（Venus）。特洛伊战争中阿芙洛狄忒帮助特洛伊人与天后赫拉（Hera）和智慧女神雅典娜（Athena）为敌，最终失败，其子埃涅阿斯在意大利的土地上建立了自己新的祖国，维纳斯成为罗马的保护神。罗马帝国时期对维纳斯的崇拜尤为盛行，尊奉维纳斯为罗马人的祖先。

② 《卡比托利欧母狼乳婴》是著名的罗马神话故事，传说维纳斯女神之子艾涅阿斯的后代有一对孪生兄弟——罗穆路斯（Romulus）与雷穆斯（Remus），这一对孪生兄弟出生后被他们残暴的叔父下令遗弃，执行命令的人出于同情心而没有执行命令，两名婴儿被一头母狼抚养长大，直到一名牧羊人发现他们，并收养他们为养子，其中罗穆路斯成年后成为古罗马的第一任国王。《卡比托利欧母狼乳婴》中的母狼高 75cm、长 114cm，身材略大于一般的母狼，肌肉健壮，神态警觉，双目闪闪发光，是伊特拉斯坎优秀的青铜器写实雕塑，现藏于罗马的卡比托利欧博物馆（Capitoline Museums）。

③ 屋大维被认为是最伟大的罗马皇帝之一，虽然他保持了罗马共和的表面形式，但是却作为一位独裁者统治罗马长达 40 年以上。他结束了一个世纪的内战，使罗马帝国进入相当长的和平与繁荣时期。历史学家通常以他的头衔"奥古斯都"（意为神圣的、高贵的）来称呼他，公元前 27 年他获这个称号时年仅 36 岁，屋大维是凯撒大帝的养子，被恺撒指定为自己的继承人。

其后，7 座山丘的居民共同参与一系列的宗教活动，逐渐组合起来，居民们将山丘间的沼泽地清理，并且在该处兴建市场与法庭。公元前 4 世纪，罗马共和国时期在罗马古城四周建造了高约 10m 的防御性城墙，名为塞维安城墙（Servian Walls），今日尚存少量遗迹。此后，公元 271 年—275 年，罗马帝国时期又建造了奥里利安城墙（Aurelian Walls），取代塞维安城墙。[①] 英语中有一条著名的谚语——"条条大路通罗马"（All roads lead to Rome），被比喻为"达到同一目的可以有多种不同的方法和途径"，这条谚语也真实地写照了古罗马的城市规划。今日我们看到的罗马城和古罗马时代的状况相差甚远，7 座山丘几乎已被铲平，帕拉蒂诺山丘在罗马帝国时代已经变成宽敞的台地并为帝国建造了许多公共殿堂。[②] 古罗马城的规划是古罗马城市规划中的一个特例，古罗马其他行省中的城市规划并非如此，例如庞贝城中的道路便是棋盘式布局。

　　古罗马的凯旋门（Triumphal arches）是一种纪念性的拱门，通常有 1 个、3 个或多个拱门洞跨越在大道上，拱门檐部有纪念性的碑文和浮雕，建立拱门通常是为了纪念军事统帅的胜利、新殖民地的建立或新国王的即位。君士坦丁凯旋门（Triumphal Arch of Constantine）是古罗马现存的最后一个凯旋门，位于罗马大竞技场（Colosseum）和帕拉蒂诺山之间，君士坦丁凯旋门高 21m、宽 25.7m、纵深 7.4m，有 3 个拱门洞，中央的拱门洞高 11.5m、宽 6.5m，两侧的拱门洞高 7.4m、宽 3.4m。[③] 图拉真凯旋柱（Triumphal Column of Trajan）简称图拉真柱（Trajan's Column）位于罗马奎利那尔山边的图拉真广场，是罗马帝国皇帝图拉真为纪念征服达西亚（Dacians）而建立的，该柱由大马士革的营建师阿波罗多洛斯建造，于公元 113 年落成。[④] 继图拉真凯旋柱建成后，罗马帝国皇帝安敦宁·毕尤、马可·奥里略和阿卡狄奥斯（Arcadius）也都先后建造了凯旋柱，表彰各自的丰功伟绩。公元前 13 年—公元前 9 年，奥古斯都时代的元老院在古罗马城外的战神场区或称马尔兹场区（Campus Martius or Field of Mars）建立了一座供奉和平女神（Pax）

---

① 奥里利安城墙是城砖饰面的混凝土城墙，高 8m、厚 3.5m，至公元 4 世纪，城墙加高至 16m，此时的城墙已经将 7 个山丘全部围合，围合的面积约 1400hm²，大大超越了塞维安城墙围合的面积。

② 文艺复兴后期，在天主教教皇西斯都五世（Xystus V or Sixtus V）的支持下又以古罗马原有山丘的土去填平山谷，增加城市用地，在罗马建造了多座神庙和殿堂，几乎完全改变了古罗马的城市面貌。第二次世界大战前，墨索里尼统治时期又修建了帝国大道，严重破坏了罗马古城核心地区。

③ 君士坦丁凯旋门横跨在凯旋大道上，昔日罗马皇帝在凯旋式时会从这条路进入罗马，凯旋式的路线是从战神广场开始，穿过马克西穆斯竞技场（Circus Maximus），再沿着帕拉蒂诺山前进。罗马帝国的疆域很大，许多行省都有各具特色的凯旋门。

④ 图拉真柱净高 30m，包括基座总长 38m、直径 3.7m，柱体内有 185 级螺旋楼梯直通柱顶。图拉真柱外表由总长约 198m 的精美浮雕绕柱 22 周，共刻用 2500 个人物雕像，记载着图拉真指挥的全部战役。早期图拉真柱的柱冠为一只巨鸟，很可能是鹰，后来被图拉真塑像代替，漫长的中世纪夺去了图拉真塑像。1588 年，教皇西斯都五世（Pope Sixtus V）下令以圣彼得雕像立于柱顶，直至今日。图拉真凯旋柱是古罗马雕塑的创举，它具有多种功能，不仅展示了图拉真的丰功伟绩，而且是重要的景观营建，经螺旋楼梯登上柱顶可以俯瞰古罗马全景，图拉真凯旋柱是功能、技术与艺术完美结合的典范。

的大理石和平祭坛（Ara Pacis Augustae or Altar of Augustan Peace），庆祝奥古斯都胜利后为帝国带来的和平，并且把一座从埃及带回的最古老的托里奥方尖碑（Obelisk of Montecitorio）作为奥古斯都日晷（Solarium Augusti or Horologium Augustus）与和平祭坛结合在一起，每年的 9 月 23 日是奥古斯都的生日，方尖碑的阴影会投射在和平祭坛中心的大理石祭坛上。

古罗马早期的神庙均模仿古希腊神庙的制式，罗马万神庙则是一次创新。万神庙的造型和结构均很简洁，主体呈圆形，顶部覆盖着一个直径达 43.3m 的穹顶，穹顶的最高点也是 43.3m，顶部有一个直径 8.3m 的圆形采光孔洞（oculus），顶部的光线是万神庙室内唯一的光源，顶光随太阳的移动而改变光线的角度，产生一种神圣庄严的感觉。圆形采光孔同时也解决了神庙的自然通风问题，从圆形孔洞落下的雨水可经地面下的排水系统排走，设计相当周密。仰视顶部圆形采光孔外围有 5 环放射形方格图案，方格图形自外环向内环逐层缩小，产生一种向上的视觉，也启示对"万神"的敬仰。[1]古罗马人使用的混凝土选用天然火山灰，同时混入凝灰岩等多种骨料，在施工穹顶时将比较重的骨料用在穹顶底部，随着施工向穹顶上部进展，逐步选用比较轻的骨料，到顶部时使用最轻的骨料。此外，穹顶的厚度也由下向上逐渐减薄，穹顶根部厚 6.4m、顶部厚度仅 1.2m。

古罗马的浴场是古罗马人生活中极为重要的公共活动场所。进入浴场是古罗马人日常生活的头等大事，并非夸张。[2]典型的古罗马公共浴场的功能有一定的规律。[3]卡拉卡拉浴场建于公元 212—216 年，是古罗马公共浴场保留最完整的一处遗址。[4]卡拉卡拉浴场的总体布局和浴场设计均有明确的中轴线，严格对称，气势非

---

[1] 万神庙大理石地面也使用了方格图案，地面中部稍稍突起，站在神庙中心向四周望去，地面上的格子图案会有变形的错觉，造成一种空间扩大的视觉效果。万神庙入口前的门廊高大，门廊宽 34m、深 15.5m，共有 16 根柱，每根柱都是由整块的花岗石制成，柱高达 12.5m、柱础的直径为 1.43m，门廊的柱式为科林斯式。万神庙的屋顶全部由混凝土浇筑而成，古罗马人用混凝土建造出如此巨大跨度的穹顶是一个奇迹，万神庙至今仍然是全世界跨度最大的非钢筋混凝土的穹顶结构。

[2] 当代人把洗浴视为生活中有利健康的私密行为。古罗马人不仅把洗浴视为卫生习惯，更重要的是他们把洗浴作为重要的人际交往活动。古罗马的浴场不仅有多种功能，规模大小也有变化。罗马帝国建造的浴场不仅功能完善，规模也很大。行省建造的浴场功能完善，但规模相对较小；贵族在私人别墅中建造的浴池虽然规模相对较小，但人际交往仍然是最重要的功能。

[3] 进入浴场首先要经过更衣室（apodyterium or dressing room），更衣室内有壁龛、衣柜甚至附带一些小房间。洗浴的顾客要在更衣室脱去外衣和鞋，顾客的衣物由顾客的奴隶看守，没有奴隶的洗浴者的衣服由浴场的服务人员看守，但需要付费。更衣室还要远离浴场的火炉房。

[4] 卡拉卡拉（Caracalla，公元 188 年—217 年）是罗马帝国后期皇帝，在古罗马城外建立了一座庞大的公共浴场，其遗址至今保留，被称为卡拉卡拉浴场。卡拉卡拉浴场占地面积为 25 hm²，主体浴场长 228m、宽 116m、高 38.5m，能同时容纳 1600 人洗浴。卡拉卡拉浴场是古罗马重要的休闲中心和人际交往中心，主体浴场的核心为 55.7m×24m 的冷水浴室，冷水浴室屋顶由 3 个交叉拱（groin vaults）顶组成，此外，还有温水浴室、热水浴室，以及健身房和游泳池。主体浴场建在 6m 的高台上，下面是浴场的仓储、辅助用房和锅炉房。卡拉卡拉浴场主体浴场的东、西两侧沿着围墙布置图书馆，沿浴场北侧围墙布置商店，南侧沿围墙布置马尔奇安引水渠（Marcian Aqueduct）。

凡。从浴场造型分析，更像是一座宫殿或政府机构，并非当代人想象中的公共浴场。

古罗马的竞技场（Coliseum or Colosseum）源于古希腊时期的露天剧场（Amphitheater），例如古希腊雕塑家波利克里特斯（Polykleitos the Younger）于公元前330年设计的埃皮达鲁斯剧场（Epidauros Theater）平面呈半圆形，依山而建，观众席在山坡上层层升起。古罗马时期，开始利用拱券结构将观众席架起来，并将两个半圆形的剧场对接，形成了圆形剧场，可以容纳更多的观众。古罗马的大竞技场位于古罗马广场东侧，是罗马帝国规模最大的一个椭圆形竞技场，也称斗兽场，竞技场长轴188m、短轴156m、外围墙周长527m、墙高48.5m。[①]

图拉真市场不仅是图拉真广场群中最大的亮点，也是人类历史上最早的大型购物中心（Shopping Mall）。造型丰富的图拉真市场建在图拉真广场东北方向、古罗马七丘之一的奎利那雷山的山坡上，图拉真市场半圆形的弧面成功地围合了图拉真广场空间。从远处望图拉真市场似乎是一幢5层的楼房，实际上图拉真市场是建在坡地上的两幢房屋，前面的一幢房屋是8m高、约32m长的市场大厅，市场大厅屋顶结构为6个连续的双向混凝土拱顶（Groin Concrete Vault），每个双向拱的4个脚架在大厅两侧砖砌的柱墩上，两侧拱下的半圆空隙可以采光和通风。图拉真市场大厅后面的房屋是一幢多层的市场，多层市场大部分为3层、局部6层，多层市场的首层地面比市场大厅地面高5m。图拉真市场共计可容纳150个以上的店铺。图拉真市场两幢房屋之间是一条颇有情趣的曲折小街，小街的地坪高出市场大厅的室内地面，这条小街被古罗马人称为杂货街或胡椒街（Via Biberatica or Pepper Street），因为图拉真市场供应的主要商品是食品，胡椒似乎是古罗马人食品中不可缺少的东西。图拉真市场不仅在古罗马时代就是市民活动的焦点，在以后的年代中也始终是罗马城市民活动的焦点。[②]图拉真市场约建于公元100年—110年，是来自大马士革的营建师阿波罗多罗斯（Apollodorus of Damascus）的杰作，"巧于因借""勇于创新"的设计构思令人赞赏，图拉真市场是古罗马最精彩的作品之一。

哈德良是古罗马皇帝中最有文化修养的一位，他祖籍为西班牙南部城镇意大

---

① 竞技场四周的观众席约有60排，观众席自下向上分为5区，最下面的前排是贵宾区（贵宾包括元老院的元老、长官、祭司等），第二区供贵族使用，第三区给富人使用，第四区由普通公民使用，最后一区留给低层妇女使用，而且全部是站席。竞技场多可容纳5万人。在观众席上方有悬索吊挂的天篷，用于遮阳，天篷向中间倾斜，便于通风。竞技场中央表演区的长轴86m、短轴54m。竞技场表演区舞台下的地下室（Hypogeu）可以容纳角斗士、牲畜和储存道具，表演开始时再将他们吊起到地面上，地下室经过通道与竞技场外的多处养马场连接。

② Nancy H. Ramage and Andrew Ramage. Roman Art：Romulus to Constantine[M]. New Jersey：Prentice Hall, Inc., 1996：165-168.

利卡（Italica）。① 哈德良于公元 118—133 年在距罗马城 29km 的蒂沃利（Tivoli）建造了一座花园式王宫，王宫占地约 18km²。② 哈德良王宫的营建随地形起伏布置，在设计中运用希腊营建遗产中的最佳元素进行创作，是一组卓越的古典营建群。哈德良王宫经常被误解为皇帝的行宫，是皇帝偶尔去度假的地方，因此称其为哈德良别墅（Hadrian's Villa），哈德良别墅实际上是哈德良在位时永久性的居住、办公场所。哈德良别墅于 1999 年被联合国教育科学文化组织列入世界文化遗产名录。本书沿用了世界文化遗产名录的名称，仍然称其为"别墅"。

公元前 900 年意大利半岛中部的奥斯坎人（Oscans）在萨尔诺河（Sarno River）畔的一个小丘上开始建造庞贝城，逐步成为强大的希腊人和腓尼基人（Phoenician）的良港。公元前 80 年，庞贝成为古罗马的一个殖民地。由于庞贝是一个良好的海港，而且位于交通要道，因此很快就成为古罗马的商业城。公元 63 年，一场剧烈的地震给庞贝带来了巨大的破坏，但庞贝很快就重新建立起来了，在经历几次火山活动征兆的一周后，公元 79 年 8 月 24 日，维苏威火山（Mount Vesuvius）爆发，庞贝城距维苏威火山仅 8km，一夜之间庞贝城全部被埋在 25m 深的火山喷发碎屑（Tephra）内，庞贝的名字和位置被人们遗忘了。庞贝城是今日世界上唯一的一座与古罗马社会生活状态完全相符的城市，庞贝城为我们提供了一处宝贵的、真实的历史瞬间"三维场景"，全世界其他城市的面貌都已经随着社会的发展逐步改变了，只有庞贝仍然保持着昔日的状态。1997 年，庞贝城考古区以其独特的历史价值被联合国教科文组织列为世界文化遗产。早期庞贝村落中的居民并非全部是奥斯坎人，从考古发现的遗物中证明在庞贝村落中还有伊特拉斯坎人（Etruscans）和萨谟奈人（Samnites）的影响。③ 庞贝村落至公元前 6 世纪已经扩大至 66hm²，被称为庞贝"老城"，老城的城墙称为"Pappamonte"。④ 罗马帝国时期，庞贝得到更大的发展，成为罗马帝国的经济、政治和宗教中心之一。庞贝古城在罗马帝国第一个百年和平后期已经发展到今日我们见的遗址规模，公元 79 年维苏威火山爆发时已经是罗马帝国第 2 个百年和平初期，当时庞贝的居民约有 2 万人，

---

① 哈德良的表叔是图拉真，公元 91 年，图拉真担任执政官，哈德良开始成为罗马元老院议员。公元 100 年，罗马皇帝图拉真逝世前将哈德良收为养子，图拉真逝世后哈德良继承了王位。

② 摘自：简明不列颠百科全书（卷 3）[M]. 北京：中国大百科全书出版社，1986：577.

③ 萨莫奈人（拉丁语：Samnite）是居住在意大利亚平宁山脉南部的部落，萨莫奈人使用奥斯坎语，他们受希腊的影响较深。萨莫奈人的帝国在公元前 361 年达到顶峰，此后，其实力逐渐被罗马人削弱。公元前 82 年，罗马终身独裁官苏拉（Lucius Cornelius Sulla）战败了萨莫奈人并奴役了他们，大部分萨莫奈人后来成了角斗士。

④ Antonio Irlando and Adriano Spano. Pompeii: The Guide to the Archaeological Site[M]. Pompeii: Edizioni Spano-Pompei，2011: 4.

城市占地面积 1.8km²。[①] 庞贝的住宅有 3 种基本类型：第 1 种类型住宅是最简陋的住宅，前面是沿街店铺，后面是住宅；第 2 种类型住宅比较宽裕，前面是带中庭的接待用房，后面是有小天井的住宅；第 3 种类型住宅更加宽裕，前面是中庭式住宅，后面是 1 套或更多套回廊花园接待用房。1、2 类住宅每户面积 50 ～ 170m²，3 类住宅每户面积 175～3000m²。根据《庞贝与赫库兰尼姆的住宅和社会》(House and Society in Pompeii and Herculaneum)作者安德鲁·华莱士-哈德里尔(Andrew F. Wallace-Hadrill ）的抽样调查和分析，约 80% 的庞贝住宅占地面积在 100m² 以内。[②] 秘仪山庄（Villa dei Misteri or Villa of the Mysteries ）距庞贝古城的埃尔科拉诺的城门仅 400m，是古罗马城郊住宅最优秀的范例之一。[③] 秘仪山庄南区有一间宴会厅（Biclinium），是以壁画闻名的 "秘仪大厅"（Hall of Mysteries ），大厅内壁画制作于公元前 80 年，以公元前 4 世纪或公元前 3 世纪的一幅希腊绘画为蓝本，这幅壁画不仅是古罗马最好的壁画，在西方古代美术史上也占有重要的地位。秘仪大厅内的壁画长 17m、高 3m，壁画中的人物按照真人的尺度，栩栩如生，这幅壁画被称为《酒神秘仪》(Dionysiac mysteries ），山庄也因此画得名。古罗马的雕刻和绘画是在古希腊的艺术影响下发展起来的，人们最初认为古罗马的雕刻和绘画仅

---

① 按照古罗马城市规划的规律，城市的主要广场应当布置在南北向和东西向主要街道的交叉点，庞贝的城市广场并没有遵循上述规律，因为庞贝的广场是在公元前 6 世纪庞贝古城广场基础上扩建的。由于庞贝城的西南方向是大海，城市的居住区只能向东北方向发展，致使城市的广场偏居西南，这种现象也是港口城市发展过程中普遍存在的问题。不仅庞贝的城市广场偏居西南，庞贝的剧院与竞技场也布置在城市南侧，分别靠近南侧的斯塔比亚门（Porta Stabia）和诺切拉门（Porta Nocera），公共活动区靠近城门和海港有利争取城外的观众和人流疏散。庞贝的中心浴馆（Terme Centrali）和斯塔比亚浴馆（Terme Stabiane）均布置在城市的中心，沿着斯塔比亚中央大街和诺拉大街、阿波坦查大街的两个交口处交通方便；另一处公共浴室名为广场浴馆（Terme del Foro），布置在城市广场的北侧，3 处公共浴馆的位置呈鼎足状，有利市民就近洗浴，布局功能合理。此外，在海门外还有一处郊区浴馆（Suburban Baths），布局很有特色。庞贝古城的主要大道都是青石铺地，大道两旁有人行道，大道中间微微隆起，以便雨水流向两边的排水沟。在青石的缝隙里巧妙地镶嵌着一些白色瓦片和白色小石头，据说这些瓦片和石头的作用是为了在天黑以后通过反射月光帮助人们识别道路。出于安全的考虑，庞贝人在很多街道的交叉路口设置了几块凸起的 "减速石" 或障碍物（blocks），障碍石块高出路面约 20～30cm，当马车临近交叉路口看到 "减速石"，自然会放慢速度，因为车轮必须从减速石狭窄的夹缝中缓缓通过，减速石的作用有些像今日的斑马线，保护行人的安全。庞贝的城市广场也称市民广场（Foro Civile），庞贝城市广场是一处南北长约 120m、东西宽约 30m 的矩形广场，城市广场 3 面柱廊围合，广场有多个出口，有利人流疏散。城市广场北侧的出口连接奥古斯塔里街（Via degli Augustali）街，奥古斯塔里街被认为是庞贝老城的北端，城市广场南端被阿波坦查大街（Via dell'Abbondanza）和玛丽娜大街（Via Marina）穿越，也可以认为是阿波坦查大街与玛丽娜大街在城市广场南端汇合。阿波坦查大街是庞贝最繁华的街道，阿波坦查大街穿越城市广场后再向西行便可通向海门。

② Andrew Wallace-Hadrill. House and Society in Pompeii and Herculaneum [M]. New Jersey：Princeton University Press，1994：78.

③ 秘仪山庄建在一片坡地上，场区北高南低，山庄总体布局井然有序，有明显的东西向轴线。主入口在主轴线东侧，入口处有个较大的门厅，穿越门厅后是回廊围合的花园，花园西侧连接着中庭和客厅。主轴线西端是客厅与半圆形观景平台，可望大海。观景台两侧是布局对称的绿化。主轴线南侧安排生活居住用房，朝向和景观较好。主轴线北侧靠近农田，布置生产辅助用房。

仅是对希腊艺术的模仿，深入研究之后发现古罗马的雕刻和绘画是高度创造性的模仿，它不仅模仿希腊的艺术，也吸收了伊特拉斯坎的艺术，甚至古埃及的艺术。①

3.2.1-1　克诺索斯王宫复原图

3.2.1-2　克诺索斯王宫西区中央通道的结构形式

3.2.1-3　迈锡尼城堡复原鸟瞰

---

① 古希腊人把雕刻和绘画视为高尚的艺术品，艺术家受到社会的高度尊敬。古罗马的雕刻和绘画较多地是实用主义的作品，甚至是炫耀地位和财富的作品，大部分作品均没有作者的署名，实用主义的突出表现之一是与营建物的紧密结合。古罗马的绘画作品很少能保存至今，幸存的绘画作品是被维苏威火山灰掩埋过的城市中的壁画，保存下来的壁画虽然较少的是精品或极具创造性的作品，但是这些作品真实地反映了当时多数人的信仰、爱好、社会生活和审美水准。

3.2.1-4 克诺索斯王宫以牛角作为符号

3.2.1-5 迈锡尼城堡狮子门透视

3.2.1-6 从北侧远望雅典卫城

3.2.1-7 利奥·冯·克伦泽的绘画表现雅典卫城

3.2.1-8 从卫城入口处望帕提农神庙

3.2.1-9 从卫城入口内望伊瑞克提翁神庙

3.2.1-10　伊瑞克提翁神庙女像柱廊　　　　　　**3.2.1-11　古罗马的图拉真凯旋柱**

3.2.1-12　古罗马的君士坦丁凯旋门　　　　　　**3.2.1-13　古罗马的和平祭坛博物馆**

3.2.1-14　古罗马万神庙与庙前的埃及方尖碑　　　　**3.2.1-15　古罗马万神庙室内**

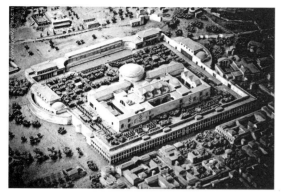

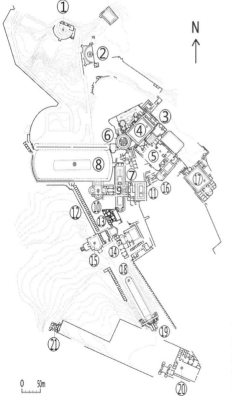

3.2.1-16	3.2.1-17
3.2.1-18	3.2.1-19
3.2.1-20	3.2.1-21

3.2.1-16 卡拉卡拉浴场复原模型
3.2.1-17 卡拉卡拉浴场两层部分遗迹
3.2.1-18 古罗马竞技场全貌
3.2.1-19 古罗马图拉真市场与民兵塔
3.2.1-20 哈德良别墅遗址总平面
3.2.1-21 俯视哈德良别墅岛式寝宫遗址

1- 希腊式剧场; 2- 维纳斯神庙; 3- 接待客房; 4- 图书馆庭院; 5- 王宫;
6- 岛式寝宫; 7- 日光浴室; 8- 雄伟双廊; 9- 冬宫; 10- 三个半圆形
组合的接待厅; 11- 冬宫的养鱼池; 12- 百室建筑; 13- 小浴场; 14- 大
浴场; 15- 门厅; 16- 救火队营房; 17- 黄金广场; 18- 南区纪念园;
19- 塞拉匹斯神庙; 20- 学术研究院; 21- 罗卡布鲁纳塔

3.2.1-22　庞贝古城的城市广场与维苏威火山背景

3.2.1-23　庞贝椭圆形的露天竞技场

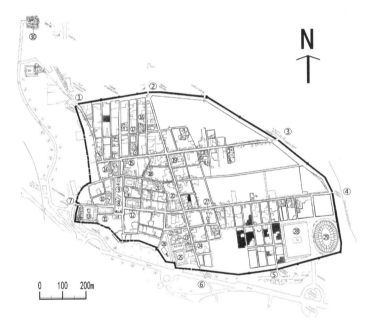

3.2.1-24　庞贝古城总平面

1- 赫库兰尼姆门；2- 维苏威门；3- 诺拉门；4- 萨尔诺门；5- 诺切拉门；6- 斯塔比亚门；7- 海门也称玛丽娜门；8- 城市广场；9- 朱比特神庙；10- 阿波罗神庙；11- 庞贝大会堂；12- 欧马齐娅厅；13- 维纳斯神庙；14- 城市广场浴馆；15- 奥古斯都福祉庙；16- 维提之家；17- 农牧神之家；18- 普里斯库斯面包店；19- 中央浴馆；20- 斯塔比亚浴馆；21- 萨姆尼特体育场；22- 伊西斯神庙；23- 庞贝大剧场；24- 庞贝小剧场；25- 方厅剧院；26- 三角形广场；27- 斯代法努司漂布工场；28- 角斗训练学校；29- 椭圆形露天竞技场；30- 秘仪山庄

3.2.1-25　庞贝秘仪山庄回廊内院

3.2.1-26　《酒神秘仪》壁画片断

3.2.2　欧洲中世纪的山城营建学

中世纪（约公元 395 年—1500 年）由西罗马帝国灭亡开始计算，直到文艺复兴之后、极权主义抬头的时期为止，西罗马的灭亡标志着奴隶制度在西欧的崩溃，西欧历史从此揭开了新的一页。"中世纪"一词是从 15 世纪后期的人文主义者开始使用的。[①] 这个时期的欧洲没有一个强有力的政权来统治，封建割据带来频繁的战争，造成科技和生产力发展停滞，人民生活在毫无希望的痛苦中，所以中世纪或者中世纪的早期在欧美普遍称作"黑暗时代"，传统上认为这是欧洲文明史上发展比较缓慢的时期。

以前，介绍欧洲中世纪的营建学普遍强调哥特式营建学（Gothic Architecture）、一种兴盛于中世纪高峰与末期的营建风格。它由罗曼式营建学（Romanesque Architecture）发展而来，又为文艺复兴营建学所继承。[②] 哥特式营建学发源于 12 世纪的法国，持续至 16 世纪，当代普遍被称作"法国式"（Opus Francigenum）。"哥特式"一词于文艺复兴后期出现，带有砭义。哥特式营建的特色包括尖形拱门、肋状拱顶（Gothic rib vault）与飞扶壁（flying buttress）。[③] 今日反思，或许欧洲中世纪的山城营建学（Architecture of Walled Medieval Hill Town）更值得探讨。

圣吉米尼亚诺（San Gimignano）是意大利托斯卡纳大区（Tuscany）中部的一个千年山城，风光秀美、具有浓郁罗曼式营建风格的小镇，是托斯卡纳保存完好的中世纪城镇之一，其历史可以追溯到久远的古罗马时代。圣吉米尼亚诺古城，南北长 1km、东西宽 500m，建于 334m 高的山冈上，石头砌筑的古城墙在很远的地方就能看见。[④] 圣吉米尼亚诺在 1990 年被联合国教科文组织列入"世界人类文化

---

① 人文主义（Humanism），是一种基于理性和仁慈的哲学理论。作为一种生活哲学，人文主义从仁慈的人性获得启示，并通过理性推理来指导。人文主义以理性推理为思想基础，以仁慈博爱为基本价值观。人文主义是文艺复兴时期新兴资产阶级反封建反教会斗争中形成的思想体系、世界观或思想武器，也是这一时期资产阶级进步文学的中心思想。它主张一切以人为本，反对神的权威，把人从中世纪的神学枷锁下解放出来。中国的人文主义应推孔子的学说，子曰"仁者人也""仁者爱人"。

② 罗曼式营建学（Romanesque Architecture）是 10—12 世纪欧洲基督教流行地区的一种营建风格，原意为罗马营建风格，又译作罗马风、似罗马营建风等。罗曼式营建风格是 10 世纪晚期到 12 世纪初欧洲的营建风格，因采用古罗马式的券、拱而得名，多见于修道院和教堂，给人以雄浑庄重的印象，对后来的哥特式营建学影响很大。

③ 哥特式教堂是伴随着市民社会的崛起而迅速流行起来，成为城市公共生活的中心，其特点是尖塔高耸，在设计中利用十字拱、立柱、飞扶壁以及新的框架结构支撑顶部的力量，使整个教堂高耸而富有空间感，再结合镶嵌有彩色玻璃的长窗，使教堂内产生一种浓厚的宗教氛围。哥特式教堂以其高超的技术和艺术成就在建筑史上占有重要的地位。最著名的哥特式教堂有巴黎圣母院大教堂、意大利米兰大教堂、德国科隆大教堂等。

④ 圣吉米亚诺是公元前 3 世纪由伊特鲁里亚人创立的一个小村庄。根据历史记录，公元 10 世纪时，采用当时大主教的名字圣杰米尼安努斯（Saint Geminianus）命名，这就是今天我们看到的圣吉米尼亚诺小城。中世纪和文艺复兴时期是一个天主教朝圣的终点，和后来的罗马梵蒂冈一样，到了公元 1199 年这座城市达到了历史上最辉煌的时期，并且独立于梵蒂冈主教。

遗产"。圣吉米尼亚诺的古迹主要有大教堂及其广场、古井广场，以及 76 个古塔、现存 14 个。① 古塔都是细长立方体，上面开圆拱窗，风格也属于粗犷厚重的罗曼式。这些古老的石塔始建于公元 1100 年左右，当时既是贵族身份的象征，又是战乱时期为百姓提供必要的隐蔽和防御工事。其中最高的一座石塔高达 54m，和其他的高塔互相配合、高低错落，组成一幅美妙的立体景观。抬头仰望，石塔高耸入云，很难想象全盛时期 76 座高塔林立的景象。②

1- 圣乔瓦尼门；

2- 古井广场；

3- 大教学广场

3.2.2-1　圣吉米尼亚诺塔城总平面
3.2.2-2　远望美丽的塔城圣吉米尼亚诺
3.2.2-3　圣乔瓦尼门
3.2.2-4　圣吉米尼亚诺中央干道
3.2.2-5　从塔楼上俯视中央干道
3.2.2-6　圣吉米尼亚诺围合广场的塔楼
3.2.2-7　圣吉米尼亚诺水井广场的水井
3.2.2-8　圣吉米尼亚诺古城外的民居

| 3.2.2-1 | 3.2.2-2 |

---

① 穿过古城南端拱门、圣乔瓦尼大门（Porta San Giovanni），就是两个相连的广场，大教堂广场和古井广场。14 座建于 12 世纪的花岗石塔楼，高约 50m，分布在广场周围。三角形的古井广场周边由塔楼和罗曼式房屋围合，广场中央有一口千年历史的古井，当年是山城居民最重要的水源。邻接着古井广场的是大教堂广场，大教堂广场有 7 座塔楼环绕。广场内坐落着当年的市政厅和建于 12 世纪的圣玛丽亚·阿苏塔主教堂，主教堂是外观朴素的罗曼式巴西利卡风格，大教堂内部布满壁画。昔日 76 座造型简洁、雄伟的石塔集中在一座小城中一定非常壮观。因为，今日虽然只有 14 座，已经相当壮观了。

② 据说，在教皇派与皇帝派对抗时期，小城中的各派别为了炫耀和自卫，才建造了许多这样的高塔。这座中世纪的石头古城，共有 3 个石头城门，从古城的圣乔瓦尼大门进去往北，走在平整石板铺就的幽深街巷，狭窄街道两旁的房舍是 13 世纪修建的，从此以后，圣吉米尼亚诺古城的外貌几乎没有改变，并且保留着中古世纪的生活形态。

3.2.2-3	3.2.2-4
3.2.2-5	3.2.2-6
3.2.2-7	3.2.2-8

3.2.3　欧洲文艺复兴的营建学

文艺复兴运动在中世纪晚期发源于意大利的佛罗伦萨、米兰和威尼斯，后扩展至欧洲各国。"文艺复兴"一词亦可粗略地指历史时期，但由于欧洲各地引发的变化并非完全一致，故"文艺复兴"只是这一时期的通称。文艺复兴的核心精神是人文主义，人文主义精神的核心是以人为中心而不是以神为中心，肯定人的价值和尊严。文艺复兴的代表人物有"美术三杰""文学三杰"等。[①]

文艺复兴营建学（Renaissance Architecture）是欧洲营建史上继哥特式营建风格之后出现的一种营建风格，有时也包括巴洛克风格和古典主义风格。15世纪产生于意大利，后传播到欧洲其他地区，形成有各自特点的各国文艺复兴营建风格，在欧洲营建史中占有重要的位置。文艺复兴营建学在理论上以文艺复兴文学思潮为基础，在造型上排斥象征神权至上的哥特式营建风格，提倡复兴古罗马时期的营建形式，特别是古典柱式比例、半圆形拱券、以穹隆为中心的营建形体等。一般认为，15世纪佛罗伦萨大教堂的建成，标志着文艺复兴营建的开端，而佛罗伦萨的美第奇府邸（Palazzo Medici）和维琴察的圆厅别墅（Villa Rotonda）则是典型的、代表性作品。佛罗伦萨不仅有佛罗伦萨大教堂和美第奇府邸，佛罗伦萨的城市广场和城市设计也是后人学习的范例，尤其是市政厅和乌菲齐博物馆（Uffizi Museum）及其广场的空间组合，已经成为城市设计的典范。[②]

文艺复兴时期出现了不少营建学理论著作，均以维特鲁威的《营建十书》为基础发展而成，这些著作渊源于古典营建理论，特点是强调人体美，把柱式构图同人体进行比拟，反映了当时的人文主义思想，并且用数学和几何学关系如黄金分割（1.618∶1）、正方形等来确定美的比例和协调的关系，这是受中世纪关于数字有神秘象征说法的影响。意大利15世纪著名建筑理论家和营建师莱昂·巴蒂斯塔·阿尔伯蒂（Leon Battista Alberti，1404—1472）所写的《论营建》（De Re Aa`edificatoria），又称《营建十篇》，最能体现上述观点。莱昂·巴蒂斯塔·阿尔伯蒂的著作不断改进，1452年的版本还特意将《论营建》的标题改为"论房屋的艺术十书"（On the Art of Building in Ten Books），以示对艺术的重视，尤其是装饰艺

---

① 意大利是人文主义文学的发源地，但丁、彼特拉克、薄伽丘是文艺复兴的先驱者，被称为"文艺复兴三颗巨星"，也称为"文坛三杰"或"文艺复兴前三杰"。14—16世纪，意大利文艺复兴时期绘画艺术臻于成熟，列奥纳多·迪皮耶罗·达·芬奇、米开朗琪罗和拉斐尔被誉为"美术三杰"或"文艺复兴后三杰"，其代表作品分别有《最后的晚餐》《大卫》和《圣母的婚礼》等。
② 乌菲齐博物馆或称美术馆（The Uffizi Gallery），是世界著名绘画艺术博物馆。在意大利佛罗伦萨市乌菲齐宫内，乌菲齐宫曾作过政务厅，政务厅的意大利文为Uffizi，因此名为乌菲齐美术馆。以收藏欧洲文艺复兴时期和其他各画派代表人物如列奥纳多·迪皮耶罗·达·芬奇、米开朗琪罗、拉斐尔、波提切利、丁托列托、伦勃朗、鲁本斯、凡·代克等作品而驰名，并藏有古希腊、罗马的雕塑作品。而对于艺术爱好者来说，乌菲兹美术馆无疑是这座"鲜花之城"中的最为瑰丽的奇葩。"佛罗伦萨"在意大利语中的意思是"鲜花之城"。

术。《论房屋的艺术十书》的目录中有一半涉及艺术或装饰（Art or Ornament）。[①]
莱昂·巴蒂斯塔·阿尔伯蒂在第六书第二章中，精辟地分析了房屋的美（Beauty）。
他认为"美是一个物体内部所有部分之间的合乎逻辑的和谐，因而，没有什么可增
加的，也没有什么可减少或替换的，除非故意使其变坏。"[②]莱昂·巴蒂斯塔·阿尔
伯蒂还从人文主义出发，用人体的比例详细解释古典柱式，比维特鲁威在《营建十书》
中的论述提高了一个层次。维特鲁威在《营建十书》第四书第一节中仅仅把多立克
柱式与男子的身体相比，并指出男人的脚长是身长的 1/6。[③]莱昂·巴蒂斯塔·阿尔
伯蒂不仅是理论家，而且是有创造性的营建师，他的主要作品有佛罗伦萨的鲁
奇拉府邸（Palazzo Rucellai）、曼图亚的圣安德亚教堂（Sant' Andrea，Mantua）、
里米尼的马拉泰斯塔诺教堂（Tempio Malatestiano，Rimini）、佛罗伦萨的新玛丽
亚教堂（Santa Maria Novella，1456—1470）等。我在佛罗伦萨认真观察过新玛
丽亚教堂，确实比例优美，正立面的方、圆几何形图案运用得体。

安德烈亚·帕拉第奥（Andrea Palladio，1508—1580）是继维特鲁威之后另
一位古典营建理论家，他潜心研究维特鲁威《营建十书》，并且吸收文艺复兴的营
建成就，1570 年出版了名著《营建四书》（I Quattro Libri dell' Architettura）。安德
烈亚·帕拉第奥的著作和设计作品的影响在 18 世纪达到顶峰，"安德烈亚·帕拉
第奥主义"和"安德烈亚·帕拉第奥母题"传遍世界各地。[④]维琴察的巴西利卡是"安
德烈亚·帕拉第奥母题"代表作。

列奥纳多·迪皮耶罗·达·芬奇（Leonardo Di Serpiero Da Vinci）是欧洲文
艺复兴时期的天才。他是一位思想深邃、学识渊博、多才多艺的画家、发明家、营
建师。他还擅长雕刻、音乐，通晓数学、生理、物理、天文、地质等学科，既多才
多艺、又勤奋多产，保存下来的手稿大约有 6000 页。他全部的科研成果尽数保存
在他的手稿中，恩格斯称他是巨人中的巨人。爱因斯坦认为：列奥纳多·迪皮耶
罗·达·芬奇的科研成果如果在当时就发表的话，国际科技可以提前 30～50 年。《维
特鲁威人》（Homo Vitruvianus）是列奥纳多·迪皮耶罗·达·芬奇在 1487 年前后创

① Leon Battista Alberti（Author），Joseph Rykwert，Neil Leach and Robert Tavernor（Translators）. On the Art of Building in Ten Books[M]. Massachusetts：MIT Press，1988：X.
② Leon Battista Alberti（Author），Joseph Rykwert，Neil Leach and Robert Tavernor（Translators）. On the Art of Building in Ten Books[M]. Massachusetts：MIT Press，1988：156.
③ Vitruvius，translated by Morris Hicky Morgan，PH.D，LL.D. The Ten Books on Architecture [M]. New York：Dover Publications，INC.，1914：103.
④ 安德烈亚·帕拉第奥主义（Palladianism）是 1720—1770 年在英国兴起的一场营建艺术运动，其动力来自 16 世纪威尼斯营建师安德烈亚·帕拉第奥、维特鲁威在文艺复兴时期的主要信徒。安德烈亚·帕拉第奥母题（Palladian Motive）是指对已建哥特式大厅进行改造，并加固回廊设计。原有大厅的层高、开间和拱结构决定了外廊立面不适合传统构图，安德烈亚·帕拉第奥创造性地解决了立面柱式构图，后人称之为"安德烈亚·帕拉第奥母题"。安德烈亚·帕拉第奥母题又常仅仅是指处于两个窗间墙壁之间的 3 个窗洞的处理，即当中的窗洞呈券形、高而且宽，两旁的窗洞呈竖向矩形、低而且狭。"安德烈亚·帕拉第奥母题"代表作是维琴察（Vicenza）的巴西利卡（Basilica Palladiana）。

作的世界著名素描画，画名是根据维特鲁威（Vitruvii）的名字确定的，这幅素描的魅力在于把抽象的几何学与观察到的人体现实相互结合，轮廓优美、肌肉结实。① 这幅画是根据维特鲁威的理论绘制的，维特鲁威在《营建十书》第三书第一章"关于神庙和人体中的对称性"（On Symmetry, In Temples and in the Human Body）中指出"人体中自然的中心点是肚脐，因为如果人把手脚张开，作仰卧姿势，然后以他的肚脐为中心用圆规画出一个圆，那么他的手指和脚趾就会与圆周接触。不仅可以在人体上这样地画出圆形，而且可以在人体中画出方形。方法是由脚底量到头顶，并把这一量度移到张开的两手，那么就会发现高和宽相等，恰似平面上用直尺确定正方形一样。" ②列奥纳多·迪皮耶罗·达·芬奇以比例最精准的男性为蓝本绘出《维特鲁威人》，因此，后世也常以"完美比例"来形容画中的男性。列奥纳多·迪皮耶罗·达·芬奇在解剖学方面取得的成绩要远大于他在工程、发明和营建学方面的成绩。他的人体解剖素描为揭示人体器官提供了全新的视图，就像他的机械素描与机器的关系一样。列奥纳多·迪皮耶罗·达·芬奇的解剖活动属于科学研究，同时也与艺术领域有着紧密联系，解剖学拉近了科学与艺术的距离。西方教会的传统观念认为解剖学太过古怪，因为人是按照上帝的样子生出来的，因此，不能像机器那样被大卸八块，列奥纳多·迪皮耶罗·达·芬奇的解剖活动至少有一次使自己与教会发生过对立。

城市设计，尤其是广场设计在文艺复兴时期得到很大的发展。③ 文艺复兴有代表性的广场包括威尼斯的圣马可广场（Piazza San Marco）、罗马的卡比多广场也叫市政广场（The Capitol）、圣彼得广场（Piazza San Pietro）和安农齐阿广场（Piazza Annunziata）等。④ 此外，佛罗伦萨的城市广场在前文已经谈到，不再重复。

---

① 《维特鲁威人》是许多人熟悉的一幅画：一个裸体健壮的中年男子，两臂微斜上举，两腿叉开，以他的足和手指各为端点，正好外接一个圆形。同时在画中清楚可见叠着另一幅图像：男子两臂平伸站立，以他的头、足和手指各为端点，正好外接一个正方形。《维特鲁威人》是一幅钢笔画素描，画在一张大纸上（13.5 英寸 ×9.5 英寸），现藏于威尼斯学院美术馆。

② Vitruvius, translated by Morris Hicky Morgan, PH.D, LL.D. The Ten Books on Architecture [M]. New York: Dover Publications, INC., 1914: 72-75.

③ 广场按性质可分为集市活动广场、纪念性广场、装饰性广场、交通性广场。按形式分，有长方形广场、圆形或椭圆形广场，以及不规则形广场、复合式广场等。广场一般都有一个主题，四周有附属房屋陪衬。文艺复兴早期广场周围布置比较自由、空间相对封闭，雕像常在广场一侧；后期广场较严整，周围常用柱廊围合。广场空间较开敞，雕像往往放在广场中央。

④ 圣马可广场（Piazza San Marco）是威尼斯的政治、宗教和传统节日的公共活动中心。圣马可广场是由总督府、圣马可大教堂、圣马可钟楼，以及新、旧行政官邸大楼、连接两幢大楼的拿破仑翼楼和圣马可图书馆等房屋与威尼斯大运河所围成的长方形广场，长约 170m、东边宽约 80m、西侧宽约 55m。广场四周的房屋风格由中世纪风格和文艺复兴时代风格有机组合。卡比多广场是米开朗琪罗的作品，位于罗马行政中心的卡比多山上，广场呈对称的梯形，前沿完全敞开，以大坡道登山，广场背则是古罗马的罗曼努姆广场遗址，这种形制具有创造性。广场面向参议院，现为罗马市政厅的一部分，立面经米开朗琪罗调整。广场一侧是档案馆，建于 1568 年，今为雕刻馆；另一侧是博物馆，建于 1655 年，也叫新宫，今为绘画馆。广场正中为罗马皇帝马库斯·奥瑞利斯（Marcus Aurelia）骑马青铜像，被米开朗琪罗移到此处。卡比多广场地面的几何图案最具特色，它把四周的房屋、雕塑统一为和谐的整体，是罗马最美的广场之一。

3.2.3-1 佛罗伦萨大教堂标志着文艺复兴的开端

3.2.3-2 佛罗伦萨的广场组合

3.2.3-3 佛罗伦萨大教堂的穹顶

3.2.3-4 佛罗伦萨教堂旁的街道

3.2.3-5 乌菲兹美术馆通向阿诺河

3.2.3-6 佛罗伦萨的市政广场

3.2.3-7 佛罗伦萨广场的雕像

3.2.3-8 佛罗伦萨的美第奇府邸

3.2.3-9 美第奇府邸内院

3.2.3-10 维琴察圆厅别墅

3.2.3-11 佛罗伦萨的新玛丽亚教堂

113

3.2.3-12 新玛丽亚教堂山墙处理

3.2.3-13 维琴察的巴西利卡

3.2.3-14 列奥纳多·迪皮耶
罗·达·芬奇绘制的《维特鲁威
人》是"安德烈亚·帕拉第奥母
题"代表作

3.2.3-15 远观威尼斯圣马克广场

3.2.3-16 威尼斯的河道

3.2.3-17 圣马可大教堂与圣马
可钟楼

3.2.3-18 圣马克广场的总督府

3.2.3-19 俯视罗马的卡比多广场

3.3 古代美洲的营建学

3.3.1 北美洲印第安人的营建学

　　美洲是西半球主要陆面，美洲纬度位置北始于格陵兰北端，南达智利南端。北、中、南美洲，所跨纬度都很大，因此气候变化自热带雨林至严寒的极地都具备。美洲西面虽然有大洋相隔，可是印第安人却在 2 万多年以前就从阿拉斯加迁入美洲，考古学家亦发现中国在哥伦布发现美洲之前，已从南海东航直达墨西哥。欧洲各国于 15、16 世纪经营美洲之时，俄国也从西伯利亚赴阿拉斯加与美国西北的俄勒冈地区有交往。考古学家不太确定北美洲的原住民是在什么时候离开东亚故乡，跨过了白令海峡（Bering Strait）的陆桥，据推测这次迁徙约在公元前 1 万年结束，也就是最后一次冰河时期的末期。冰河消退后，猎人为了追捕动物进入北美平原，由于移民相继迁来，原本已经定居的原住民便往南移。最后抵达美洲的因纽特人（Inuits），公元前 2000 年左右从北极圈到格陵兰（Greenland）都是他们的分布范围。[①]

　　北美洲原住民中的绝大多数为印第安人，剩下的则是主要位于北美洲北部的爱斯基摩人，传统上将美洲原住民划归蒙古人种美洲支系。因为考古发掘至今没有在美洲发现类人猿、可直立猿之类的人类近亲遗迹。史学界公认印第安人是从西伯利亚移来美洲的蒙古人种。当欧洲人 15 世纪首次来到美洲时，美洲原住民早已遍布南北美洲各地。

　　北美洲原住民的营建学很有特色，因纽特人、"阿拉斯加州原住民"是由从亚洲经两次大迁徙进入北极地区的。经历了 14000 多年的历史。由于气候恶劣、环

[①] 因纽特人又称为爱斯基摩人（Eskimo），生活在北极地区，分布在从西伯利亚、阿拉斯加到格陵兰的北极圈内外，分别居住在格陵兰、美国、加拿大和俄罗斯，属蒙古人种、北极类型，先后创制了用拉丁字母和斯拉夫字母拼写的文字。美国的联邦法律在称呼少数族裔时不再使用"爱斯基摩人"等具有歧视性的词汇，"爱斯基摩人"由"阿拉斯加州原住民"（Alaska Natives）取代。"爱斯基摩"一词是由印第安人首先叫起来的，即"吃生肉的人"。因为历史上印第安人与爱斯基摩人有矛盾，所以这一名字显然含有贬义。爱斯基摩人这个生活在北极圈以北的民族，过去是靠在海上捕鱼和在雪地里打猎为生的，如今大多生活在美国的阿拉斯加州地区，有 68000 人，生活已经与祖辈不同。

境严酷，他们基本上是在死亡线上挣扎，能生存繁衍至今实在是一大奇迹。[①] 因纽特人夏天住在兽皮搭成的帐篷里，冬天则住在雪屋（叫冰屋更准确），或石头屋、泥土块建造的房子里。雪屋的营建材料就是一条条长方形的大冰块，营建方法是先将冰块交错堆垒成馒头形的小屋、圆顶雪屋，再在冰块之间浇水，很快便冻成一体、密不透风，绝对称得上是无污染建材、无公害施工。这是加拿大因纽特人的独创，至今仍可见到，多用于旅游观光地区。

15 世纪末欧洲殖民者最初来到北美时印第安人曾慷慨援助，但殖民者站稳脚跟之后就开始夺取印第安人的土地，对印第安人采取野蛮的种族灭绝政策。根据互联网的资料，目前美国有印第安人 253 万多人，分属 560 多个部落，居住在 26 个州的 200 多处保留地上。在最近 20 年中已有 20 多万印第安人离开了保留地而移居大城市谋生。在今天的美国，印第安人仍属于经济上最为贫困、就业人数最少、健康、教育和收入水平最低，居住状况最为恶劣的少数民族。[②]

印第安人悠久的历史和文化产生了许多不同的民族和语言，仅美国新墨西哥州就有 19 个印第安人村落（Pueblo），每个村落都有自治权，有自己的土地，以及独立的法律、政策和政府。陶斯印第安村（Taos Pueblo）位于里奥格兰德河（Rio Grande）一条小支流的峡谷里，包括一系列的居民点和仪式中心，是分布在今天亚利桑那（Arizona）、新墨西哥州（New Mexico），犹他州与科罗拉多州边界地区具有史前传统的阿那萨基印第安部落（Anasaji Indian Tribe）文化的典型代表。陶斯印第安村出现在公元 1400 年以前，是保存最好的村落，保留着土著人的风俗传统。陶斯的房屋营建非常复杂，却与周围的气候条件非常适合，是美国西南部干旱地带的土坯房屋的典范、一个杰出的印第安营建博物馆和传统人类定居点的辉煌例证。1992 年，陶斯印第安村被列入《世界遗产目录》。世遗的评价：陶斯印第安村位于里奥格兰河的一条支流的山谷中，是用泥砖和石块建成的村落，它反映了亚利桑那州和新墨西哥州的印第安人文明程度。[③]

---

① 因纽特人必须面对长达数月乃至半年的黑夜，抵御零下几十摄氏度的严寒和暴风雪，夏天奔忙于汹涌澎湃的大海之中，冬天挣扎于漂移不定的浮冰之上，仅凭一叶轻舟和简单的工具去和地球上最庞大的鲸鱼拼搏，用一根梭镖甚至赤手空拳去和陆地上最凶猛的动物之———北极熊较量，一旦打不到猎物，全家人、整个村子，乃至整个部落就会饿死。因此，应该说在世界民族大家庭中，爱斯基摩人无疑是最强悍、最顽强、最勇敢和最为坚韧不拔的民族。阿拉加州原住民都是矮个子、黄皮肤、黑头发，这样的容貌特征和蒙古人种相当一致。基因研究发现，他们更接近西藏人。

② 北美印第安人在逆境中表现出强大的生命力，第二次世界大战后开始组织自己的政治文化团体，争取生存权利，反对种族歧视，保存印第安人的文化传统。印第安人是开发北美的先驱、近代农业的奠基人。印第安人文化是世界古代文明之一，对世界经济、文化发展有过重要贡献和影响。

③ 陶斯的印第安村落仍在被当地土著人居住着，向人们展示了自 16 世纪以前就开始的印第安人土坯结构房屋的营建艺术，村落由两组房屋群组成，均用晒制的土坯泥砖砌成。墙底部一般厚 2 英尺、上部厚 1 英尺，每年墙壁要用泥灰重新抹过，并作为整个村落仪式的一部分。每一层的房屋都顺次往后推移，以做更高一层房屋的台阶。地面上的房屋和上部由门进入的房屋通常都比较矮小，爬到上一层房屋要沿梯子上到屋顶部开的洞口，最顶层和外部的房屋一般用于居住，里面的房屋用于储藏粮食谷物。屋顶用杉树木头建成，末端穿过墙壁。木头上面覆盖着几层树枝，再上面是抹着厚厚的泥巴草，泥巴外面是一层泥灰。

3.3.1-1 陶斯印第安村住宅组合
3.3.1-2 陶斯印第安村面包房
3.3.1-3 陶斯印第安村住宅施工
3.3.1-4 陶斯印第安村住宅结构
3.3.1-5 陶斯印第安村的大门

3.3.1-1	
3.3.1-2	3.3.1-3
3.3.1-4	3.3.1-5

3.3.2 中美洲玛雅人的营建学

有些学者认为中美洲的马雅（Mayan）复杂而规模庞大的神殿不可能突然在热带丛林中冒出，很可能是来自中南半岛的古代文明（The Ancient Culture of Indochina Peninsula）（旧称"印度支那半岛的古文明"），越过太平洋传至中美洲才使玛雅的神殿文化出现。根据以上说明，中美洲原住民可能是经由太平洋水路到达的，因此，玛雅人的由来与印第安人的由来可能相似，都是波利尼西亚人（Polynesian）迁移过去的。[①]

中美洲的玛雅文明是分布于现今墨西哥东南部、危地马拉、洪都拉斯、萨尔瓦多和伯利兹国家的丛林文明，虽然当时处于新石器时代，却在天文学、数学、农业、艺术、营建学及文字等方面都有相当高的成就。[②] 玛雅人笃信宗教，文化生活均有宗教色彩。他们崇拜太阳神、雨神、五谷神、死神、战神、风神、玉米神等。太阳神居于诸神之上，被尊为上帝的化身。此外，行祖先崇拜，相信灵魂不灭。[③] 依据中美洲编年，玛雅历史分成前古典期、古典期及后古典期。前古典期（公元前 1500 年—公元 300 年）也称形成期，历法及文字的发明由土台、祭坛等组成的早期祭祀中心建立，此后出现国家萌芽，并出现象形文字。古典期是全盛期（约公元 400 年—900 年），此时期文字的使用、纪念碑的兴建及艺术的发挥均达于极盛。蒂卡尔遗址由数以百计的大小金字塔式台庙组成，气象宏伟，城区面积达 50km²，估计居民有 4 万人左右。后古典期（约公元 900 年—1600 年）从墨西哥南下的托尔特克人征服尤卡坦，并以奇琴伊察（Chichen Itza）为都城，营建中出现石廊柱群和以活人为祭品的"圣井"、球场，还有观察天象的天文台和目前保存最完整的、高大的金字塔式台庙与崇拜羽蛇神。此后北部的玛雅潘取代奇琴伊察成为后古典期文化的中心。玛雅没有一个统一的强大帝国，全盛期的玛雅地区分成数以百计的城邦，然而玛雅各邦在语言、文字、宗教信仰及习俗传统上却属于同一个文化圈。16 世纪时，玛雅文化的传承者阿兹特克帝国被西班牙

---

① 波利尼西亚人（Polynesians）是大洋洲东部波利尼西亚群岛的一个民族集团，包括毛利人、萨摩亚人、汤加人、图瓦卢人、夏威夷人、塔希提人、托克劳人、库克岛人、瓦利斯人、纽埃人、复活节岛人等 10 多个支系，约有 400 万人（2015 年）。使用多种语言和方言，彼此差别不大，同属南岛语系波利尼西亚语族。原崇拜多神，迷信巫术，现多改信基督教和天主教。
② 玛雅文明基本上属新石器时代和铜石并用时代，工具、武器全为石制和木制，黄金和铜在古典期之末才开始使用，却一直不知用铁。主流的说法是，玛雅人是古代印第安人的一支，是美洲唯一留下文字记录的民族、一种独特的象形文字体系。玛雅人在数学与天文学方面非常精通，其理解与预知各星球运动的本领是根据历法计算出来的，常在一些重要的仪式上表现。
③ 学术界认为，玛雅人是最晚从亚洲到美洲的，而古代亚洲人到美洲的最晚时间是 5000 年前。玛雅人传说远祖从西方来，或是从北方乘船来。从中国到美洲大方向是自西而东，如果乘船顺太平洋流从福建、台湾、琉球，沿日本、千岛群岛、阿留申群岛，再沿美洲海岸向南，到达中美洲，就是从北方乘船来。远在美洲的玛雅语也具有汉藏语系的特点，这有力地说明了两种语言的关系密切。

帝国消灭。[①] 此后百年,文化趋于衰落,1523—1524 年,西班牙殖民者乘虚而入,从墨西哥南下,占领尤卡坦半岛,玛雅文明被彻底破坏。

奇琴伊察(Chichén Itzá)位于墨西哥尤卡坦半岛北部,是玛雅古国最大、最繁华的城邦,奇琴伊察则始建于 5 世纪,7 世纪时占地面积达 25km²。曾经是古玛雅文明的政治和经济中心,城内至今仍可见的古迹主要有羽蛇神庙金字塔(Kukulcan)、玛雅神使查克莫(Chac-mool)、奇琴伊察天文台(Chichen Itza Observatory)、千柱庭院(Patio of Thousand Columns)、武士神庙(Platform of the Warriors)以及囚犯竞技场或称大球场(Great Ball Court)等,在营建空间和造型组合上充分体现出了玛雅人杰出灵动的营建意识。

羽蛇神金字塔或称库库尔坎金字塔是玛雅文化前古典期晚期(公元前 800 年—公元前 200 年)中部高原文化的重要遗址之一,是玛雅文明的巅峰之作,"库库尔坎"的原意是"舞蹈唱歌的地方",或表示"带有羽毛的蛇神"。羽蛇神金字塔是玛雅人对其掌握的营建几何知识的绝妙展示,而金字塔旁边的天文台,更是把这种高超的几何和天文知识表现得淋漓尽致。在天文台的边缘放着很大的石头杯子,玛雅人在里面装上水并通过反射来观察星宿,以确定他们相当复杂且极为精确的日历系统,奇琴伊察的天文观象台是玛雅营建中极为重要的一座遗迹。[②]

奇琴伊察武士神庙是阿兹特克人(Toltecs)建造的,10 世纪时很多民族侵入墨西哥,都想在那里定居,其中最成功的是阿兹特克人。阿兹特克人是一个好战的民族,他们攻城略地、抢夺食物来供养自己的军队。[③] 阿兹特克人在奇琴伊察建造的大球场也很

---

① 玛雅人的后裔——现生活在墨西哥东南部地区的居民,和首都墨西哥城的居民相比,个子更矮,肤色更偏黄、偏黑,长相上更接近亚洲人,都有玉石崇拜,都爱用玉制品作陪葬。玛雅人常把玉石雕成面具作为王公贵族的陪葬品,坚信这些面具是亡者灵魂进入天国的通行证。玛雅人的象形文字与中国甲骨文水平相当。玛雅文字与汉字一样,其书写方式都不是现今西方主流语言文字使用的拼音文字,而是使用不同的字符、不同的书写方式来表示不同的含义,但文字图形的内容却更加丰富。还有一种说法是,玛雅人自称是 3000 年前经过"天之浮桥诸岛"而来,这与殷商灭亡的时间正好一致。因为古玛雅人与中国人有很多相似之处,所以部分学者提出古玛雅人是中国殷商后裔的猜测。

② 天文台塔高 12.5m,天文台建在两层高台之上,和库库尔坎金字塔一样,高台上面的台阶的位置,是经过精心计算后才决定的,与重要的天象相配合。台阶和阶梯平台的数目分别代表了一年的天数和月数。52 块雕刻图案的石板象征着玛雅历法中 52 年为一轮回。这座天文台的方向定位也显然经过精心考虑,其阶梯朝着正北、正南、正东和正西。塔内有一道螺旋形楼梯直接通到位于塔庙的观测室,观测室中有一些位置正确的观察孔,供天文学家向外观测,可以十分准确地算出星辰的角度。随着对这座天文台和库库尔坎金字塔的深入研究,人们对玛雅人的历法和天文知识也越来越感到迷惑不解。玛雅人把一年分为 18 个月,每个月 20 天,年终加上 5 天禁忌日,共 365 天。他们测算的地球年为 365.2420 天,而现代人的准确计算为 365.2422 天,误差为 0.0002 天(即 24.48 秒),也就是说 5000 年的误差才仅仅一天。

③ 阿兹特克人也是技艺娴熟的营建师和雕塑家。他们在奇琴伊察的宗教仪式中心也供奉着羽蛇神,即浑身长满羽毛的蛇神,还有许多有趣的手工制品。武士的神庙朝西矗立着,入口处由两个张着大嘴的浑身长满羽毛的蛇神守卫。阿兹特克人相信,倘若他们奉献人血和人的心脏来取悦羽蛇神,那么他将延迟世界末日的来临。

特殊，球场形状通常为长方形，大球场长 165m、宽 70m，两侧长边有高墙或斜坡观众席，中段顶部各有一个圆形石环，短边没有墙体遮挡。阿兹特克人的球赛并不是竞技运动，而是一种宗教仪式，比赛是掌管昼夜的两位神灵间的斗争，球就代表了太阳。参与比赛的球员大多是战俘，双方交战后获胜的一方将获得奖赏，失败的一方将会被斩首，并作为祭品献给神灵。也有一种说法是获胜的一方被斩首，虽然今天看上去不太符合逻辑，但阿兹特克人认为能作为祭品献给神灵是至高无上的奖赏。由于缺乏史料记载，玛雅人的球类比赛规则至今不太明确。[①] 阿兹特克人对墨西哥的统治结束于公元 1170 年左右，他们的文明为以后的阿兹特克文明奠定了基础。

我们在墨西哥考察过程中，拜访过一家印第安人后裔的家庭，是当地导游特意带我们去的。主人很热情，我们有宾至如归的感受，他们的住房和生活习惯保持原住民的传统，我们看到女主人正在做饭，烤饼的做法与中国相同，主人叫我们品尝了一下，味道好极了，像似回到了家乡。

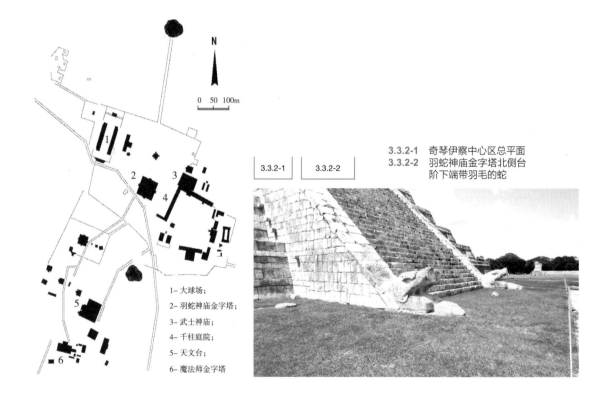

3.3.2-1　奇琴伊察中心区总平面
3.3.2-2　羽蛇神庙金字塔北侧台
　　　　阶下端带羽毛的蛇

| 3.3.2-1 | 3.3.2-2 |

1– 大球场；
2– 羽蛇神庙金字塔；
3– 武士神庙；
4– 千柱庭院；
5– 天文台；
6– 魔法师金字塔

① 据说，阿兹特克人球赛的比赛双方各 7 名队员，分别站立在球场的两边，有点像今天的排球比赛。但球可不是像今天这样轻的皮球，而是实心的橡胶球，重量可达 2 ~ 3kg。队员只能使用手肘、大腿和屁股触球，需要在皮球落地之前将球击回对方的场地中。如果成功击到对方的场地中或是直接出了对方底线，则进攻一方得分。如果将球穿过了两侧墙上的石环，可以额外加分。一场比赛时间不固定，经常要踢上几天几夜才能分出胜负。

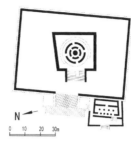

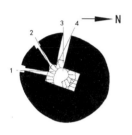

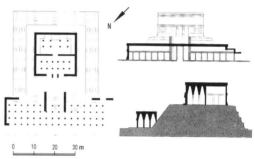

3.3.2-3	3.3.2-4
3.3.2-5	3.3.2-6
3.3.2-7	3.3.2-8
3.3.2-9	

3.3.2-3　奇琴伊察天文台透视
3.3.2-4　奇琴伊察天文台平面、立面
3.3.2-5　奇琴伊察天文台剖面及屋顶
　　　　观测孔示意
3.3.2-6　奇琴伊察武士神庙平、剖面

3.3.2-7　奇琴伊察武士神庙正立面
3.3.2-8　仰望奇琴伊察武士神庙入口
3.3.2-9　奇琴依查羽蛇神庙金字塔前
　　　　的广场

3.3.2-10　奇琴伊察大球场

3.3.2-11　奇琴伊察大球场的圆形石环

3.3.2-12　奇琴伊察的千柱庭院

3.3.2-13　远望提奥提华坎太阳金字塔

3.3.2-14　印第安人后裔的住房塔

3.3.2-15　本书作者与印第安主人合影

3.3.3　南美洲印加帝国的营建学

　　考古学家认为秘鲁人的祖先是 15000 年前越过白令海峡来到美洲大陆的亚洲游牧民族，公元前 3000 年在今日秘鲁境内定居并创造了北奇科文明（Norte Chico civilization）。[①] 除此之外，在南美印加人（Incan）文物有与中国相同的图案，尤其有中国独有的 "龙"，还有语言仍保有与中国相同的词句，这些显示美洲文明曾直接受到亚洲来的文化所影响。可以横渡太平洋到达很远地方的祖先，当时必须要有高度的航海技术，可以来往于广阔的大洋并到达全世界各地的先民，唯有从中国台湾迁移出去的波利尼西亚人才有这种能力。[②]

　　公元前 1800 年南美洲出现查文文明（Chavin Civilization）。查文文明最初出现在安第斯山脉峡谷中，此后遍布今日秘鲁北部和中部，查文文明被认为是秘鲁古典主义文化的开始，农业定居成为这个时期的标志，陶器、纺织、雕刻等手工业得到发展。公元 500—1000 年，秘鲁沿海地区和中部安第斯山区出现瓦里文明（Wari Civilization），瓦里文明的核心地区在今日秘鲁的阿亚库乔（Avacucho）市区东北 11km。瓦里文明延续了查文文明，在印加帝国出现之前以瓦里命名的地区是秘鲁当时最强盛的部落。公元 900 年，在秘鲁北部沿海的莫切谷（Moche Valley）地区开始出现奇穆文化（Chimú Culture），也称莫切文化。奇穆王国的首都建在昌昌（Chan Chan），奇穆人并非秘鲁原住民，据说他们是乘着木筏从海上来到秘鲁。公元 1100—1470 年是奇穆文化的繁荣时代，奇穆王国的首都昌昌是当时南美洲最大的城市。传说印加帝国是曼科·卡帕克（Manco Cápac）于公元 13 世纪初缔造的，印加帝国是前哥伦布时期（Pre-Columbian era）美洲最大的国家。14 世纪末，印加帝国从安第斯山脉的库斯科（Cuzco）地区开始扩张，当 1532 年被西班牙入侵者灭亡的时候，印加帝国已经控制了大约 1200 万人口，他们大部分居住在今日的秘鲁和厄瓜多尔，也有一部分居住在智利、玻利维亚和阿根廷。印加帝国曾经控制的地区有着明显不同的地形和气候，不仅有狭长沿海沙漠带，也有安第斯山脉高耸的山峰和肥沃的峡谷，安第斯山脉边缘的热带雨林一直延伸到东部。克丘亚语（Quechua language ）是印加帝国通行的官方语言，在印加帝国各地至少还有 20

---

① 北奇科文明也称小北地区文明或卡劳尔文明（Caral Civilization），约在公元前 3000 年至公元前 1800 年。北奇科地区约 1800km²，位于今日利马北 150 ~ 200km，卡劳尔是苏佩谷（Supe Valley）的圣城。秘为多音字，可以音 "密"，也可以音 "毖"，秘鲁的秘字读音应为 "bi"。
② 台湾的长滨文化和左镇人的历史有 3 万~ 4 万年，最近发现的 "大岗山人" 更有超过 5 万年的历史。波利尼西亚人以及太平洋上的南岛语族都是从台湾迁移出去的，因此我们可以推测，南岛语族开始自台湾迁移到太平洋的大洋洲及印度洋各岛国之前，在第四冰河期结束的 12000 年以前与 5 万年间，可能就已从台湾开始迁移到太平洋东方的美洲大陆了，美洲原住民的原乡可能也是台湾。

种地方性的语言保持着它们旺盛的生命力。[①]

在印加王位继承人图帕克（Tupac Inca Yupanqui，1472—1493）继承王位之前，印加帝国的边界已经推进到了今天厄瓜多尔共和国的北部边界，图帕克在位期间又征服了智利的北部、阿根廷西北部的大部分地区以及玻利维亚高原的一部分，战争的结果不仅给交战双方都带来了巨大的损失，甚至导致了某些小部落的整体灭亡。[②] 1492 年，哥伦布到达加勒比海诸岛，伴随着宗教的狂热和寻宝的梦想，一批批欧洲殖民者踏上了美洲的土地，其中包括西班牙殖民者弗朗西斯科·皮萨罗（Francisco Pizarro，1471—1541）率领 160 名士兵征服了庞大的印加帝国。

秘鲁古代的原住民有自己的语言，可是却没有一套书写文字的系统，他们利用绳结记录法来代替文字，大多数民族的早期文明都使用象形文字或图像，然而秘鲁的原住民留下的却是棉线和绳结，神秘的绳结被印加人称为"奇谱"（quipu or khipu）。奇谱是一种结绳记事的方法，用来计数或记录历史，在安第斯山区已有 3000 年历史。印加帝国继续沿用"奇谱"纪事。[③] 长期以来，科学家拒绝承认奇谱是一种书面文件，认为这些绳子仅仅是一种保存记忆的东西、一种个人化的记忆辅助工具、一种纺织品算盘，而没有任何统一的含义。随着研究的深入，学者们越来越怀疑上述结论的正确性。[④] 印加人继承古代原住民的信仰，崇拜大自然和泛神论，自然界的许多现象都被视为神灵，但是印加人特别崇拜太阳神印蒂（Inti），认为太阳神是众神之首，并自认为是太阳神的后裔，太阳神一般表现形象为人形，面部如金盘、光芒西射，太阳神的配偶是月神。[⑤] 印加帝国是世界上很少的极权主义和神权政体之一，印加的国王被认为是半神半人的领导者，印加帝国等级森严，最高领导是国王（Sapa Inca），次其是贵族，贵族包括祭司和国王的亲属，然后是手工艺者和技术人员，技术人员之后是农民，底层是奴隶。[⑥]

---

① 由于印加帝国仅有语言，没有一套书写文字，因此，印加帝国早期的历史只能是一种神话传说。西班牙人入侵后提供了一种官方版的早期印加帝国历史，即使这个官方的版本也很难把印加帝国的真实历史与它的神话和传说区分开来。

② 在西班牙人入侵前的最后几年,印加帝国仍然在北部进行着扩张。印加帝国的克丘亚语是"塔王汀苏尤"（Tawantinsuyu），意为"四州之国"（Four Quarters）。

③ 奇谱是用许多颜色的棉线或驼羊毛线制成，在一根主绳上系着很多细一些的副绳，主绳通常直径为 0.5～0.7cm，副绳一般都超过 100 条，有时甚至多达 2000 条，每根副绳上都结有一串令人眼花缭乱的绳结，副绳上又挂着第二层或第三层更多的绳索，编织形式类似古代中国人用于防雨的蓑衣。

④ 哈佛大学考古学家格里·乌尔顿（Gary Urton）及其同事、数学家兼编织专家通过电脑对这些绳索的各种元素进行长期的分析和研究，发现奇谱绳结存在着共同点。奇谱是一种与众不同的三维立体"书写体系"，属于"会意文字"，奇谱记载着印加帝国的信息。不过，要破解印加人在"奇谱"中保存的信息，需要付出类似解读古埃及象形文字一样的努力。

⑤ 摘自：简明不列颠百科全书（卷 9）[M]. 北京：中国大百科全书出版社，1986：129.

⑥ 印加人的后裔多数是今日安第斯山脉讲克丘亚语的农民，约占秘鲁人口的 47%，他们信仰的宗教是一种杂入异教神灵的天主教。克丘亚人有时会将印蒂与耶稣基督或上帝混同。

秘鲁古代营建学发展较早，虽然 3000 年前的北奇科文明时代便有纪念性的土筑金字塔，但是普遍认为南美洲的营建学始于查文文化时期。公元前 1800 年在安第斯山区开始的查文文化至公元前 500 年已出现城市，查文文化时期石材砌筑的房屋已经相当成熟。1985 年列入世界遗产名录的查文·德万塔尔（Chavín de Huántar）考古遗址是秘鲁古代原住民举行宗教仪式的场所，广场周围都是石头房屋，并有大量的兽形石雕。考古遗址位于秘鲁北部的安卡什大区（Ancash Region），距离利马约 250km，海拔 3150m。公元 1100—1470 年，奇穆文化繁荣时期的首都昌昌是一座由土砖建造的城市，城市占地约 25km²，人口约 5 万人，是当时南美洲最大的城市。昌昌有明确的城市规划，城市由 10 或 11 个大小不等、设有围墙的综合场区（Compound）组成，综合场区围墙高 6 ~ 9m，场区内再按阶级划分居住区。昌昌古城遗址（Chan Chan Archaeological Zone）于 1986 年被联合国教科文组织确定为世界遗产。[①]

印加帝国的城市规划具有相当水平，首都库斯科的总体布局井然有序，遗憾的是印加帝国时代的房屋大多数已被西班牙人拆毁，但库斯科的道路布局仍然保留，城内最重要的太阳神庙虽然也被破坏，但是仍然保留了一部分遗址。西班牙人在建造天主教堂时把太阳神庙遗址保留在教堂内，值得庆幸的是库斯科的卫城石墙、萨克塞华曼石墙尚未受到破坏。[②] 尤其值得一提的是在库斯科西北方向的马丘比丘遗址竟然保存完整，这要感谢印加帝国统治者昔日建造了隐蔽的印加小道（The Inca Trail），蒙骗了西班牙人 400 年，使这片世外桃源幸免于难，也使我们今日有

① Henri Stierlin. Art of the Incas and its origins[M]. New York：Newsweek，1984：156-158.
② 萨克塞华曼（Saqsayhuaman or Sacsahuaman）在库斯科城区西北，海拔 3700m。萨克塞华曼的石墙被认为是古代印加人最伟大的工程之一，作为库斯科古城的一部分，1983 年它被列入世界遗产名录。"萨克塞华曼"的含义是"山鹰"，萨克塞华曼是守卫库斯科的卫城，巨石砌成的围墙是卫城的部分城墙。萨克塞华曼石墙建在坡度很陡的山坡上，石墙从下向上分为 3 层，3 层石墙向上层层后退，呈阶梯状布置，每层石墙高约 5m。3 层石墙的平面均呈折线状而且互相平行，最长的一层石墙长达 410m。石墙的转折处采用大体量、完整的石材，而且转角处是圆滑的弧面。3 层石墙的前面是一片开阔的平地，从 3 层石墙后侧的高地上可以俯瞰库斯科古城。萨克塞华曼石墙均用巨石垒砌，最大的石块高达 5m，估计每块石块的重量在 128 ~ 200t。石墙的基础部分用石灰石砌筑，地面以上的石墙用安山岩（Andesite）砌筑。安山岩是一种灰黑色的火成岩，产自距库斯科 35km 的圣赫罗尼莫（San Jeronimo）。萨克塞华曼石墙的巨石与巨石之间严丝合缝，不使用灰浆，当时也没有铁制或钢制工具来切割和打磨石料，更没有机械和工具运载石料，而石墙建造的如此精细、平整，令人惊叹。萨克塞华曼城堡石墙被认为是"巨石营建"（megalithic architecture），它与英国的巨石阵（Stonehenge）、埃及的金字塔和墨西哥的金字塔并列为世界营建史的巨石营建奇迹。

机会能较为全面地了解印加帝国的营建。^① 今日库斯科郊区的"秘鲁原住民生活博物馆"模仿昔日印加帝国的民居状况，有助我们对印加帝国营建学的了解。秘鲁的原住民部落素有修筑公路的传统，在前哥伦布时期已经修建了约 1.6 万 km 的公路，印加帝国继承先人的传统，完善了道路系统的修筑，印加帝国时期的公路网长达 4 万 km，使 300 万 km² 的领土能互相联通，印加帝国的路网是世界营建史上著名的成就之一。^② 印加帝国的道路网络汇集在首都库斯科。为了保持帝国首都与各地部落的联络，印加人的道路穿越了安第斯山脉和热带雨林，同时还修建了不少于 100 座石桥或木桥，甚至还有绳索桥。西班牙的征服者如此轻松地战败了庞大的印加帝国，很大程度上是依赖这些道路的支持。

3.3.3-1 萨克塞华曼石墙与城堡　　　3.3.3-2 萨克塞华曼石墙与环境　　　3.3.3-3 萨克塞华曼石墙片断

---

① 马丘比丘是克丘亚语，其含义为"古老的山巅"。据说马丘比丘是印加统治者帕查库特克于 15 世纪建造的，1532 年西班牙人征服秘鲁时仍有人居住。印加帝国灭亡后，马丘比丘长期没有被外界发现，西班牙的统治者在长达 400 年的统治期间对它也一无所知。1911 年，美国历史学家、探险家和考古学家海勒姆·宾厄姆（Hiram Bingham，1875—1956）带领的考古队发现了马丘比丘遗址，马丘比丘遗址的发现震动了国际营建界、考古界和地理界，遗址发现的过程是一部动人的探险故事。1948 年，宾厄姆将他发现马丘比丘遗址的过程写成一本《被遗忘的印加城市》（Lost City of the Incas）。1977 年 12 月，一些城市规划设计师曾聚集于利马，以《雅典宪章》（Athens Charter）为出发点进行了讨论，并且在马丘比丘遗址签署了新宪章，提出了包含有若干要求和宣言的《马丘比丘宪章》（Charter of Machu Picchu）。《马丘比丘宪章》认为 1933 年的《雅典宪章》仍然是这个时代的一项基本文件，它可以提高改进但不是要放弃它。《马丘比丘宪章》没有进一步提出明确的新观点，也没有对马丘比丘遗址做出明确的学术评价，似乎与会者并没有认真研究过印加营建。从学术观点分析，《马丘比丘宪章》无法与《雅典宪章》相提并论，《马丘比丘宪章》的作用似乎仅仅是更加引起国际营建界对马丘比丘的关注。

② 印加帝国的道路网络汇集在首都库斯科，为了保持帝国首都与各地部落的联络，印加人的道路穿越了安第斯山脉和热带雨林，同时还修建了不少于 100 座石桥或木桥甚至绳索桥。西班牙的征服者如此轻松地战败了庞大的印加帝国，很大程度上是依赖这些道路的支持。

3.3.3-4 萨克塞华曼石墙入口

3.3.3-5 远望 1911 年的马丘比丘

3.3.3-6 群山与梯田环绕的马丘比丘全貌

3.3.3-7 马丘比丘生活区东侧

3.3.3-8 马丘比丘的围墙与壕沟

3.3.3-9 生活区南侧居住与辅助用房

3.3.3-10 拴日石东侧山脚下的小广场

3.3.3-11 秃鹰神庙内院入口

3.3.3-12 从主神庙攀登栓日石山丘

3.3.3-13 今日秘鲁的武器广场鸟瞰

3.3.3-14 用印加石料装饰的库斯科房屋

3.4　世界营建学谱系探索

　　世界营建学谱系探索是一项很复杂的工作，又不得不思考。弗莱彻（Banister Fletcher）在《比较法世界建筑史》（A History of Architecture on the Comparative Method）中画了一棵大树，可视为图表，有人称之为"营建之树"（Family tree of Architecture），实际上应当译为"营建学谱系或族谱"。这棵大树实在太不靠谱，不仅有"大欧洲主义"之嫌，而且也缺乏基本科学分析。把地球上各地的营建学都画成大树上的一枝树叶，有大有小。事实上，各地区、各民族、各国家的环境不同，文化背景也不一样，营建学能够长在一棵树上吗？

　　我们试着进行了初步分析，确实矛盾不少。历史上公认世界上有四大古国，埃及、两河流域、印度和中国。如果从这4个古国引出4棵大树，也不合适。埃及虽然历史悠久，又有闻名的金字塔，但是，很早便被古罗马征服了。此后，又被阿拉伯帝国征服，至今仍是伊斯兰国家，没有延续的传统营建学。两河流域就更复杂了，战乱不止，新巴比伦城最宝贵的北门——伊什塔尔城门现已由柏林国家博物馆复原收藏，古老的遗址被战乱破坏得一塌糊涂。

　　印度现在的状况还不错，但是历史文脉并不清晰，公元前约3000年的印度河文明（Indus Valley Civilization），也称为哈拉帕文化（Harappa Culture），大致与古代两河流域文化、古埃及文化同时期。自公元前1500年—公元前500年的古代印度文化称为恒河文化或吠陀文化（Vedic Culture），印度的恒河文化时期相当于我国的商代和西周。吠陀文化是古典印度文化的起源，"吠陀"（Veda）一词的意思是知识，是神圣的或宗教的知识。《吠陀》既是宗教文献，也是印度最古老的历史文献。[1] 印度历史上的第一个帝国式政权是孔雀王朝，在阿育王时期达到顶峰。

---

① 吠陀社会分为4个种姓（Varna）:婆罗门（祭司和教师）、刹帝利（统治者）、吠舍（商人）和首陀罗（非雅利安族奴隶），这种阶级划分全部延续到以后的印度教中。公元前9世纪，吠陀教演变为婆罗门教（Brahmanism），婆罗门教信奉梵天（Brahma），其显著特点是抬高祭司阶层，即婆罗门的地位。公元前6世纪至公元前5世纪，印度北部和中部出现了16个国家，范围涵盖印度河流域与恒河平原，位于今日比哈尔邦的摩揭陀国（Magadha）逐渐居于优势地位,这一历史时期是所谓的列国时期（Mahajanapadas），吠陀时代到这时已经结束。印度列国时代的精神生活十分活跃，出现了多种宗教流派，其中影响最为久远的是佛教（Buddhism）和耆那教（Jainism），由于佛教产生于这一时期，列国时代也常被称为佛陀时代。印度历史上的第一个帝国式政权——孔雀王朝，逐渐征服北印度的大部分地区，并在阿育王时期（Ashoka，公元前273年—公元前232年）达到顶峰，这位伟大的君主完成了对南方的征服，在形式上使印度统一于帝国政权之下。阿育王后期信奉佛教，孔雀王朝的强盛在阿育王去世后即告终止。

印度的中世纪，几乎所有的北印度政权都是拉杰普特人（Rajputs）建立的，印度教在拉杰普特人的中世纪得到很大的发展。穆斯林对印度的征服始于 11 世纪，是由中亚的突厥人（Turks）和阿富汗人进行的。16 世纪，中亚信奉伊斯兰教的莫卧儿人（Mughals）入侵印度，1526 年建立了莫卧儿王朝。莫卧儿时代的营建是印度古代营建最辉煌的时期，莫卧儿营建是伊斯兰文化、波斯文化与印度本土文化融合的成果。18 世纪，英国和法国经过一番斗争，最终英国人取得了优势，1757 年东印度公司最后成为印度的实际统治者。第二次世界大战结束后，英国实力急剧衰落，巴基斯坦和印度两个自治领分别于 1947 年成立，英国在印度的统治宣告结束。今日，印度最重要的宗教仍然是印度教，全印度有约 80% 的人口信仰印度教。从我们的观念观察，今日的印度教仍然保留有昔日婆罗门教的两大弊端——等级森严与生殖崇拜，严重影响了社会文明和生产力的发展。

回顾四大文明古国，似乎只有我们中华大地一枝独秀。对比之下，我们的祖先也确实比其他三地的先辈聪明和勤劳。先以水利为例，尼罗河与两河流域的古代先民靠天吃饭，他们等待河水泛滥后，再去耕种。我们很早就知道有"大禹治水"。良渚古国的水利工程使我们更进一步了解到 5000 年前的祖先如何兴修水利，这几乎是令人难以置信的聪明绝顶。另一个范例是我国古代的木结构、榫卯与斗拱。早在河姆渡时代便有榫卯木结构，千年一系、一脉相承，而且不断发展。今日，初次看到山西应县佛宫寺木塔的外国营建师，仍然会感到震惊。

另一个矛盾是伊斯兰营建学如何分析，伊斯兰营建学并非古而有之，似乎有些横空出世。[①] 伊斯兰营建学吸收了西亚各方面的成果，我们也只能把它立为"一棵树"，并放在西亚的位置，而实际上，它的影响遍及全球，尤其是非洲。

此外，美洲古代的营建学也是一大课题。初步研究发现美洲原住民均来自亚洲，但时间久远，尚有待进一步探讨。本书的世界营建学谱系之探索就算是抛砖引玉吧！

19 世纪之后，西方现代营建运动开始兴起，而我国由于战乱不止，无力营建。因而，我国比西方国家相对落后了至少 50 年。自从新中国成立，尤其是改革开放之后，我国的营建事业不断发展，令世界瞩目。营建学谱系还要继续发展，希望我们能继承前人的优良传统，不断发扬光大。

---

① 伊斯兰教是世界性的宗教之一，与佛教、基督教并称为世界三大宗教。

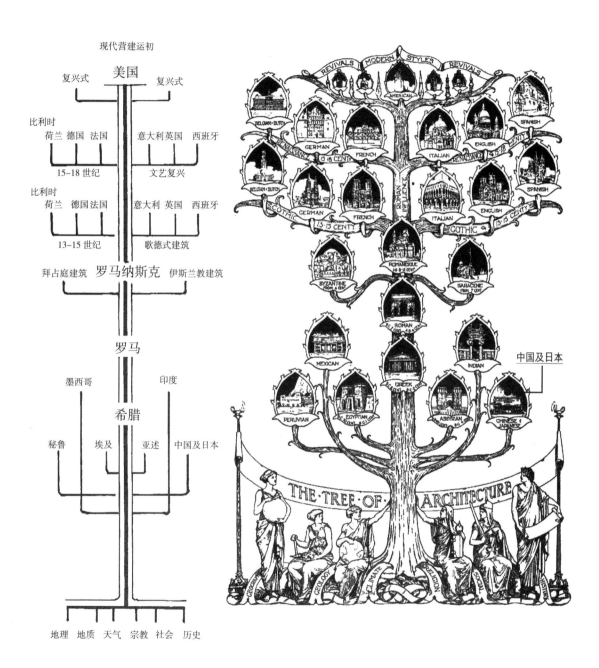

现代营建运初

美国

复兴式   复兴式

比利时
荷兰 德国 法国   意大利 英国 西班牙

15–18 世纪   文艺复兴

比利时
荷兰 德国 法国   意大利 英国 西班牙

13–15 世纪   歌德式建筑

拜占庭建筑   罗马纳斯克   伊斯兰教建筑

罗马

墨西哥   印度

希腊

秘鲁   埃及   亚述   中国及日本

中国及日本

地理 地质 天气 宗教 社会 历史

3.4-1   弗莱彻的世界营建学谱系

131

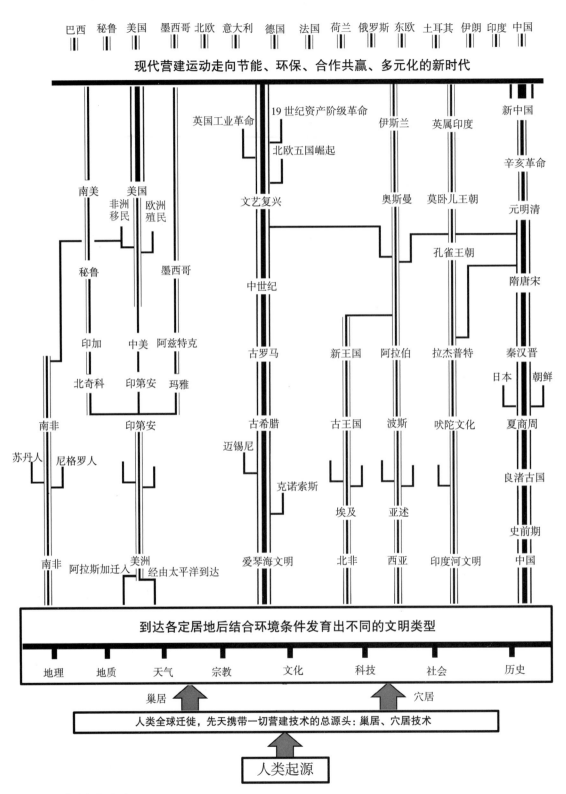

巴西　秘鲁　美国　墨西哥　北欧　意大利　德国　法国　荷兰　俄罗斯　东欧　土耳其　伊朗　印度　中国

现代营建运动走向节能、环保、合作共赢、多元化的新时代

英国工业革命　19世纪资产阶级革命　　伊斯兰　英属印度　新中国

北欧五国崛起

辛亥革命

南美　　美国　　文艺复兴　　　　　奥斯曼　莫卧儿王朝　元明清

非洲　欧洲
移民　殖民

秘鲁　　　墨西哥　　　　　　　　　　　　孔雀王朝　　隋唐宋

中世纪

印加　中美　阿兹特克　古罗马　　　新王国　阿拉伯　拉杰普特　秦汉晋

北奇科　印第安　玛雅　　　　　　　　　　　　　　　　日本　　朝鲜

南非　　　印第安　　古希腊　　古王国　波斯　　吠陀文化　夏商周

迈锡尼

苏丹人　尼格罗人　　　　　　克诺索斯　　　　　　　　　　　良渚古国

埃及　亚述

史前期

南非　阿拉斯加迁入　美洲　　爱琴海文明　北非　西亚　印度河文明　中国

经由太平洋到达

到达各定居地后结合环境条件发育出不同的文明类型

地理　　地质　　天气　　宗教　　文化　　科技　　社会　　历史

巢居　　　　　　　　　　　　　　　　　　穴居

人类全球迁徙，先天携带一切营建技术的总源头：巢居、穴居技术

人类起源

3.4-2　世界营建学谱系探索

132

4 西方现代营建学的理论、营建大师及其作品

Western Modern Theory on Architecture and Masters with Their Works

文艺复兴之后，烦琐的装饰使营建学的发展一度走入误区。西方现代营建运动使营建学走向一个新阶段，工业革命和资本主义的发展是现代营建运动崛起的经济基础，科学技术的提高是现代营建运动崛起的保证。18 世纪后期，现代营建运动首先在欧洲兴起，20 世纪走向高潮，影响现代营建学发展的因素主要有 3 点：生产力的发展、生活方式的改变和审美意识的提高。

4.1 新兴城市、新古典主义与新艺术运动

生产力的发展促进了人类生活水平的提高，新兴的资产阶级对生活方式提出更高的要求，人们不满足于狭窄的街道和封闭的空间，他们希望有一种新的、现代化的、舒适而且有个性的生活方式。英国社会活动家、营建师埃比尼泽·霍华德（Ebenezer Howard）提出了"田园城市"或称"明日的花园城"构想，他建议疏散大城市人口，以母城为核心，四周发展子城或称卫星城，母城由一系列同心圆构成，环形大道和绿化带将母城按功能分成中心区、居住区、工业及仓储区等，放射型的大道再将母城划分成若干扇形地段，埃比尼泽·霍华德的构想仅仅停留在图解。[①] 与花园城同时提出的还有法国青年营建师托尼·加尼埃（Tony Garnier，1869—1948）从大工业的发展需要出发，对"工业城市"规划方案的探索。以及索里亚·马泰（Soria Mata）于 19 世纪 80 年代初提出的带形城，这些设想对建立科学的城市规划理论起着积极的推动作用。

18 世纪后期，欧美营建逐渐摆脱文艺复兴之后的烦琐装饰，形成一种新古典风格，在模仿的基础上对古典营建进行简化，被称为新古典主义。18 世纪末，具有革命性的营建师当属艾蒂恩·路易·部雷（Etienne Louis Boullee，1723—1795）和勒杜（L. N. Ledoux，1736—1806）。艾蒂恩·路易·部雷在 1784 年设计的牛顿纪念堂（Cenotaphe de Newton）是一个放置在柱形基座上的简洁的圆球，勒杜是布雷

---

① 田园城市也称花园城市，是 19 世纪末英国社会活动家埃比尼泽·霍华德提出的关于城市规划的设想。这一概念最早是在 1820 年由著名的空想社会主义者罗伯特·欧文（Robert Owen，1771—1858）提出的。埃比尼泽·霍华德对他的理想城市作了具体的规划，并绘成简图。田园城市的平面为圆形，半径约 1130m，城市中央是一面积约 58.7hm² 的公园，有 6 条主干道路从中心向外辐射，把城市分成 6 个区。城市的最外圈地区建设各类工厂、仓库、市场，一面对着最外层的环形道路，另一面是环状的铁路支线，交通运输十分方便。埃比尼泽·霍华德还提出，为减少城市的烟尘污染，必须以电为动力源，城市垃圾应用于农业。埃比尼泽·霍华德还设想，若干个田园城市围绕中心城市，构成城市组群，他称之为"无贫民窟无烟尘的城市群"。中心城市的规模略大些，建议人口为 58000 人，面积也相应增大。城市之间用铁路联系。

的门生，他设计的乡村守卫站是放在方台上的圆球。艾蒂恩·路易·部雷和勒杜摆脱了古典营建模式的束缚，房屋成为简洁的几何形体，开窗的形式也与传统做法不同，为营建设计开辟了一条新途径。①

19世纪后期，新艺术运动（Art Nouveau）在欧洲流行，其主要特征是简化的营建装饰，以简化的图案抽象地模仿自然界的草木，以曲线为主的室内装饰是新艺术运动的特征之一，新艺术运动的代表人物是比利时营建师维克多·霍塔（Victor Horta，1861—1947）、荷兰营建师米歇尔·德柯勒克（Michel de Klerk）。维克多·霍塔在布鲁塞尔设计的4座城市住宅和他本人的故居已成为19世纪末欧洲营建学的先锋之作。② 米歇尔·德柯勒克于1917年在阿姆斯特丹设计的"船"公寓住宅综合体（"Het Schip" apartments Complex，1917—1921）是新艺术运动时期阿姆斯特丹学派（Amsterdam School）和表现主义营建学（Expressionist Architecture）保留下来的重要作品。③ "船"公寓住宅综合体包含102户为工人阶层提供的公寓式住宅和一所学校，以及设在综合体两端的教堂和邮局。19世纪后期还有一位德国营建大师、约瑟夫·霍夫曼（Josef Hoffmann，1870—1956）被认为是维也纳分离派（Vienna Secession），其作品在欧洲现代营建发展早期占有重要地位。约瑟夫·霍夫曼设计的斯托克雷特宫（Stoclet Palaclc），又称斯托克

---

① 牛顿纪念堂被认为是永恒的经典。艾蒂恩·路易·部雷为纪念艾萨克·牛顿爵士（Sir Isaac Newton）设计的纪念堂具有崇高性视觉形象，它象征着一段历史的终结，同时这个富有艺术性的壮举，还预示着营建设计现代概念的来临。牛顿纪念堂的设计方法除了显示出艾蒂恩·路易·部雷天才的创造性，还标志着纯粹的艺术性，试图从作为科学的营建学科中分裂出来。艾蒂恩·路易·部雷认为球体代表了完美和雄伟，光线沿着弧形表面逐渐地淡开，产生一种"无法计量的感觉"（"immeasurable hold over our senses"）。一条黑暗狭长的隧道通往球体底部的入口，并在快接近球体底部中心时用一段上行楼梯，将参观者引向巨大的空洞中。牛顿的石棺被放在球体的重心，石棺是在室内空间中唯一的一个人体尺度。剖面显示了对力学的思考，因为球体的墙厚似乎越接近圆顶越薄，而越往基座处越厚，裸露的砖墙和缺乏装饰，创造了一种沉重灰暗的印象，色调和雾状元素的变化增强了营建的神秘感。尽管牛顿纪念堂并未建成，艾蒂恩·路易·部雷的设计图纸令人印象深刻并广泛传播。他的论文遗赠给法国国家图书馆，直到20世纪才出版发行。在《营建制图的艺术：想象和技术》（The Art of Architectural Drawing：Imagination and Technique）中，托马斯·沙勒（Thomas Wells Shaller）称牛顿纪念堂为"令人震惊的作品"，它"完美地阐释了那个时代和人类"。

② 维克多·霍塔是新艺术运动的杰出代表人物之一，他是布鲁塞尔大学与布鲁塞尔皇家美术学院教授，1932年被封为男爵。1947年9月9日逝世于布鲁塞尔。他致力于探求与其时代精神相呼应的营建新形式，他所设计的公共项目均已毁坏，现有4座城市住宅保留完好，它们分别是塔塞尔公馆（Hôtel Tassel）、索勒维公馆（Hôtel Solvay）、埃特维尔德公馆（Hôtel van Eetvelde）和奥尔塔公馆（Maison & Atelier Horta）。维克多·霍塔在布鲁塞尔的故居保存完好，内部装饰精心设计，但是，装饰过于烦琐，功能也不太好。此宅建于1898—1901年，后于1906年和1908年两次扩建，现为维克多·霍塔博物馆，自1969年对公众开放。

③ 1910年在荷兰出现阿姆斯特丹学派，反对折中主义，主要成员是米歇尔·德克拉克（1884—1923）和杜多克。米歇尔·德克拉克的造型语汇具有非常丰富的雕塑感，其砖工技艺和创意被细腻地表现于"船"公寓住宅综合体，并以不同质感的砖墙、不同倾斜度的屋顶、任意悬挑的圆柱、圆锥和平台来表现砖的浪漫造型。他善于把握造型、功能和人的审美需求之间的平衡。他认为"那些无意义的对称、没有功能的柱子、飞檐、不和谐的巨大立面是空虚和拙劣的模仿"。

雷特住宅（Stoclet House），是一座位于比利时布鲁塞尔郊区的私人宅邸，受银行家、艺术收藏家阿道夫·斯托克雷特委托建造。该住宅被视为约瑟夫·霍夫曼的杰作，是 20 世纪最具有艺术气质、最豪华的私人住宅之一。

　　西班牙营建师安东尼·高迪（Antoni Gaudí，1852—1926）在巴塞罗那设计了一批极富想象力的作品，在新艺术运动中独树一帜，安东尼·高迪甚至被认为是表现主义之父。[①]安东尼·高迪设计的科洛尼亚格尔教堂风格之独特、手法之大胆，在安东尼·高迪作品中是最为突出的一例，堪称真正的前卫营建，砖石结构形成的造型令钢筋混凝土结构望尘莫及。本书仅提供少量图片，有兴趣的读者可参见拙著《现代建筑名作访评：安东尼·高迪与密斯·范德罗厄》。

　　风格派（De Stijl）是 20 世纪初期首先在荷兰出现的一种艺术流派，风格派认为立体主义未能达到纯抽象的高度，风格派提倡纯造型的表现，将表现方法减到只有最少因素：直线、直角，颜色也只有红、黄、蓝和黑、白灰，风格派的观点被称为新造型主义（Neo-Plasticism）。抽象艺术的发展使现代营建如鱼得水。第一次世界大战期间处于中立的荷兰，在艺术上有机会进行冷静地探讨，形成有特色的风格，风格派以抽象简化的图案表达多种含义。风格派画家蒙德里安（Piet Mondrian，1872—1944）的绘画以直角坐标为基础，用抽象简化的图案表达艺术的真实性，颜色以红、黄、蓝和绿色为主，衬托着黑、白和灰色。抽象绘画使营建师受到启发，里特维尔德（Gerrit Th. Rietveld，1888—1964）于 1924 年在荷兰

---

① 安东尼·高迪是加泰罗尼亚（Catalonia）铜匠的儿子，幼年体弱多病，经常受风湿病困扰，但思想成熟较早，善于观察事物。1873 年进入巴塞罗那的省立营建学院学习，他学习勤奋，从他在校期间的作业可以看出他的基本功很扎实，由于家境贫寒，不得不利用业余时间在几个营建事务所画施工图，绘图员的工作使他积累了实践经验。安东尼·高迪勤奋好学却并不循规蹈矩，凡事都有自己的独立见解，在某些教师眼中并非"好"学生，当时的系主任曾对人讲过：安东尼·高迪不是一个狂人便是一个天才。安东尼·高迪在青年时代热心加泰罗尼亚的文化复兴运动，他坚持用本民族语言，拒绝西班牙官方语言并积极探索加泰罗尼亚传统艺术。安东尼·高迪追求完美和新奇，曾一度关心劳工运动，反对教权主义，但最终成为虔诚的天主教教徒，不问政治，潜心学术。安东尼·高迪早期的作品如 1878 年设计的比森斯之家（Casa Vicens），被认为具有伊斯兰营建（Islamic Architecture）特征，此后安东尼·高迪不断探讨新的营建风格。1904—1906 年设计的巴特略之家（Casa Batllo）是安东尼·高迪风格的转折点，开始形成自然、浪漫的营建风格。米拉府邸（Casa Milà）的成功建造标志着安东尼·高迪的创作达到了巅峰。格尔公园（Parc Güell）和科洛尼亚格尔教堂（The Crypt of the Colònia Güell）虽然与米拉府邸功能不同，但风格一脉相承，更加自由、奔放。科洛尼亚格尔教堂没有全部建成，已建成的地下教堂是安东尼·高迪最精彩的作品，它标志着安东尼·高迪的艺术风格已达到炉火纯青地步。国内外近现代营建历史书中都有谈到安东尼·高迪，但是介绍安东尼·高迪的篇幅却很少，安东尼·高迪最具创造性的作品在某些书中甚至没有介绍。我曾经 6 次访问安东尼·高迪的作品，直到 2008 年访问巴塞罗那时才看到安东尼·高迪设计的科洛尼亚格尔教堂，这次的访问使我真正认识了这位天才的营建师，2012 年我再次访问了科洛尼亚格尔教堂。安东尼·高迪的作品并不多，绝大多数都集中在巴塞罗那市区，最具创造性的科洛尼亚格尔教堂在巴塞罗那郊区，由于教堂不在市区，经常被忽视。若不全面考察安东尼·高迪的作品很难真正了解安东尼·高迪，看过安东尼·高迪的科洛尼亚格尔教堂后会觉得当代某些故作姿态的前卫作品黯然失色。1984 年和 2005 年，联合国教科文组织先后把安东尼·高迪设计的米拉府邸等 7 项作品确定为世界遗产，成为现代营建作品被确定为世界遗产的先例。

的乌特勒支设计的施罗德住宅（Schroder-Schrader House）是风格派的代表作。[①]

俄国十月革命前后出现一批抽象派画家如康定斯基（V. Kandinsky）、塔特林（V. Tatlin）、马列维奇（K. Malevich）等，他们的作品与荷兰风格派有类似的特征，构图更加复杂、抽象而且具有动感。"抽象"（Abstract）这个术语和"具体"是相对立的，根据简明不列颠百科全书的解释：抽象是把许多事物所具有的一个共同因素分离出来或者阐明它们所具有的一种关系的心理过程。由于抽象过程包含对复杂事物的概括、综合、简化……常常突出一个方面而忽视其他方面，表达方式又比较"含糊"，对此，人们常常争论不休。鲁道夫·阿恩海姆（Rudolf Arnheim，1904—1994）在《艺术与视知觉》（Art and Visual Perception）一书的结尾时是这样概括的：我们无法知道将来的艺术会是什么样子，但肯定不再会是抽象艺术，因为抽象艺术并不是艺术发展的顶峰。然而抽象艺术确实是观看世界的一种有效方式，也是一种只有站在神圣的山峰上才能看到的景象。抽象艺术对现代营建发展有着特殊的意义，抽象艺术对设计构思和构图规律均有很大的帮助，在摆脱对称的古典构图之后，人们期待掌握一种不对称而又均衡、灵活多变的构图手法，抽象艺术弥补了这个空白。

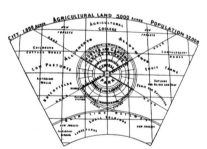

4.1-1　埃比尼泽·霍华德提出的明日的花园城构想

4.1-2　艾蒂恩·路易·部雷设计的牛顿纪念堂

4.1-3　维克多·霍塔住宅外观

---

① 1916年里特维尔德开始经营家具厂，1917年他设计了一种"红蓝椅"（Red and Blue Chair），誉满乌城。1924年他的房屋设计处女作是建在乌特勒支的施罗德住宅（Rietveld Schroder House），住宅虽小但特色鲜明。住宅设计是由里特维尔德与施罗德夫人共同构思的，房屋风格完全摆脱当地的传统，与相邻的住宅形成对比，但尺度与环境保持和谐。施罗德住宅设计从平面开始，里特维尔德认为平面是最基本的，可以从他的设计草图看出，草图的中心是首层平面，立面在四周。首层布置门厅、书房、餐厅、工作室及服务人员用房。二层有3间卧室和一个较小的起居室，二层没有采用承重墙分割房间。里特维尔德标新立异地以悬吊式的"活动隔断"分割空间，楼梯布置在中央，活动隔断可以从中央向四壁退缩，白天打开隔断后便有更大的活动空间。最初的房屋体型几乎是白色的立方体，随着设计不断修改，里特维尔德利用灰、白两色粉刷墙面和阳台板，又以红、黄、蓝、黑4种颜色油漆阳台栏杆和部分窗棂，最终把住宅外观包装成造型丰富的风格派立体"雕塑"。本书作者曾3次访问这幢住宅，前两次未能看到"活动隔断"的操作。2016年11月第三次拜访这幢住宅时，讲解员为我们拉开"活动隔断"，转瞬之间豁然开朗，令人惊叹不已。

4.1-4　维克多·霍塔住宅楼梯　　　　　4.1-5　维克多·霍塔住宅室内　　　　　4.1-6　"船"公寓住宅综合体

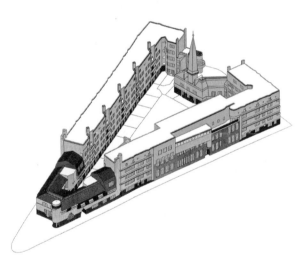

4.1-7　俯视"船"公寓住宅综合体全貌　　　　　　4.1-8　"船"公寓住宅综合体的教堂

4.1-9　"船"公寓邮局透视　　　　4.1-10　"船"公寓内院的拱门　　　　4.1-11　"船"公寓转角处的砖雕

4.1-12　斯托克雷特宫

4.1-13　米拉府邸透视

4.1-14　米拉府邸立面细部

4.1-15　米拉府邸内天井

4.1-16　米拉府邸屋顶

4.1-17　格尔公园石砌座椅

4.1-18　格尔公园架空廊道

4.1-19　远望圣家族教堂东侧

4.1-20 圣家族教堂"生命之树"彩色雕塑

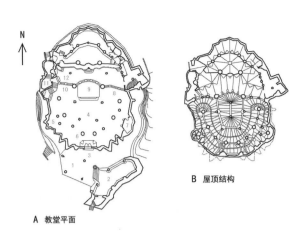

A 教堂平面

B 屋顶结构

4.1-21 科洛尼亚格尔教堂平面与屋顶结构

4.1-22 科洛尼亚格尔地下教堂的门廊由砖拱承重

4.1-23 科洛尼亚格尔地下教堂的侧面高窗

4.1-24 格尔地下教堂室内支柱

C 二层平面打开隔墙

B 二层平面有隔墙

A 首层平面

1–门厅;2–书房;3–工作间;4–贮藏间;5–服务员室;6–餐厅兼厨房;
7–起居室;8–施罗德夫人卧室;9–女孩卧室;10–男孩卧室

4.1-25 施罗德住宅平面

4.1-26　施罗德住宅透视

4.1-27　施罗德住宅二层起居室

4.1-28　施罗德住宅二层孩子卧室

4.1-29　施罗德住宅二层打开活动隔墙后的开敞空间

4.1-30　施罗德住宅中心楼梯上的天窗

4.2 美术与工艺运动

美术与工艺运动（The Art & Crafts Movement）是 19 世纪下半叶起源于英国的一场设计改良运动，是当时对工业化的巨大反思，并为其后的设计运动奠定了基础。这场运动的理论指导是约翰·拉斯金（John Ruskin），运动主要人物是艺术家、诗人威廉·莫里斯（William Morris，1834—1896）。[①]"美术与工艺运动"对美国的芝加哥营建学派（Chicago School of Architecture）产生较大影响，有人甚至把美国著名营建大师弗兰克·劳埃德·赖特也纳入美术与工艺运动。美术与工艺运动还广泛影响了欧洲大陆的国家，并且促使欧洲"新艺术"运动的产生。

约翰·拉斯金（John Ruskin，1819—1900）兴趣爱好广泛，他不仅是英国作家、艺术家、艺术评论家，还是哲学家、教师和业余的地质学家。作为工业设计思想的奠基者，约翰·拉斯金的思想丰富而又庞杂。他的思想集中在《营建学的七盏明灯》《威尼斯之石》等著作中。《营建学的七盏明灯》（The Seven Lamps of Architecture）是一部有关评价哥特式营建学的著作，享誉英美艺术界，为好几代人提供了评判艺术价值标准。该书阐述了营建学的七大原则："牺牲原则"（Sacrifice）、"真理原则"（Truth）、"权力原则"（Power）、"美的原则"（Beauty）、"生命或生活原则"（Life）、"记忆原则"（Memory）和"顺从原则"（Obedience）。此外，约翰·拉斯金认为营建是从先辈手中继承下来的东西，并映射出先辈生活的景况。[②]威廉·莫里斯大学时期结识了爱德华·伯恩·琼斯，二人结为终身挚友。牛津大学生涯使威廉·莫里斯对艺术和文学产生了浓厚的兴趣，尤为爱好中世纪的一切艺术、设计和营建。威廉·莫里斯 22 岁时继承了一笔年金，借此他和爱德华·伯恩·琼斯结伴在法国北部徒步

---

① 威廉·莫里斯生于英国沃尔瑟姆斯托一户富裕的中产阶级家庭，他的父亲是成功的股票经纪人。威廉·莫里斯 14 岁时进入莫尔伯勒学院（Marlborough College），受牛津运动影响很深。1853 年他进入牛津大学埃克塞特学院（Exeter College），为当牧师而学习神学。威廉·莫里斯设计、监制或亲手制造的家具、纺织品、花窗玻璃、壁纸以及其他各类装饰品引发了美术工艺运动，改变了维多利亚时代以来的流行品位。总之，他认为工业资本主义社会过于丑恶，没有艺术、没有美。他是兴起于 19 世纪的"工艺美术"运动的精神指导者，他的一生对工艺美术运动产生巨大的推动作用，唤醒了人们对工业革命之后艺术现状的反思。

② 《营建学的七盏明灯》似乎逻辑性不强，参考价值不大。菲利普·约翰逊曾调侃《营建学的七盏明灯》，提出《营建学的七根拐棍》，即第一根拐棍是历史；第二根拐棍是图面的美观；第三根拐棍是适用性；第 4 根拐棍是舒适性；第五根拐棍是便宜；第六根拐棍是"为业主服务"；第七根拐棍是结构。虽然并非权威观点，但是还算实用。

旅行，遍访哥特大教堂。返英后威廉·莫里斯和爱德华·伯恩·琼斯一同参与了乔治·埃德蒙大街的哥特复兴营建工程，期间认识菲利普·韦伯（Philip Webb），三人交好而且一起开创了美术工艺运动，威廉·莫里斯先是投身美术，但是很快就转向室内设计。随着深入研究中世纪艺术和设计以及受到约翰·拉斯金学说的启发，威廉·莫里斯宣扬工匠主观能动性的天然美学作用。他决意复兴在他看来已经几近被工业革命摧毁的手工业传统，大力鼓吹手工劳作，工匠可以为自己的杰作而愉悦。威廉·莫里斯进一步希望精美的陈设不止囿于富人，还应当进入寻常百姓家。然而这两个目标通常是矛盾的，手工制品价格远远超出机制品，威廉·莫里斯的产品一般是市面上最昂贵的。由威廉·莫里斯和菲利普·韦伯合作设计的红屋（Red House），位于英国伦敦东南郊区肯特郡，是美术与工艺运动时期的代表性作品。[①] 红屋住宅的红砖表面没有任何装饰，颇具田园风情，是 19 世纪下半叶最有影响力的住宅之一。红屋还有一个富有情趣的大花园，作为住宅房间向室外的延伸。花园内包括药草花园、蔬菜花园和花卉花园，并且还有许多果树。[②] 此外，威廉·莫里斯从统一的风格出发，亲自设计了住宅的全部室内装修和家具，效果很好。

在学习美术与工艺运动相关资料期间，我们发现了另一位大师及其重要的作品，这就是威廉·理查德·莱瑟比与全圣教堂（William Richard Lethaby and All Saint's Church）。[③] 全圣教堂位于靠近怀尔河（River Wye）的布罗克汉普顿村（Village of Brockhampton），小村的人口仅有 180 人。新建的全圣教堂选址极佳，在村庄朝东的坡地上。全圣教堂运用当地的营建材料，而且细部的处理独具一格。教堂正厅（Nave）的混凝土拱形屋顶采用无筋混凝土（Unreinforced Concrete），

---

① 菲利普·韦伯（Philip Webb），全名菲利普·斯皮克曼·韦伯（Philip Speakman Webb），是 19 世纪英国营建师、设计师，他以设计不落俗套的乡村住宅闻名，也有人称他为美术与工艺营建之父（the 'Father of Arts and Crafts Architecture'）。

② 许多谈西方营建史的书中所选用的红屋是同一张照片，估计是著作者未能亲临现场。红屋前面有个尖顶的亭子，在下曾以为是凉亭，现场考察后，才知道原来亭子里是个水井，别有情趣。威廉·莫里斯的"红屋"取得了很大成功，不仅仅是因为首要考虑功能需求，外观部分吸取英国中世纪营建成果，特别是哥特风格的细节，摆脱了维多利亚时期烦琐的装饰。

③ 威廉·理查德·莱瑟比（William Richard Lethaby，1857—1931）是英国营建师和营建理论家，他的观点和作品对现代营建运动初期以及美术教育均具有很深的影响。威廉·理查德·莱瑟比出生于德文郡巴恩斯特普尔市（Barnstaple, Devon），他的父亲是极度自由的工匠和非神职的传教士，威廉·理查德·莱瑟比的营建经历始于在父亲的作坊中。22 岁时，他在著名营建师理查德·诺曼·肖（Richard Norman Shaw）的事务所任办公室主任，诺曼·肖很快发现他的设计才干，便委以重任参加设计苏格兰场（Scotland Yard），即伦敦警察厅的代称。此后，威廉·理查德·莱瑟比自行开业。通过上述工作，他结识威廉·莫里斯和菲利普·韦伯，并成为美术与工艺运动成员和艺术工作者协会（Art Workers Guild）创建人之一。威廉·理查德·莱瑟比强调要建造好的、诚实的房屋（'good, honest building'），并且打算成立理性营建学派（school of rational building）。1901 年，威廉·理查德·莱瑟比被皇家艺术学院（Royal College of Art）任命为第一位设计教授。威廉·理查德·莱瑟比的作品保留下来的并不多，只有 4 幢有名的住宅和一处办公楼，全圣教堂是他在 1901—1902 年设计的最后一项工程。威廉·理查德·莱瑟比还是一位终身社会主义者（Lifelong Socialist）。摘自：全圣教堂导游介绍等。

清晰可见施工用的木模板纹理，室内仅用石灰粉刷，保持了乡土特色。教堂墙体全部用当地石材，墙体的毛石与门窗边框规整的石料既形成对比，又保持和谐。可贵的是全圣教堂保存了部分威廉·理查德·莱瑟比的设计草图，使我们今日不仅能了解设计意图，也看到了大师的手稿。我最感兴趣的是教堂屋面的草顶，它不是昔日农村中一般的草屋顶，而是有图案、有层次的现代化构图的草屋顶，在世界各地也难得一见。

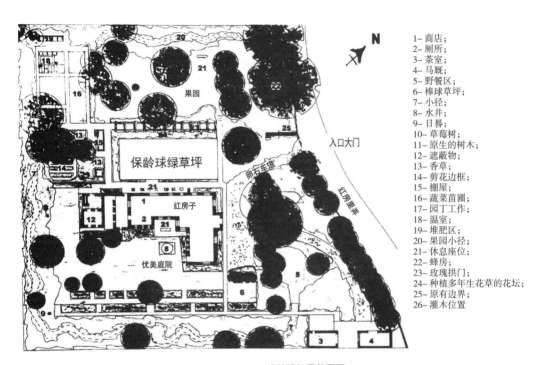

1- 商店；
2- 厕所；
3- 茶室；
4- 马厩；
5- 野餐区；
6- 棒球草坪；
7- 小径；
8- 水井；
9- 日晷；
10- 草莓树；
11- 原生的树木；
12- 遮蔽物；
13- 香草；
14- 剪花边框；
15- 棚屋；
16- 蔬菜苗圃；
17- 园丁工作；
18- 温室；
19- 堆肥区；
20- 果园小径；
21- 休息座位；
22- 蜂房；
23- 玫瑰拱门；
24- 种植多年生花草的花坛；
25- 原有边界；
26- 灌木位置

4.2-1　肯特镇红屋总平面

4.2-2　肯特镇红屋入口与水井亭

4.2-3　红屋屋顶内的装修

4.2-4　肯特镇红屋背立面

4.2-5　肯特镇红屋室内楼梯

4.2-6　全圣教堂室内透视

4.2-7　全圣教堂正面透视

4.2-8　全圣教堂草屋顶细部

4.2-9　全圣教堂室内小窗

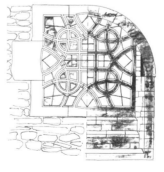

4.2-10　全圣教堂设计大师的手稿

4.3 包豪斯的教育思想与营建创作

瓦尔特·格罗皮乌斯（Walter Gropius，1883—1969）与包豪斯学校（Bauhaus）很难分开，包豪斯的教学思想影响深远。瓦尔特·格罗皮乌斯本人的营建作品并不多，最有代表性的作品是包豪斯在德绍的校舍。[①] 瓦尔特·格罗皮乌斯出生于德国柏林，他的祖父卡尔·威廉·罗格皮乌斯（Carl Wilhelm Gropius，1793—1870）是画家，与德国著名营建师卡尔·弗里德里希·申克尔（Karl Frieddrich Schinkel，1781—1841）是挚友。[②] 1907 年瓦尔特·格罗皮乌斯加入了彼得·贝伦斯（Peter Behrens，1868—1940）的营建事务所，彼得·贝伦斯是德国现代营建运动先驱、德意志制造联盟（Deutscher Werkbund）创始人之一。[③] 1910 年瓦尔特·格罗皮乌斯建立了自己的工作室，不久便接到一个项目——法古斯工厂（Fagus Factory）设计。法古斯厂位于莱茵河的阿尔费尔德小镇（Alfeld an der Leine），瓦尔特·格罗皮乌斯和他的搭档阿道夫·迈尔（Adolf Meyer）在设计中创造了一种全新的营建语汇，成功地运用钢材与玻璃，钢框架结构替代了当时营建界经常运用的砖墙承重结构，墙体仅仅用于防雨、保暖和隔声。[④] 1914 年瓦尔特·格罗皮乌斯为德意志制造联盟在科隆的展览会设计了办公楼，办公楼主立面是对称的，两端各有一个醒目的玻璃圆柱体，内部是螺旋式楼梯，楼梯通向有顶盖的屋面平台，法古斯工厂与科隆展览会办公楼的设计使他的名声传遍欧洲营建界。

第一次世界大战（1914—1918）结束后经亨利·范德·费尔德（Henry van de Velde，1863—1957）的推荐，瓦尔特·格罗皮乌斯被任命为由工艺美术学院（Grand Ducal School of Arts and Crafts）和魏玛美术学院（Weimar Academy of Fine Art）合

---

① 瓦尔特·格罗皮乌斯的父亲和伯父都是营建师，瓦尔特·格罗皮乌斯的伯父深受申克尔的影响并与工艺美术改革运动联系密切，曾在柏林设计过工艺美术博物馆，营建世家的背景对瓦尔特·格罗皮乌斯的一生有深刻影响。1903—1907 年瓦尔特·格罗皮乌斯先后在慕尼黑和柏林的技术学院（College of Technology）学习营建，学习期间因参军曾中断过学业一年。

② 卡尔·弗里德里希·申克尔是德国古典主义营建复兴的杰出代表，他设计的柏林宫廷剧院、柏林国家博物馆（Old Museum，1823—1830）至今仍然是柏林的地标性建筑。

③ 德意志制造联盟是由 12 位艺术家和 12 位工业家组成的松散组织，通过协调艺术、工艺、生产和贸易等多方面的问题，指导人们改进产品的质量，提高产品在国际上的竞争力。德意志制造联盟的指导思想对瓦尔特·格罗皮乌斯有很大启示。

④ 法古斯工厂，由 10 座厂房组成，是现代营建与工业设计发展中的里程碑。瓦尔特·格罗皮乌斯于 1910 年左右开始设计。厂房按照制鞋工业的功能需求设计了各级生产区、仓储区以及鞋楦发送区。直至今日，这些功能区依然可以正常运转。法古斯工厂开创性地运用功能美学原理，并大面积使用玻璃构造幕墙，它的这一特点不仅对包豪斯的作品风格产生了深远的影响，也成为欧洲及北美营建发展的里程碑，2011 年被列入《世界文化遗产名录》。

并后的校长。①1919 年合并后的学校改名为国立包豪斯（Staatliches Bauhaus），瓦尔特·格罗皮乌斯为学校定名为"包豪斯"意味深远。包豪斯是德语 Bau 与 Haus 的组合，Haus 的含义为房屋，Bau 的意思是营建或营造，Bauen 还有"播种"的意思。自 19 世纪初期，德国便寻求艺术教育的改革，希望美术与工艺紧密结合，德意志制造联盟的成立也是这种愿望的反映。瓦尔特·格罗皮乌斯顺应时代的需要，在包豪斯探索艺术教育的改革，瓦尔特·格罗皮乌斯制定的《包豪斯宣言》中明确提出 3 个主要目标，第一个目标是挽救孤芳自赏的艺术门类，训练未来的工匠、画家和雕塑家们，让他们联合起来进行创作……一切创造活动的终极目标就是营建；第二个目标是提高工艺的地位，艺术家与工匠之间并没有什么本质上的不同……取消工匠与艺术家之间的等级差异；第三个目标是与工匠的带头人以及全国工业界建立持久的联系。包豪斯的教学基础不是在画室，而是在作坊内，学校以工艺训练为基础，他们把教师称为"大师"，把学生称为"学徒"和"熟练工人"。②1955 年瓦尔特·格罗皮乌斯在《新营建与包豪斯》（The New Architecture and the Bauhaus）一书中回顾了包豪斯的教学计划和课程安排。③第一次世界大战结束，德国战败。1919 年，德国的临时政府把首都定在魏玛（Weimar），包豪斯在魏玛建校，困难重重。首先是资金问题，学校虽然是国立，建校的第一年政府没有任何拨款，瓦尔特·格罗皮乌斯只能自行筹款，包豪斯在魏玛能够运转已经是奇迹了。1923 年包豪斯第一次举办正式的展览，各地来魏玛看展览的人超过 15000 人，瓦尔特·格罗皮乌斯在展览周的演讲题目是《艺术与技术：一种新的统一》（Art and Technology, a new unity），

---

① 亨利·范·德·维尔德出生于比利时，是画家和营建师。1904 年亨利·范·德·维尔德创建威玛美术学院并任院长，亨利·范·德·维尔德也是德意志制造联盟的成员。亨利·范·德·维尔德与比利时营建师维克多·奥尔塔共同创建了"新艺术"（Art Nouveau）风格。新艺术是 1890—1910 年流行全欧洲和美国的装饰艺术风格，以线条长而曲折有致为其装饰特色，大多表现在建筑、室内装饰、首饰、玻璃图案、招贴画和插图艺术上。

② 弗兰克·惠特福德（Frank Whitford），林鹤译.包豪斯（Bauhaus）[M].北京：三联书店，2001：4；210.

③ 包豪斯的课程包括两部分：实际操作与正式教程。
（1）实际操作（Practical Instruction）包括：石材、木材、金属、黏土、玻璃、颜料、织物；辅以材料和工具运用的讲课，并以成本计算和材料保管为基础。
（2）正式教程（Formal Instruction）包括：(a)研究的方向为有个性研究和材料研究；(b)表达方式包括平面几何研究，构造研究和模型制造；(c)设计内容有体型研究，色彩研究和构图研究；辅以艺术讲座（古代和现代），科学讲座（生物学和社会学）。
包豪斯的全部教程在 3 个阶段内完成：
1）初步教程（Preparatory Instruction）。时间为 6 个月，包括设计的初步训练和在作坊内对不同材料的试验。初步教程为了启发学生的创造力，使他们领悟材料的物理性质和设计的基本规律。
2）技术教程（Technical Instruction）。技术教程辅以更多的高级设计课程，技术教程的时间有 3 年。3 年结束时学生如果达成足够的水平，可以获得熟练工人证书（Journeyman's Certificate）。
3）建造教程（Structural Instruction）。建造教程是为特殊允许的学生设置的，持续的时间根据课程须要和个人的天赋，由包豪斯的研究部门掌握。建造教程结束时，如果学生达到足够的水平可以获得建造大师的文凭（Master-Builder's Diploma）。

展览会上不仅展出了师生作业，还展出了一幢实验性住宅，是一个简单的方盒子，由钢框架与混凝土填充墙建成，建筑内部的家具和瓶瓶罐罐都出自学生之手，展览会引起各界的广泛关注。[①]

1925 年包豪斯迁至德绍（Dessau），1926 年底新校舍正式启用，瓦尔特·格罗皮乌斯亲自设计了包豪斯的新校舍。[②] 包豪斯新校舍全面展示了瓦尔特·格罗皮乌斯的设计才能，校舍也充分体现了瓦尔特·格罗皮乌斯的设计理念。[③] 德绍的包豪斯增加了营建系，"大师"也改称为教授，青年教师逐步成长。1928 年，瓦尔特·格罗皮乌斯决定辞职，卸下行政管理的负担，集中精力当营建师，接替瓦尔特·格罗皮乌斯出任校长的是汉纳斯·梅耶（Hannes Meyer，1889—1954），汉纳斯·梅耶信奉马克思主义，在汉纳斯·梅耶的管理下，包豪斯的财政状况有明显改善，学生人数也不断增加，出于德国右翼政治势力的强大压力，1930 年汉纳斯·梅耶被迫辞职。经瓦尔特·格罗皮乌斯的推荐，1930 年 8 月密斯·范德·罗厄（Mies van der Rohe）继任包豪斯校长，教学方法有所改变，以营建训练为中心环节，原有的教学改革逐步减弱，前卫派教师纷纷离去，此时的包豪斯与传统的营建学校几乎没有什么区别了。关于包豪斯有各种理解，1953 年在祝贺瓦尔特·格罗皮乌斯 70 寿辰的酒会上，密斯·范德·罗厄的发言或许是确切的，密斯·范德·罗厄认为：包豪斯不是具有清晰教学计划的机构，它只是一种构思，是瓦尔特·格罗皮乌斯形成的伟大、明确的构思。这种构思又是什么？瓦尔特·格罗皮乌斯的好友、现代营建理论家西格弗莱德·吉迪翁（Sigfried Giedion，1888—1968）认为：包豪斯的

① Bauhaus archive；Magdalena Droste. Bauhaus 1919-1933[M]. Kolon：TASCHEN，2006：106.

② 1926 年建在德绍的包豪斯校舍是瓦尔特·格罗皮乌斯最重要的代表作，校舍包括教室、作坊、讲堂、食堂、学生公寓、管理用房及瓦尔特·格罗皮乌斯的工作室，功能相当复杂。瓦尔特·格罗皮乌斯以较快的速度设计并建成一组完整的、大尺度的校舍，它不仅经济、实用，而且极具创造性，成为那个时代仅有的现代营建范例。在包豪斯校舍设计中，瓦尔特·格罗皮乌斯一反常规，将功能完全不同的各种房间组合为一个有机的整体，各类用房之间联系既方便又互不干扰，以 3 层的行政办公过街楼和单层的食堂连接体将两幢 4 层的教学、生产用房与一幢 6 层的学生公寓连在一起，形成一组体型丰富的营建群。一般学校的总布局都是把生产车间放在后面，包豪斯却把生产车间（作坊）沿着城市干道布置，生产车间不仅是长边沿街而且具有 3 层高的玻璃幕墙，成为开向城市的窗口，从外面可以清晰地看到其内部的钢筋混凝土框架结构和作坊的工作场景，这幢带有玻璃幕墙的作坊当时在德绍被称为"水族馆"，瓦尔特·格罗皮乌斯有意提高"作坊"在学校中的地位，生产车间的顶层是展厅与报告厅。过街楼把教学楼与生产车间连为整体，过街楼内布置行政管理用房和校长的工作室，过街楼既是交通枢纽又是管理中心，过街楼不仅在功能方面地位重要，在造型与空间处理方面也起着关键的作用。单层的连接体内布置报告厅和食堂，报告厅与生产车间共用一个门厅，厨房设在学生公寓的底层。6 层的学生公寓有 28 个房间，公寓兼顾工作、学习和居住三种功能，公寓东侧的房间均有小阳台，各层南侧的走道尽端还有一个较大的挑台，挑台丰富了立面造型。包豪斯不是那种可以一目了然的营建群，要想欣赏这组校舍必须围绕四周，再穿越过街楼，这样才能获得总体印象。距包豪斯校舍不远处，瓦尔特·格罗皮乌斯设计了一幢独院式校长住宅和 4 套双拼式教师住宅，教工住宅很简朴，特别强调根据功能的需要。

③ Sigfried Giedion. Water Gropius[M]. London：The Architectural Press，1954：43.

构思是在鸿沟之间架起一座桥梁，鸿沟指的是精神世界与日常世界之间、艺术与工业生产之间的鸿沟。[1]1934 年 4 月，德国新上台的纳粹政府查封了包豪斯，罪名是宣传颓废的艺术——"布尔什维克的艺术"。

聘请前卫派师资是瓦尔特·格罗皮乌斯在包豪斯的重要决策，第一批被聘为"大师"的教师有 3 人，两位是画家、一位是雕塑家，其中来自瑞士的画家约翰尼斯·伊滕（Johannes Itten，1888—1967）对包豪斯的初期影响较大，争议也较多。约翰尼斯·伊滕曾经是一名小学教师，接受过德国教育家福禄培尔（Friedrich Wilhelm August Froebel，1794—1852）的教学法训练，稍后，在斯图加特美术学院学习绘画，然后自己开办了一家私立学校，尝试新的艺术教育方法。[2]约翰尼斯·伊滕不仅教学方法独特，信仰和性格也与众不同，他信奉马自达南（Mazdaznan）教派，马自达南教派融合了健康生活与宗教，强调呼吸练习与素食。[3]约翰尼斯·伊滕相信每个人都具有与生俱来的创造天赋，只要依靠马自达南就可以把天生的艺术才华解放出来。[4]由于办学方向与瓦尔特·格罗皮乌斯有分歧，1923 年约翰尼斯·伊滕离开了包豪斯。1920—1922 年，瓦尔特·格罗皮乌斯陆续增聘了 5 位"大师"，他们全是画家，其中包括当时已声名显赫的保罗·克利（Paul Klee，1879—1940）和瓦西里·康定斯基（Wassily Kandinsky，1866—1944）。[5]来自瑞士的保罗·克利最初被认为是表现主义和立体主义的画家，人们最终认识到他是风格变化最多、才华横溢的画家。1923 年，一位来自匈牙利的画家拉斯洛·莫霍伊·纳吉（László Moholy-Nagy，1895—1946）接替了约翰尼斯·伊滕的工作，负责一年级教学工作，成为瓦尔特·格罗皮乌斯的密切合作者与助手，拉斯洛·莫霍伊·纳吉是构成主义（Constructivism）的追随者，

---

① Sigfried Giedion. Water Gropius[M]. London：The Architectural Press，1954：37.
② 福禄培尔是德国教育家、幼儿园创始人。福禄培尔教学思想的前提是：人的本质是有活动力和创造性的，而不是仅仅有接受能力。福禄培尔相信自我活动和游戏在儿童教育中的重要性，因而采用了一系列的玩具或学习器械，用于进行指导得当的游戏，伴以歌曲及乐曲，从而促进儿童的学习兴趣。
③ 马自达南（Mazdazna）融合了健康生活与古代波斯拜火教（Zoroastrian）和欧洲基督教（Christian）思想，该教派成立于 19 世纪末，Mazdazna 源自古代波斯语"Mazda"和"Znan"，含义为"主的思考"，该教派有自己的网站。
④ Bauhaus archive；Magdalena Droste. Bauhaus[M]. Kolon：TASCHEN，2006：32.
⑤ 瓦西里·康定斯基是俄国人，曾在慕尼黑艺术学院就读，第一次世界大战期间返回俄国，俄国革命爆发后，瓦西里·康定斯基投身革命，由于苏联政权对前卫艺术的排斥，瓦西里·康定斯基转向德国谋求发展，1922 年加入包豪斯，并一度兼任包豪斯的代理校长，瓦西里·康定斯基在包豪斯任教的时间较长，直到 1934 年包豪斯被查封。瓦西里·康定斯基在包豪斯讲授基础理论课和担任壁画作坊的大师，他首创了非写实的构图组合，他在 1911 年出版的《论艺术之精神》（Concerning the Spiritual in Art）被认为是抽象艺术理论的宣言，1926 年出版的《点、线与面》（Point and Line to Plane）是在包豪斯的部分讲课内容。瓦西里·康定斯基在大学时曾学习过法律，他在教学过程中以严格的、科学的分析方法解释色彩、图形与线条，使学生们认识到艺术既可以充分表达情感，又可以由理性控制。瓦西里·康定斯基是抽象艺术的先驱，他不仅在包豪斯的理论建设上起着至关重要的作用，也是 20 世纪最伟大的艺术家之一。

构成主义在苏联被封杀，却在包豪斯得到的发展。[1]莫霍伊·纳吉自学成才，他的作品很有特色，只运用少数几种几何元素，形成简洁的构成主义风格。[2]1922年瓦尔特·格罗皮乌斯邀请风格派（De Stijl）核心人物、荷兰画家特奥·范杜斯堡（Theo van Doesburg，1883—1931）到魏玛包豪斯讲学，特奥·范杜斯堡是《风格》杂志的创刊人，同时也是该杂志重要撰稿人。由于凡·杜斯堡与瓦尔特·格罗皮乌斯的办学观点不同，未能受聘在包豪斯任教，但凡·杜斯堡在包豪斯产生的影响却在包豪斯后来的作品中清楚地显示出来，甚至瓦尔特·格罗皮乌斯本人也受到风格派的影响。[3]

瓦尔特·格罗皮乌斯自1910年建立自己的工作室以后，始终没有停止过营建设计，在担任包豪斯校长期间，他把工作室的工作与教学结合在一起。1920—1922年，瓦尔特·格罗皮乌斯接受了第一项设计任务，在柏林设计一幢名为索末菲的住宅（Sommerfeld House），因受资金限制，营造商要求使用战争中毁坏的战船上的木料，这也为瓦尔特·格罗皮乌斯创造了表现的机会。索末菲住宅设计由瓦尔特·格罗皮乌斯和阿道夫·梅耶合作完成，室内设计是包豪斯的几位学生设计的，这是瓦尔特·格罗皮乌斯在包豪斯首次组织的集体合作设计，营建设计的收入补助了包豪斯的教学经费。索末菲住宅地上部分全部为木结构，地下是砖石基础，由于使用了旧木料，不仅造价低、施工方便，而且也创造了古朴的风格。索末菲住宅体现了瓦尔特·格罗皮乌斯的包豪斯学术思想、营建与艺术结合，装饰与营建是不可分割的整体。[4]1922年瓦尔特·格罗皮乌斯参加了美国芝加哥论坛报新的总部大楼（new head office of the Chicago Tribune）设计竞赛，他的作品引起国际营建界的关注。

1937年瓦尔特·格罗皮乌斯应邀赴美，1938年出任哈佛大学营建学院院长。美国的营建教育长期受巴黎美术学院体系（École des Beaux-Arts in Paris）影响，希望

---

[1] 构成主义最初受立体主义和未来主义的影响，普遍认为1913年俄国艺术家弗拉基米尔·塔特林（Vladimir Tatlin，1885—1953）的"绘画浮雕"中的抽象几何结构推动了构成主义，1920年弗拉基米尔·塔特林等人起草了《现实主义宣言》，"构成主义"一词就出自那篇宣言。构成主义赞美机器、工艺学、功能主义和现代工业材料如塑料、钢材和玻璃。构成主义的代表人物有卡济·马列维奇（Kazimir Malevich）、艾尔·利西茨基（El Lissitzky）、亚历山大·罗琴科（Alexander Rodchenko）等。由于苏联政权反对构成主义和激进的美学思想，苏俄的构成主义最后以自身瓦解而告终。

[2] 1928年拉斯洛·莫霍伊·纳吉辞职，约瑟夫·艾尔贝斯（Josef Albers，1888—1976）接替了他工作，约瑟夫·艾尔伯斯是包豪斯第一批学员中最有天赋的人，毕业后留校任教，成为包豪斯自己培养的青年大师。约瑟夫·艾尔伯斯不仅负责初步课程，还主管家具作坊，他痴迷地研究材料性能，对纸板、金属板以及其他材料进行过多种试验，积累知识，补充了初步课程的内容。包豪斯在德绍期间有12名教师，其中有6位是包豪斯在魏玛时期培养的学生，这几位青年大师的成长也说明了包豪斯的成绩。具有前卫思想的教师使包豪斯的教学保持着鲜明的前卫特色，包豪斯的存在也使前卫艺术得到了发展。

[3] 据说，西奥·凡·杜斯堡在访问包豪斯期间对包豪斯当时流行的表现主义和神秘主义进行了尖锐的攻击，引起了包豪斯主人的愤慨，但凡·杜斯堡毫不示弱，竟然在学校附近建起自己的工作室，开设绘画、雕塑和建筑课程，他所讲授的课程受到包豪斯学生们的欢迎，这使得瓦尔特·格罗皮乌斯不得不明令禁止包豪斯的学生去听凡·杜斯堡的课。

[4] Bauhaus archive; Magdalena Droste. Bauhaus 1919-1933. Kolon：TASCHEN，2006：44-45.

借鉴包豪斯的改革精神。1938 年瓦尔特·格罗皮乌斯与他在包豪斯的密切合作者拉斯洛·莫霍利·纳吉在纽约现代艺术博物馆举办了一次展览，主题为"包豪斯 1919—1923"，引起各界广泛的关注。拉斯洛·莫霍利·纳吉移居美国后在芝加哥设计学院（Institute of Design）执教，他继续发扬包豪斯的理论与教学方法。瓦尔特·格罗皮乌斯在包豪斯提出营建师、画家与雕塑家的合作思想，在哈佛大学进一步有所发挥，同时也提出营建、城市规划与景观的结合。瓦尔特·格罗皮乌斯在营建教育中强调学生要建立集体合作精神，要学会与各方面的专家合作，学生的生活不能完全孤立、彼此隔绝。1949 年在意大利的国际现代建筑协会（CIAM）第 7 次会议中，他以"寻求更好的营建教育"（The Search for a Better Architectural Education）为题，进一步发挥了上述观点。[1] 瓦尔特·格罗皮乌斯一贯提倡"团队工作"（Teamwork），1945 年瓦尔特·格罗皮乌斯与一批青年营建师组建了"营建师的合作"公司（The Architects' Collaborative），简称为 TAC，TAC 在瓦尔特·格罗皮乌斯的领导下工作，团队合作精神得到充分体现，但是在 TAC 中并没有出现瓦尔特·格罗皮乌斯的名字。[2] 瓦尔特·格罗皮乌斯坚信集体合作的价值，他认为集体合作的方法会使工作达到更高水平。1949 年 TAC 成功地设计了哈佛大学研究生中心（Harvard University Graduate Center），研究生中心是哈佛大学古典传统校园区内首次出现的现代营建，哈佛大学研究生中心成为瓦尔特·格罗皮乌斯的重要代表作。[3] 瓦尔特·格罗皮乌斯在哈佛执教期间重视对城市规划的研究，1953 年他带领学生对波士顿后湾中心区（Back Bay Center）的规划进行探讨，试图建立波士顿的新中心，规划最终未能实现。[4]

包豪斯校舍充分体现了瓦尔特·格罗皮乌斯的设计理念，瓦尔特·格罗皮乌斯认为营建应当从杂乱的装饰中解放出来，应强调功能，应集中于简洁和经济的解决方案。在美学方面，新营建应满足人的情感（human soul），比经济和功能更重要

---

① Sigfried Giedion. Water Gropius[M]. London：The Architectural Press，1954：15.

② 1945 年，TAC 由瓦尔特·格罗皮乌斯和 7 名青年建筑师在马萨诸塞州剑桥城创建，TAC 强调集体合作而不是个人的创作，他们每周的星期四都要集体讨论，公司逐步扩大，据说规模最大时有 400 人，扩大后的公司分成若干小组，仍坚持集体讨论。TAC 设计过一批具有影响力的项目，20 世纪 80 年代开始设计重视环境的"绿色建筑"。TAC 在中东地区承接的设计任务较多，20 世纪 80 年代后期，由于来自中东地区的政治问题导致公司财政困难，1988 年公司总部被迫卖掉，1995 年公司正式倒闭。TAC 的档案资料被美国麻省理工学院（MIT）的 Rotch 图书馆收藏。

③ 哈佛大学研究生中心位于哈佛大学传统街区的一角，中心包括可容纳 575 个床位的研究生宿舍与大学生活动中心（community center），大学生活动中心为学生提供休闲活动设施和 1200 个座位的大餐厅。研究生中心布局自由，体型平缓、舒展。中心由 7 幢宿舍楼和一幢活动中心楼组成，宿舍楼分别为 3 层和 4 层的楼房，矩形体块的宿舍楼高低略有变化，大学生活动中心是两层的楼房，由于活动中心的层高较高，因而总高度与宿舍楼接近。各幢建筑之间以连廊连接，相互围合，形成大、小两个内院。靠近教学区的大学生活动中心体型活泼，活动中心东侧与宿舍楼围合成扇形广场，扩大了活动中心的户外空间。宿舍楼之间的连廊与活动中心底层的外廊互相搭接，形成一套步行体系，方便了学生与活动中心的联系。

④ 1957 年瓦尔特·格罗皮乌斯领导的 TAC 与威尔斯·埃尔伯特（Wils Elbert）合作，在柏林参加了国际营建展的设计，他们设计了一幢 67 户的公寓，公寓为 25m 高的钢筋混凝土结构，体型略有弯曲，南侧朝向绿地，公寓位于柏林的蒂尔加滕绿地（Tiergarten）中心地段，环境优美。1960 年 TAC 在希腊的雅典设计了美国使馆，1962 年 TAC 为伊拉克规划了巴格达大学。1969 年瓦尔特·格罗皮乌斯在波士顿去世。

的是新的空间视觉（new spatial vision），营建艺术包含对空间的熟练掌握。新的营建构思应当是实际的（realities），应体现出一种新的空间构思。[1] 包豪斯校舍与瓦尔特·格罗皮乌斯早期设计的法古斯工厂、科隆展览会办公楼有明显区别，早期的设计仅仅在运用钢铁和玻璃等新型建筑材料方面显示出营建的现代化，在造型方面仍然保持着古典的比例和对称的体型，包豪斯则全面显示了现代营建的空间新概念，作为现代营建运动的经典作品，包豪斯当之无愧。2004 年包豪斯在德绍的校舍和在魏玛的校舍同时被联合国教科文组织确定为世界遗产。[2]

4.3-3　包豪斯的课程图示

4.3-1　科隆展览会办公楼背立面　　4.3-2　科隆展览会办公楼转角螺旋楼梯

4.3-4　1923 年包豪斯的实验性住宅　　4.3-5　1926 年包豪斯大师们合影

---

① Water Gropius. The New Architecture and the Bauhaus. London：Faber and Faber Limited，1955：23；24.
② 1971 年为了进一步研究和展示包豪斯的学术成就，决定在柏林建立包豪斯档案馆和设计博物馆（Bauhaus Archive and Museum of Design），包豪斯档案馆和设计博物馆位于兰德韦尔（Landwehrkanal）运河和蒂尔加滕绿地之间。设计方案是 1964 年瓦尔特·格罗皮乌斯提供的构思，由瓦尔特·格罗皮乌斯以前的助手亚历山大·茨维亚诺维奇（Alexander Cvijanovi）完成设计任务，档案馆和博物馆中的大坡道是亚历山大·茨维亚诺维奇加上去的，坡道不仅方便了观众，也使空间增加了变化。档案馆和博物馆由两幢大小相近的两层房屋组成，朝北的采光天窗有利室内展品的照明，也成为外观的特征，其中北区用于行政办公和工作室，南区是展览馆，包豪斯档案馆和设计博物馆于 1979 年建成，今日已成为柏林市的重要景点。

4.3-6　1922—1925 年包豪斯生产的典型瓷器

4.3-7　约翰尼斯·伊滕 1920 年
的作品：白人的住宅

4.3-8　保罗·克利的作品：有窗的房屋

4.3-9　瓦西里·康定斯基 1924 年
的作品

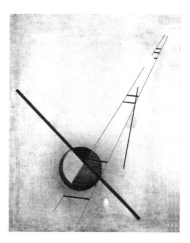

4.3-10　拉斯洛·莫霍利 1923 年
的作品

4.3-11　保罗·克利的学生作业几何
形体训练

4.3-12　法古斯厂全景

4.3-13 索末菲住宅正立面

4.3-14 索末菲住宅室内

4.3-15 凡·杜斯堡设计的奥比特咖啡馆

4.3-16 俯视包豪斯校舍

4.3-17 包豪斯校舍沿街透视

4.3-18 包豪斯校舍后侧透视

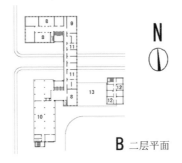

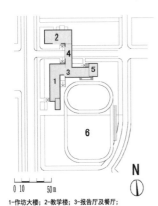

1-作坊大楼；2-教学楼；3-报告厅及餐厅；
4-办公过街楼；5-学生公寓；6-运动场

4.3-19 包豪斯校舍总平面

1-门厅；2-木工作坊；3-绘画作坊；4-机房；5-报告厅；6-餐厅；
7-厨房；8-教室；9-试验室；10-纺织作坊；11-办公；12-工作室；
13-屋顶

4.3-20 包豪斯校舍平面

4.3-21 瓦尔特·格罗皮乌斯的芝加哥论坛总
部大楼方案设计

4.3-22　包豪斯校舍宿舍阳台

4.3-23　瓦尔特·格罗皮乌斯设计的椅子

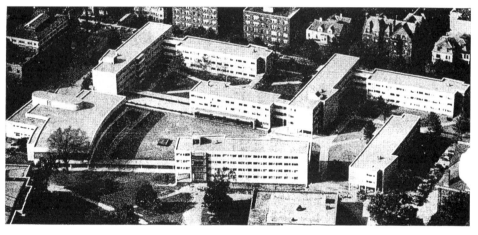

4.3-24　哈佛大学研究生中心鸟瞰

4.3-25　哈佛研究生中心南侧透视

4.3-26　哈佛研究生中心南侧透视

4.3-27　哈佛大学研究生宿舍的连廊

4.4 科学技术的发展与高技派营建

　　新材料、新技术的出现是促进现代营建学发展的决定性因素。18 世纪的工业革命使手工业转向机器工业，钢铁和玻璃成为重要的营建材料。1833 年第一个完全以钢铁和玻璃建造的巴黎植物园温室建成。1851 年以水晶宫命名的展览馆在伦敦建成，庞大的展馆外壳全部由铁架和玻璃构成，总面积达 74000m²，1936 年毁于大火。[①]1889 年在巴黎举办世界博览会，高达 328m 的埃菲尔铁塔成为万众瞩目的焦点，铁塔至今巍然屹立。[②] 钢铁和玻璃逐步被广泛应用，可以营造更大的内部空间，功能布局更加灵活，外貌也发生显著变化。

　　钢筋混凝土的出现使营建学发生了另一次飞跃。混凝土技术在古罗马早已有之，1824 年英国首先生产了胶性波特兰水泥，使混凝土技术进一步得到发展，人们把钢筋与混凝土巧妙地组合在一起，使其共同受力，由钢筋承受拉力、混凝土承受压力。钢筋混凝土结构不仅使房屋加大了跨度、增加了层数和高度，而且丰富了外部造型。法国营建师奥古斯特·佩雷（August Perret，1874—1954）对钢筋混凝土结构在营建艺术表现力方面有独到的见解，他认为钢筋混凝土使房屋具有时代感，奥古斯特·佩雷设计的房屋充分展示了钢筋混凝土结构的艺术表现力，第二次世界大战后，他主持重建勒阿弗尔城(Le Havre)，并且亲自设计了市政厅和圣约瑟夫教堂。[③]

---

① 伦敦水晶宫是英国工业革命时期的代表性工程，建于 1851 年，位于伦敦海德公园内，是英国为第一届世博会、当时正式名称为万国工业博览会而建的展馆，展馆由玻璃和钢铁这两种材料构成，当时参展者共计 25 国，引起了全世界的轰动。展馆面积约 7.4hm²，宽约 124.4m、长约 564m，共 5 跨、高 3 层，由英国园艺师约瑟夫·帕克斯顿（ Joseph Paxton ）按照当时建造的植物园温室和铁路站棚的方式设计，大部分为钢结构，外墙和屋面均为玻璃，整座展馆通体透明、宽敞明亮，故被誉为"水晶宫"。"水晶宫"共用钢柱 3300 根、钢梁 2300 根、玻璃 93000m²，从 1850 年 8 月—1851 年 5 月，总共施工不到 9 个月时间。约瑟夫·帕克斯顿因他的水晶宫工程被封为爵士，他也以营造钢和玻璃而闻名。

② 埃菲尔铁塔（法语: La Tour Eiffel）位于法国巴黎塞纳河南岸的战神广场，1889 年建成，得名于设计它的著名营建师、结构工程师古斯塔夫·埃菲尔（Gustave Eiffel，1832—1923），是法国文化象征之一，也是巴黎城市地标之一，更是巴黎最高营建物，被法国人爱称为"铁娘子"。埃菲尔铁塔塔高 300m，天线高 24m，总高 324m。铁塔是由很多分散的钢铁构件组成的，看起来就像一堆模型的组件。钢铁构件有 18038 个，重达 10000t，施工时用铆钉 250 万个。除了 4 个脚是用钢筋水泥之外，塔身都用钢铁构成，共用熟铁 7300t。塔身分 3 段，平台分别建在离地面 57.6m、115.7m 和 276.1m 处，其中一、二段平台设有餐厅，第三段平台建有观景台，从塔座到塔顶共有 1711 级阶梯。

③ 勒阿弗尔（ Le Havre ）位于法国西海岸，是塞纳河出海口，人口约 20 万，1517 年以前为渔村，后发展为海港，第二次世界大战中受严重破坏。在诺曼底战役期间，勒阿弗尔共有 5000 人死亡，12500 栋房屋被彻底摧毁，8 万人无家可归。20 世纪 60 年代开始，在沿海地带开辟新工业区，新建炼油、造船、石油化工等部门，勒阿弗尔成为法国仅次于马赛的第二大海港，并为巴黎外港，其市中心的市府大厦广场是欧洲最大广场之一。此外，还有圣玛丽亚教堂等古迹。2005 年，奥古斯特·佩雷主持重建的勒阿弗尔城被列为世界文化遗产。

乔治·蓬皮杜国家艺术文化中心（Le Centre national d'art et de culture Georges-Pompidou）是巴黎市继埃菲尔铁塔之后，最有争议的一幢高技派房屋。乔治·蓬皮杜国家艺术文化中心坐落于法国首都巴黎拉丁区北侧、塞纳河右岸的博堡大街。乔治·蓬皮杜国家艺术文化中心占地 7500m²，中心大厦面积共约 10 万 m²，南北长 168m、宽 60m、高 42m，分为 6 层。中心大厦的支架由两排间距为 48m 的钢管柱构成，楼板可上下移动，楼梯及所有设备完全暴露在外面。东立面的管道和西立面的走廊均为圆形有机玻璃覆盖。文化中心的外部钢架林立、管道纵横，并且根据不同功能分别漆上红、黄、蓝、绿、白等颜色。[①] 乔治·蓬皮杜国家艺术文化中心最大的特色就是外露的钢骨结构以及复杂的管线，而且兴建后引起极端的争议，由于它一反巴黎的传统营建风格，许多巴黎市民无法接受，有人戏称它是“市中心的炼油厂”，但也有艺术界人士大力支持。此后，这种风格被称为“高技派”（High-tech）或“重技派”。这些外露复杂的管线，其颜色是有规则的，诸如其空调管路是蓝色、水管是绿色、电力管路是黄色而自动扶梯是红色。尽管有极端的争议，但是它已成为巴黎的重要地标。当初这座备受非难的“庞大怪物”，今朝已为巴黎人接受并逐渐为法国人所喜爱。乔治·蓬皮杜国家艺术文化中心的营建师理查德·罗杰斯（Richard Rogers）和伦佐·皮亚诺（Renzo Piano）也因此名声大振。[②] 理查德·罗杰斯解释他的设计意图时说：“我们把房屋看作同城市一样，是灵活的永远变动的框架。……它们应该适应人的不断变化的要求，促进丰富多样

---

① 乔治·蓬皮杜国家艺术文化中心内部分为工业设计中心、公共情报图书馆、现代艺术博物馆以及音乐与声乐研究中心四大部分，可供成人参观、学习，并从事研究。与此同时，“中心”还专门设置了两个儿童乐园。一个是藏有 2 万册儿童书画的“儿童图书馆”，里面的书桌、书架等一切设施都是根据儿童的兴趣和需要设置的；另一个是“儿童工作室”，4～12 岁的孩子都可以到这里来学习绘画、舞蹈、演戏和做手工等。工作室有专门负责组织和辅导孩子们的工作人员，培养孩子们的兴趣和智力，帮助孩子们提高想象力和创造力。这座艺术文化中心南面小广场的地下有音乐和声学研究所。乔治·蓬皮杜国家艺术文化中心是已故总统乔治·蓬皮杜决定兴建的，设计者是从 49 个国家的 681 个方案中的获胜者——意大利的伦佐·皮亚诺（Renzo Piano）和英国的理查德·罗杰斯（Richard George Rogers），乔治·蓬皮杜国家艺术文化中心于 1972 年正式动工，1977 年建成，同年 2 月开馆。
② 理查德·罗杰斯是英国营建师，1933 年出生于意大利佛罗伦萨，就读于伦敦 AA 学校，1962 年毕业于美国耶鲁大学。在耶鲁他结识了同学诺曼·福斯特，两人回英格兰即组建了 4 人小组，成员为他们两人及其各自的夫人。他们很快以“高技”设计知名。他与诺曼·福斯特合作设计的香港汇丰银行是理查德·罗杰斯的得意之作。此后，理查德·罗杰斯在伦敦又建立了自己的事务所。理查德·罗杰斯是城市生活的拥护者，认为城市作为一个文明的教化中心，能将人类活动对环境的影响减少到最低限度。他反对美国那种分散的城市，主张未来城市的区块应该把生活、工作、购物、学习和休闲重叠起来，集合在持续、多样和变化的结构中。伦佐·皮亚诺（Renzo Piano）于 1937 年出生于意大利热那亚（Genoa）一个营建商世家。1964 年，伦佐·皮亚诺从米兰理工大学获得营建学学位，开始了他永久性的营建师职业生涯。他曾先后受雇于费城的路易斯·康工作室、伦敦的马考斯基工作室，其后在热那亚建立了自己的工作室。1971 年，一个营造商建议伦佐·皮亚诺与理查德·罗杰斯合作参加巴黎的乔治·蓬皮杜国家艺术文化中心国际竞赛，他们最终赢得了这个竞赛并使得乔治·蓬皮杜国家艺术文化中心成为巴黎公认的标志性营建项目之一。自乔治·蓬皮杜项目之后，伦佐·皮亚诺在日本、德国、意大利和法国得到不少商业、公共建设项目，并且赢得了广泛的国际声誉。

的活动。"又说:"房屋应设计得使人在室内和室外都能自由自在地活动。自由和变动的性能就是房屋的艺术表现。"理查德·罗杰斯的这种观点代表了一部分营建师对现代生活急速变化的认识和重视。

"高技派"并非一种风格,只是一种思想,即重视运用新技术的思想,这种思想在密斯·范德·罗厄设计的伊利诺伊工学院克朗楼、法恩斯沃思度假别墅和西格拉姆大厦中已有所反映。英国营建师诺曼·福斯特(Norman Foster)被誉为"高技派"的重要代表人物,也是第21届普利兹克建筑大奖得主。[1] 诺曼·福斯特特别强调人类与自然的共同存在,而不是互相抵触,强调要从过去的文化形态中吸取教训,提倡那些适合人类生活形态需要的营建方式。诺曼·福斯特的作品引入各种营建技术,其结构、功能、造型高度统一,而且内在和谐。诺曼·福斯特设计的瑞士再保险公司(Swiss Reinsurance Company)塔楼位于英国伦敦"金融城"圣玛丽斧街30号,绰号"小黄瓜",于2004年投入使用,是21世纪伦敦街头最佳塔楼之一。"小黄瓜"高达180m,它是伦敦市中心第二次世界大战后25年中建造的第一幢摩天楼,被誉为生态螺旋体,因为塔楼的自然通风手段可以使该塔楼每年减少40%的空调使用量。[2] 诺曼·福斯特在德国柏林国会大厦的屋顶改建中,设定了一个改建目标:要将国会大厦改建成一座低能耗、无污染、能吸纳自然清风与阳光的典型环保型营建。柏林国会大厦始建于1984年,原名帝国大厦,1999年诺曼·福斯特设计的国会大厦重建工程标志着国会大厦一次真正的重生。诺曼·福斯特的柏林国会大厦设计充分利用了自然阳光的特性,塑造出一种神圣、脱俗的室内空间,在用光方面取得了卓越的成就。计算机技术的发展和新技术的进步,对室内照明、太阳能的利用提供了多种可能。自然光线的引入可以减少人工照明,节约能源。 在国会大厦设计中,自然采光、通风、联合发电及热回收系统的广泛使用,不仅使新大厦的能耗和运转费用降到了最低,而且还作为地区的发电装置向邻近房屋供电。被视为柏林新象征的玻璃穹顶不仅有助于采光,而且还是电能和热能的主要来源,以及自然通风系统的重要组成部分。此外,生态技术的使用还使整个大厦

---

[1] 诺曼·福斯特(Norman Foster)出生于1935年,在曼彻斯特大学学习营建学和城市规划。1961年毕业后获亨利奖学金去耶鲁大学学习,在那里取得了硕士学位。1963年开设自己的事务所,这之前他一直在美国东西海岸从事城市更新和总体规划项目。诺曼·福斯特是国际上最杰出的营建大师之一,被誉为"高技派"的代表人物,也是第21届普利兹克建筑大奖得主。他一生的荣誉很多,作品也很多。1990年被英国女王封为爵士,1983年获得皇家金质奖章,1994年获美国建筑师学会金质奖章。

[2] 曲线外形在塔楼周围对气流产生引导,这样的气流可以进入塔楼边缘锯齿形布局内庭幕墙上的开启窗扇,实现自然通风。这样的自然通风手段可以使该塔楼每年减少40%的空调使用量。从结构方面看,塔楼幕墙直接支承在塔楼外围的斜向钢架上,所以,从某种程度上说,这是一种自承重的幕墙体系,并且幕墙支撑结构与核心筒一起参与受力。外围钢架可以被看成互相套合的六边形,组合成若干个三角形支撑。这是一套与传统摩天楼基于垂直梁柱体系完全不同的受力结构。塔楼内庭的作用不仅是通风,同时也使该塔楼得到自然光照明。

设备的二氧化碳排放量减少了 94%。柏林国会大厦透明的穹顶和倒锥体还可以将自然光反射到下面的议会大厅。议会大厅两侧的内天井设计也可以达到补充自然光线的效果，从而基本满足了议会大厅内的照明需要，大大缩减了人工照明设备的使用。[①] 国会大厦另一个生态标志是地下水层的循环利用，这也是改建工程中最引人注目的焦点之一。柏林夏日炎热，冬季十分寒冷，改建方案充分利用自然界的能源，通过地下蓄水层，把夏天的热能储存在地下，供冬天使用。同时又把冬天的寒气储存在地下，供夏天使用，形成两个季节的热量互补。国会大厦附近有深、浅两个蓄水层，深层的蓄热，浅层的蓄冷，在设计中它们成了被充分利用的大型冷热交换器，实现了积极的生态平衡。此外，改建后国会大厦采用生态燃料，以从油菜籽和葵花籽中提炼的油作为燃料，这种燃料燃烧发电相当高效、清洁，每年排放的二氧化碳量预计仅为 44t，与 20 世纪 60 年代的国会大厦曾经安装使用的年排放二氧化碳量高达 7000t 的矿物燃料的动力设备相比，大大降低了对环境的污染，提高了城市的空气环境质量。此外，议会大厅遮阳和通风系统的动力来源于设置在屋顶结构上的太阳能发电装置，其最高发电功率高达 40kW。太阳能发电设备和穹顶内可自动控制的遮阳系统相互结合，充分展现了福斯特作为一流营建师的绝妙设计手法。

4.4-1 1833 年巴黎植物园温室

4.4-2 1851 年伦敦水晶宫展览馆

① 国会大厦透明的穹顶内的遮光板可以随日照方向自动调整方位，防止热辐射并避免眩光。沿着导轨缓缓移动的遮光板和倒锥形反射体，有着极强的雕塑感，因此不少人把倒锥体称作"光雕"或"镜面喷泉"。日落之后，穹顶的作用正好与白天相反，室内光线向外放射，使玻璃穹顶成了夜空中绚丽多姿的发光体，有如一座灯塔成为柏林市独特的景观。国会大厦的自然通风系统设计也十分巧妙，其通风系统的进风口设置在议会大厅西门廊的檐部。新鲜空气被引入后，经过大厅地板下的风道及设置在座位下的风口，低速而均匀地散发到大厅内，然后再从穹顶内倒锥体的中空部分排出室外。倒锥体在此体现了排气烟囱的功能，通风系统的相互协调形成了极为合理的气流循环通路。大厦的侧窗均为双层窗，外层为防卫性的层压玻璃，内层为隔热玻璃，两层之间还设有遮阳装置。双层窗的外窗可以满足保安要求，而内层窗则可以随时打开。侧窗的通风既可自动调节，也可以由人工控制。大厦的大部分房间可以获得自然通风，新鲜空气的换气频率可以根据需要进行调整，每小时可以达到 1 ~ 5 次。

4.4-3　1889 年巴黎埃菲尔铁塔

4.4-4　奥古斯特·佩雷重建之城——勒阿弗尔市中心

4.4-5　勒阿弗尔市圣约瑟夫教堂

4.4-6　仰视圣约瑟夫教堂室内

4.4-7　乔治·蓬皮杜国家艺术文化中心外部结构

4.4-8　乔治·蓬皮杜国家艺术文化中心外观

4.4-9　瑞士再保险公司外观

4.4-10 瑞士再保险公司外围走廊   4.4-11 德国柏林国会大厦全貌

4.4-12 柏林国会大厦屋顶的反光板

4.4-13 在德国柏林国会大厦屋顶内向下望

4.4-14 德国柏林国会大厦屋顶细部结构

4.5 美国早期的营建学与弗兰克·劳埃德·赖特的营建理论

　　1789 年美国独立建国，创造了世界上第一个联邦总统制共和国——美利坚合众国。美国早期的营建师大部分来自国外，本土营建师中杰出的代表有托马斯·杰斐逊（Thomas Jefferson，1743—1826）和阿瑟·本杰明（Asher Benjamin，1773—1845）。托马斯·杰斐逊是美国第三任总统，也是美国"独立宣言"的起草人，更是一位多才多艺的政治家。托马斯·杰斐逊总统卸任后致力于教育事业，在夏洛茨维尔创建了弗吉尼亚大学（University of Virginia at Charlottesville）并亲自主持校园规划。[①]阿瑟·本杰明的重要贡献是在 1827 年完成了美国营造师手册（American Builder's Companion），书中详细介绍了希腊和罗马的古典营建法式及构造做法，该书出版后在美国影响很大，使欧洲的古典营建迅速传播到美国并逐步本土化，形成了美国式的希腊古典复兴。此后，美国开始建立营建学专业院校，培养自己的专业人员。1865 年麻省理工学院（Massachusetts Institute of Technology，简称 MIT）首先建立营建学专业，以法国学院派的巴黎美术学院（Parisian Ecde des Beaux-Arts）课程为蓝本。这段时期最杰出的营建师是亨利·霍布森·理查森（Henry Hobson Richardson，1839—1886）。[②]亨利·霍布森·理查森于 1880 年在北伊斯顿（North Easton）设计的埃姆斯客栈（Ames Gate Lodge）、1885 年在匹兹堡设计的城市法院与监狱（City Courthouse & Jail）、哈佛大学内的塞佛大楼，以及 1887 年最后设计的作品格莱斯诺住宅（Glessner House）都颇具创造性，他巧妙地运用粗石，作品风格新颖，对后人很有启示。继亨利·霍布森·理查森之后，陆续出现一些有才能的营建师，但大多数人还是在新古典主义风格中徘徊。以宣传"形式始终随从功能为规律"（form ever follows function and this is the law）而闻名于国际建筑界的芝加哥营建师路易斯·亨利·沙利文（Louis Henry

---

① 弗吉尼亚大学的规划思想是把学校建立成一个学术村（Academic Village）。校园总平面为对称的布局，有明显的南北向中轴线，校园中心是一片草地，中轴线尽端是图书馆，图书馆的造型有些像古罗马的万神庙。在中心草地东、西两侧连廊的后面布置教学单元，教学单元将教室与学生宿舍组织在一起，其规划思想独具匠心，学校 1825 年建成。托马斯·杰斐逊本人并非职业营建师，但是美国建筑学会却给予他高度评价，把他规划的弗吉尼亚大学校园视为美国最重要的营建作品。1987 年联合国教科文组织把托马斯·杰斐逊规划的弗吉尼亚大学确定为"世界遗产"，这也是美国唯一被确定为世界遗产的大学。
② 亨利·霍布森·理查森生于美国的路易斯安那州，在哈佛学院（Harvard College）毕业后赴法深造，在巴黎美术学院进一步接受学院派教育，学成后归国。他在美国 20 年的工作中，留下了一批经典作品，包括 1877 年在波士顿市中心建成的三一教堂（Trinity Church）、哈佛大学内的塞佛大楼（Sever Hall）等著名项目。亨利·霍布森·理查森的作品不仅比例优美而且精雕细刻、耐人寻味，亨利·霍布森·理查森的风格在美国被称作"理查森罗马风"（Richardsonian Romanesque），这位不知疲倦的天才营建师去世时年仅 47 岁。

Sullivan，1856—1924）被认为是美国第一个真正的现代营建师。[①] 路易斯·亨利·沙利文在芝加哥的代表作是 1886 年建成的会堂大厦（Auditorium Building）、1904 年建成的卡尔松百货大厦（Carson Pirie Scott Department Store）和建在布法罗（Buffalo）的保险大厦（Guaranty Building），后者被认为是路易斯·亨利·沙利文登峰造极的作品。

　　19 世纪末，美国出现一位本土营建大师——弗兰克·劳埃德·赖特（Frank Lloyd Wright，1867—1959），他出生时美国独立还不到 100 年。弗兰克·劳埃德·赖特从 20 岁开始工作，去世时是 92 岁高龄，一生中有 72 年从事营建创作，他的作品如流水别墅、古根海姆博物馆（Guggeheim Museum）在美国家喻户晓。[②]1893 年弗兰克·劳埃德·赖特在芝加哥创建了自己的私人事务所。1889 年弗兰克·劳埃德·赖特在芝加哥橡树园最初建造的私人住宅被认为是模仿亨利·霍布森·理查森和路易斯·亨利·沙利文营建风格的作品，住宅在 1894 年和 1895 年两次扩建后就完全不同了，其丰富的造型、不同材料的对比以及功能与形式的巧妙结合，使得弗兰克·劳埃德·赖特逐步进入自由创作的境界。1893 年弗兰克·劳埃德·赖特设计的温斯洛住宅（William H. Winslow）是他从模仿过渡到创新的代表作。[③] 通过不断地摸索，弗兰

① 路易斯·亨利·沙利文在美国麻省理工学院学习过一年营建基础课，以后在巴黎美术学院又进修一年，并在意大利参观学习文艺复兴建筑，路易斯·亨利·沙利文回国后在詹尼（W.L. Jenney）营建事务所工作，詹尼是一位工程师，被认为是美国高层营建之父。随着资本主义在美国的迅速发展，19 世纪后期的芝加哥兴建大批高层商业工程，形成一种新的商业营建风格，被称为"芝加哥学派"（Chicago School）。路易斯·亨利·沙利文在他的著作《高层办公楼的艺术思考》（The Tall Office Building Artistically Considered）中对所谓的芝加哥学派营建特征进行了总结，路易斯·亨利·沙利文认为高层商业办公楼的典型模式是在地下室布置工程机房，首层或 1～3 层布置开敞式商店，以上各层是办公区，顶层为设备层，电梯布置在中心区，营建采用钢框架结构，柱网规律，这种模式的营建必然形成新的三段式风格，即下部开敞；中部较大而且是规律地开窗；顶部较小，相对封闭。
② 弗兰克·劳埃德·赖特中学未毕业便开始工作，他曾在威斯康星大学土木工程教授康诺弗（A. D. Conover）的工作室中打工，借助这位教授的推荐，1885 年初弗兰克·劳埃德·赖特进入威斯康星大学学习了一年基础课，以后便离开学校进入约瑟夫·莱曼·希尔斯比（Joseph Lyman Silsbee，1848—1913）的事务所担任绘图员，弗兰克·劳埃德·赖特在事务所中迅速成长，20 岁时已能独立工作。1889 年弗兰克·劳埃德·赖特进入丹克马尔·阿德勒（Dankmar Adler，1844—1900）和路易斯·亨利·沙利文合作的事务所，并参加了会堂大厦的设计工作。路易斯·亨利·沙利文很重视对弗兰克·劳埃德·赖特的培养，由于当时的设计任务较多，便把全部住宅设计任务交给弗兰克·劳埃德·赖特独立承担，自己的精力集中在设计高层商业办公楼。弗兰克·劳埃德·赖特在路易斯·亨利·沙利文的指导下，工作职务迅速提升，从完善草图（sketch developer）提升到绘制施工图（draughtsman），继而又提升到施工图领班。
③ 温斯洛与弗兰克·劳埃德·赖特都很敬重当地基督教一神论教派的一位牧 师——甘尼特（William C. Gannett）。甘尼特认为住宅应当简洁和谦虚，家庭的团结、和谐是最重要的，温斯洛住宅以甘尼特的论点作为设计的指导思想，虽然弗兰克·劳埃德·赖特在自己的住宅设计中也曾运用过甘尼特的思想，温斯洛住宅则更加集中地体现了甘尼特的观点。1896 年温斯洛与弗兰克·劳埃德·赖特还共同出版了甘尼特的著作《住宅美》（The House Beautiful），该书的最后一章题为"珍贵的团结一致"（The Dear Togetherness），弗兰克·劳埃德·赖特还为该书配插图，表达家庭聚集的思想。温斯洛住宅位于伊利诺伊州库克县（Cook County）的里弗福里斯特（River Forest），住宅平面布局有明显的中轴线，但并不严格对称。壁炉是住宅布局的核心，壁炉前面是主入口和接待厅，壁炉的后面是餐厅，书房和起居室分别布置在壁炉左、右两侧。弗兰克·劳埃德·赖特在温斯洛住宅设计中首次采用四坡顶，屋顶坡度平缓，屋檐出挑很远，二层向内收缩，色彩也与首层不同，从而更加突出了大屋顶的效果。壁炉的烟囱在屋脊的中部，而且增加一个基座，烟囱的基座不高但很长。住宅沿街立面主体部分对称、体型简洁，左侧首层增加穿廊，右侧首层局部向外突出，住宅背立面体型丰富，在主轴线的两侧寻求微妙的变化，既对称又不对称。温斯洛住宅风格典雅，被认为是"彻底的绅士住宅"，弗兰克·劳埃德·赖特设计这幢住宅时年仅 26 岁。
引自：Robert C. Twombly. Frank Lloyd Wright: His Life and His Architecture [M]. New York：A Wiley-Interscience Publication，John Wiley & Sons，Inc，1979：43.

克·劳埃德·赖特逐渐总结出一套适合美国中产阶级需要，并适应中西部草原环境的住宅，这就是享誉国际建筑界的"草原住宅"。"草原住宅"充分利用钢筋混凝土结构的特点和屋檐出挑深远，被弗兰克·劳埃德·赖特视为有机营建的雏形。[①] 最具代表性的草原住宅当属建在芝加哥市区南部的罗比住宅（Robie House）。罗比是一位制造自行车的公司老板，罗比对自己的住宅有特殊要求，即在住宅内增设仆人区和台球室，并且希望从住宅内能看到街道上邻居们散步的情景，而自己又不被别人看到。[②]20世纪30年代弗兰克·劳埃德·赖特提出"广亩城市"（Broadacre City）和"美式住宅"（Usonian House）的概念。广亩城市是弗兰克·劳埃德·赖特试图解决资本主义城市发展矛盾的一种乌托邦式设想。1932年，弗兰克·劳埃德·赖特发表"正在消失的城市"（The Disappearing City），畅想建立一种新的城市模式。[③] 弗兰克·劳埃德·赖特的"美式住宅"具体含义是"广亩城市的未来美国式住宅"，弗兰克·劳埃德·赖特认为"美式住宅"要比"草原住宅"看起来更"现代"（look more modern）。美式住宅与草原住宅相比，坡顶变为平顶，几何图案的彩色拼花窗改为透明玻璃窗，室内布置更加开

---

① 草原住宅是弗兰克·劳埃德·赖特创作生涯的第一次高峰。至1909年，仅在芝加哥的橡树园地区弗兰克·劳埃德·赖特就建造了风格各异的29幢住宅，其中不少是草原风格的住宅。今日的橡树园已成为弗兰克·劳埃德·赖特的住宅作品展览馆，参观者络绎不绝，形成一道独特的风景线。草原住宅以壁炉为中心，起居室是全家聚会的场所，灵活、流动的空间适合家庭集体活动。弗兰克·劳埃德·赖特认为：草原住宅的造型特点是低矮的平台、深远的挑檐、平缓的屋顶，这种造型与美国中西部辽阔的草原地平线保持一致。草原住宅外观变化很多，但室内的风格大体一致，室内装修精细，具有几何图案的镶嵌彩色玻璃和精雕细刻的木制家具成为室内装修的特点，曾被视为受欧洲美术与工艺运动影响的产物。

② 弗兰克·劳埃德·赖特将罗比住宅分前后错动的两区，前区两层，后区局部3层，形成高低错落的体型。首层的前区布置台球室和儿童活动室，后区布置锅炉房、洗衣房和车库。二层前区布置起居室和餐厅，后区布置客房、厨房和仆人住房，主人的卧室放在后区的3层。壁炉是住宅平面布局的核心，围绕壁炉的公共活动区是开敞的流动空间、没有固定的隔墙。为了保持二层平面的对称和空间流动，壁炉设置了两个烟囱，中间是很大的孔洞。住宅有3个楼梯，前区单独设1个楼梯，为上下两层的公共活动区使用，前区楼梯与壁炉有机地组合，后区的两个楼梯分别为主人和仆人使用、互不干扰。罗比之家主入口非常隐蔽，不仅没有沿着马路，而且还从马路后退一段距离。首层南侧沿街的内院与台球室和儿童活动室相通，内院地面低于人行道路面，内院两侧分别通向西侧二层的大平台和东侧沿街的后院，形成高低变化、互相连通的外部空间。东侧的后院较大、围墙较高，后院连通车库与洗衣房，并有对外出口，车库现在是出售纪念品的商店。二层起居室西侧的大阳台像似一个空中内院，阳台两侧的室外楼梯分别通向主入口和南侧的沿街内院。南侧沿街布置的内院成为住宅与城市的过渡空间，内院沿街的围墙很低，内院使主体房屋后退、不仅加强了住宅的私密性，也丰富了住宅造型。罗比之家的屋顶坡度平缓，屋檐出挑很远，特别是起居室西侧的挑檐，西侧挑檐突出墙面约6m，悬挑之大几乎达到极限。大挑檐不仅可以遮阳，也保证了住宅的私密性，在挑檐下可以观察住宅外面的活动，同时又不易引起外人的注意。

③ 按照弗兰克·劳埃德·赖特的设想，塔里埃森的学生制作了一个单元模型，在16平方英里的土地上容纳1400户，每个人都拥有1英亩可以耕作的土地和私人汽车。城市没有边界，也没有市区和郊区之分。广亩城市以穿越城市的架空干道和飞机场与外界联系，架空干道的宽度可容纳10辆轿车和两辆卡车，干道下面是连续的仓库。城市道路按方格网布局，主要道路间隔1英里，次要道路间隔半英里，更次要的道路间隔再小。主干道路边布置商业、市场、旅馆，工业用地布置在城市边缘，风景优美的地区布置娱乐、休憩和文化设施。广亩城市近似现代化的大型合作农场，其设想没有被人们认同，弗兰克·劳埃德·赖特只能不断改进自己拥有的庄园、使东塔里埃森（Taliesin East）逐步接近他理想中的广亩城市。摘自：Robert C. Twombly. Frank Lloyd Wright: His Life and His Architecture [M]. New York: A Wiley-Interscience Publication, 1979: 222.

敞、灵活、舒适，餐厅成为起居室的一部分，厨房的地位提高了，家庭主妇成为住宅的中心人物。美式住宅最杰出的作品是流水别墅（Falling water）。继流水别墅之后，弗兰克·劳埃德·赖特又先后设计了菲利普·约翰逊制腊公司的总部办公楼（Johnson Wax Company Headquarters）和西塔里埃森（Taliesin West）分校，不到 3 年的时间弗兰克·劳埃德·赖特设计了极具创造性的 3 种类型房屋，令国际建筑界为之震惊，古稀之年的弗兰克·劳埃德·赖特迎来了第二次创作高峰。① 弗兰克·劳埃德·赖特一生的作品有 3/4 是住宅。继草原住宅之后，弗兰克·劳埃德·赖特又尝试运用装饰性的预制混凝土砌块体系（Textile Block System）建造住宅。预制空心砌块的外侧是装饰性的几何图案，用钢筋固定砌块，中间浇灌混凝土。② 运用装饰性预制混凝土砌块体系建造的佛罗里达南方学院（Florida Southern College）是弗兰克·劳埃德·赖特作品中规模最大的项目。③ 弗兰克·劳埃德·赖特本人在《有机营建观察现代营建》（Organic Architecture Looks at Modern Architecture）一文中提出"现代营建是有机营建的子孙（Modern Architecture is the offspring of Organic architecture），有机营建概念传到欧洲后才出现包豪斯学派"，尽管这种估计有些过分，但弗兰克·劳埃德·赖特对欧洲现代营建发展的影响不可忽视。④ 弗兰克·劳埃德·赖特在美国营建界的影响至

---

① 美式住宅更加重视与自然环境的结合，像流水别墅的造型与环境融为一体，层层出挑的平台与山谷中的林木互相交织。弗兰克·劳埃德·赖特运用多种处理手法，使人们的视觉更多地接近自然。窗的转角处视觉开阔，天花和地面从室内向室外延伸，把人们的视线引向大自然，室内与室外空间流动。室内装修借用室外的天然材料，把室外环境引入室内，流水别墅起居室的地面甚至局部保留了原有的自然地貌。弗兰克·劳埃德·赖特曾经讲过：流水别墅是上帝的赐福……森林、溪流、岩石、万物静静地交融在一起，你听不到任何喧嚣，只有溪流的音乐。弗兰克·劳埃德·赖特在西塔里埃森分校设计中运用地方材料并尽量保持材料的原有质感。西塔里埃森的毛石混凝土承重墙以当地的石材为原料，风格粗犷，与远山和沙漠的自然环境浑然一体，木梁和毛石墙均不加粉饰，充分展现了地域特色，堪称地域主义的代表作。1936 年弗兰克·劳埃德·赖特为约翰逊制腊公司设计的总部办公楼又是另一种风格。公司是一个家族式企业，菲利普·约翰逊希望总部办公楼的工作环境具有凝聚力，亲切、温暖，像一个快乐的大家庭。弗兰克·劳埃德·赖特不仅满足了公司的要求，而且塑造了一个极不寻常的空间，弗兰克·劳埃德·赖特希望工作的地方要激励人们的信心，如同在大教堂中做祈祷一样。他把员工办公室设计成一间开敞的大厅，内部是林立的蘑菇柱，圆形蘑菇柱顶的间隙填充玻璃管，光线经过折射后柔和地洒向大厅，奇妙的效果如科幻世界，室内色调温暖，各处都是没棱没角的弧形曲线。总部建成后受到老板和员工的普遍欢迎，据说员工在新的工作环境中效率提高了。摘自：Robert C. Twombly. Frank Lloyd Wright：His Life and His Architecture [M]. New York：A Wiley-Interscience Publication，1979：257，279-282.
② 1920 年至 1924 年弗兰克·劳埃德·赖特在加州建造了几幢砌块住宅，预制砌块建造的住宅并不太受欢迎，因为气氛冷漠，建于洛杉矶的恩尼斯住宅（Ennis House）已多次作为电影拍摄的场景，尤其是科幻电影，因为墙面的光影效果突出。1927 年弗兰克·劳埃德·赖特运用装饰性砌块在亚利桑那州的菲尼克斯建造了巴尔的摩饭店（Biltmore Hotel），据说弗兰克·劳埃德·赖特仅仅是作为巴尔的摩饭店的设计顾问，并未承担全部设计。
③ 弗兰克·劳埃德·赖特在佛罗里达南方学院的设计中，以廊道连接他本人设计的几幢教学楼。廊道纵横交错，并随着地形高低起伏，大部分廊道由单柱支撑，雕塑般的单柱支撑着深远的挑檐，这既可防晒又丰富了外部空间。弗兰克·劳埃德·赖特曾自豪地称之为"真正的美国校园"（True American Campus）和一种新型的美式有机营建（A New Type of American Organic Architecture）。
④ Frank Lloyd Wright. Organic Architecture Looks at Modern Architecture[J]. Essays by Frank Lloyd Wright for Architecture Record 1908-1952[M]. New York：An Architectural Record Book，1975：233.

今没有哪个营建师能取代，弗兰克·劳埃德·赖特死后的声誉超过生前。笔者4次访美，均以弗兰克·劳埃德·赖特的作品作为考察重点，每次都会遇到络绎不绝的参观人群，包括青年学生甚至儿童。弗兰克·劳埃德·赖特的作品已成为美国文化的一部分，这种现象不仅不会减弱而且会继续加强。

4.5-1　弗吉尼亚大学校园中心透视

4.5-2　亨利·霍布森·理查森设计的哈佛大学内的塞佛大楼

4.5-3　路易斯·亨利·沙利文设计的芝加哥百货大楼

4.5-4　弗兰克·劳埃德·赖特设计的罗比住宅西端的挑檐

4.5-5　俯视流水别墅通向溪水的小梯

4.5-6　流水别墅起居室壁炉前地面天然石块

4.5-7 远望流水别墅

4.5-8 菲利普·约翰逊制腊公司室内

4.5-9 菲利普·约翰逊制腊公司外观

4.5-10 西塔里埃森绘图室前景观

4.5-11 西塔里埃森起居室

4.5-12　巴尔的摩饭店预制砌块装饰性的几何图案

4.5-13　佛罗里达南方学院教堂

4.5-14　佛罗里达南方学院图书馆

4.5-15　佛罗里达南方学院廊道

4.5-16　古根海姆博物馆外观

4.5-17　古根海姆博物馆室内

4.6 密斯·范德·罗厄的构成主义与国际式风格

　　密斯·范德·罗厄原名路德维希·密斯（Ludwig Mies），出生于德国的古城亚琛（Aachen），密斯是他的父姓，因为"Mies"在德语中有"不幸或可怜"的含义，路德维希·密斯便在父姓的后面添加了"范德·罗厄"（van der Rohe），罗厄（Rohe）是他母亲家的姓。[①]1896—1899年密斯·范德·罗厄在教会学校读过3年书，以后又在工艺学校（Craft Day School）学习了两年，同时在夜校中攻读了数学、土木工程和绘图。密斯·范德·罗厄15岁开始跟父亲学徒，密斯·范德·罗厄的父亲米夏埃尔·密斯（Michael Mies）是当地有名的石匠，密斯·范德·罗厄从父亲那里不仅学习了营建的基本知识，也学会了砌砖和石刻。亚琛有许多古典房屋，为密斯·范德·罗厄提高营建修养创造了条件。密斯·范德·罗厄曾经回忆：家乡中有许多老房子，这并不是什么重要的作品，大多数都很简单，但却非常清晰，所有伟大的风格都过时了，它们却仍然屹立。这是中世纪的房屋，没有什么特殊的个性，但确实是真实的营建（Really Built）。[②]1905年密斯·范德·罗厄离开亚琛到柏林西南的Rixdort寻求发展，并在当地的城市建设部当过绘图员。1906年密斯·范德·罗厄到布鲁诺·保罗（Bruno Paul，1874—1968）的营建事务所打工，同时在美术学院和工艺美术学校学习。1907年密斯·范德·罗厄接到一项设计任务，是为一位哲学教授阿洛伊斯·里尔（Alois Riehl）设计一幢假日住宅——里尔住宅，当时密斯·范德·罗厄年仅20岁。里尔住宅于1910年建成，住宅平面规整、功能合理，营建风格与当地传统住宅一致。凭借里尔住宅的成功建造，1908年密斯·范德·罗厄被推荐到德国建筑师彼得·贝伦斯的设计事务所工作。密斯·范德·罗厄在贝伦斯的事务所工作3年，收获颇多。贝伦斯严谨的设计风格对密斯·范德·罗厄影响很大，贝伦斯非常推崇德国著名营建师卡尔·弗里德里希·申克尔的新古典主义，因此，卡尔·弗里德里希·申克尔简洁质朴的新古典主义风格也对青年时代的密斯·范德·罗厄产生极大影响。1921年密斯·范德·罗厄与风格派的领导人特奥·范杜斯堡开始有交往，以后又结交了构成主义（Constructivism）的代表人物利西茨基（El Lissitzky，1890—1941）。1924年密斯·范德·罗厄提出了一种砖墙乡村住宅（Brick Country House）的概念性设计，住宅由砖墙承重，承重的砖墙并不连续，独立的几片砖墙由内部向外伸出，并且延伸至室外的绿地中。住宅平面构图舒展，室内外空间流动，该方案以绘画形式在柏林艺

① Jean-Louis Cohen. Ludwig Mies ven der Rohe[M]. Berlin：Birkhäuser Verlag AG, 2007：11.
② Jean-Louis Cohen. Ludwig Mies ven der Rohe[M]. Berlin：Birkhäuser Verlag AG, 2007：12.

术展览会上展出，再次引起营建界的关注。乡村住宅设计被认为是根据风格派理论设计的，乡村住宅的平面构图酷似蒙德里安或范杜斯堡的风格派绘画。密斯·范德·罗厄不断变化的设计方案，不仅显示了他本人对营建艺术的探讨，也反映了现代营建运动在 20 世纪初期的徘徊动向。1928 年密斯·范德·罗厄承担了在巴塞罗那举办的国际博览会德国馆的设计任务，展馆在 1929 年博览会期间展出 3 个月后就被拆除了，虽然展出时间很短，却在国际营建界留下深刻印象，成为现代营建运动的里程碑，密斯·范德·罗厄也因此声名大震。[①]1927—1930 年，密斯·范德·罗厄在布尔诺（Brno）设计了图根德哈特住宅（Tugendhant House），布尔诺今在捷克共和国境内。图根德哈特住宅是密斯·范德·罗厄设计过的最豪华的住宅，它的设计时间几乎与巴塞罗那的德国展亭同期，设计的手法也与巴塞罗那的德国展亭近似，图根德哈特住宅是现代营建运动杰出的作品，2001 年被联合国教科文组织确定为世界遗产。

　　1937 年密斯·范德·罗厄应邀赴美，出任阿尔莫工学院（Armour Institute of Technology）营建系主任，当时美国经济萧条，密斯·范德·罗厄又是外来人，本不期望有什么设计任务，恰恰是阿尔莫工学院给了密斯·范德·罗厄一次施展才华的机会。1939 年学院委托密斯·范德·罗厄重新规划校园，密斯·范德·罗厄与路得维希·希贝尔塞默（Ludwig Hilberseimer）合作，提供了新的校园总平面，经过两次修改，1941 年定案，密斯·范德·罗厄规划的校园总平面有明显的格网，显示出理性的布局。[②]1950 年密斯·范德·罗厄又开始精心设计营建系馆，亦称克朗楼（Crown Hall），1956 年克朗楼建成，成为校园内最引人注目的系馆，此时密斯·范德·罗厄已年近 70 岁，克朗楼为伊利诺伊工学院树立了全新的风格，成为现代营建运动的里程碑。[③]美国时代周刊曾经把克朗楼称作"世界上最有影响力的房屋之一"，也有人把它比作"20 世纪的帕提农神庙"。把克朗楼比喻为 20 世纪的帕提农神庙似乎有些夸张，但是克朗楼严肃、端庄的气质确实令人肃然起敬，2001 年克朗楼被确定为国家历史性地标。密斯·范德·罗厄在伊利诺伊工学院的任教时

---

① 1983 年巴塞罗那市在原址重新修建了德国馆展亭（German Pavilion），1986 年展亭对外开放，成为巴塞罗那市重要的景点。巴塞罗那的德国馆展亭与密斯·范德·罗厄在 1924 年提出的乡村住宅方案有着类似的设计手法，构图明显地受风格派的影响。

② 1940 年，阿尔莫工学院与刘易斯学院（Lewis College）合并更名伊利诺伊工学院（Illinois Institute of Technology），简称 IIT。第二次世界大战期间，学校仅仅建造了两幢校舍，包括密斯·范德·罗厄 1942 年设计的金属与矿物研究馆（Metal and Minerals Research Building）。第二次世界大战后，密斯·范德·罗厄精心设计了图书馆与行政办公综合楼，但是这幢 100m 长的主楼始终未建。

③ 克朗楼严格对称，外观以黑色为基调，建筑细部处理得非常精致，石匠出身的密斯·范德·罗厄似乎想把钢结构当作石材精雕细刻，例如转角处的钢结构做成复杂的转折，门式钢架高出屋面的油漆色彩变化，入口平台与踏步的比例仔细推敲，甚至周围的路灯、指示牌与植物的配置也都与克朗楼保持高度和谐，正如密斯·范德·罗厄的名言"God is in the Details"。

间较长,他没有发挥包豪斯的教学思想,他强调基础教育。[①]1945 年密斯·范德·罗厄受伊迪丝·法恩斯沃思(Edith Farnsworth)女士的委托,为她在伊利诺伊州西北的密林中设计一幢度假别墅。法恩斯沃思是一位著名的肾脏病医生,而且是富有的单身女性,密斯·范德·罗厄大胆地为她设计了一幢纯净的玻璃盒子。[②]1958 年密斯·范德·罗厄在纽约设计的西格拉姆大厦(Seagram Building)落成,西格拉姆大厦位于纽约繁华地段,沿公园大道(Park Avenue)第 52 街与 53 街之间,密斯·范德·罗厄在设计前曾多次沿着公园大道漫步思考,他发现沿着人行道行很难看到邻街建造的大厦,他决定将大厦从公园大道后退约 30.5m,大厦前布置了一个约 27m×46m 的矩形广场,广场不仅可以有足够的空间给人们欣赏大厦,也有利于人流的疏散。广场对纽约市民是一大贡献,但是增加广场会减少大厦底层的出租面积,影响公司经济效益。在密斯·范德·罗厄的坚持下,西格拉姆公司最终决定将公司的经济效益服从于社会效益。[③] 西格拉姆大厦是密斯·范德·罗厄后期设计理论的结晶,他事后回忆说:我的想法是要有一个清晰的结构,这不是针对个别问题,它是我对待全部营建问题的态度。我反对那种认为特定的营建必须有特定的个性,我认为营建应当表达一种普遍的个性,这种普遍个性是营建必须努力解决的总体问题所决定的。[④]

---

① 密斯·范德·罗厄认为有了基础才能站稳。每件事都必须有理性(reason)指导,理性的指导可以使事物沿着正确的轨道。很多人不理解营建与理性的关系,其实砖墙的砌筑就是非常理性的。营建系的学生必须了解构造(construction),了解从结构到营建的精炼过程,了解如何表现我们时代的本质(essence of our time),只有这样才是营建学(architecture)。为了加强基础教育,密斯·范德·罗厄把伊利诺伊工学院营建系的教学由 4 年制延长至 5 年制,第一年学习绘图与视觉艺术,绘图是复杂、抽象的线条训练;第二年学习基础构造(basic construction),构造练习结合视觉艺术训练,使学生不仅了解房屋的构成,也掌握了房屋的形式、比例、韵律、质感、色彩、体量与空间;第三年继续学习房屋构造,同时学习简单的设计,如卧室、厨房等;经过 3 年的基础训练后,第四年开始设计简单的房屋、小城镇规划与理论研究;学生在第 5 年可以选修房屋设计或城市规划专题。在 5 年时间里,学生同时也学习数学、结构力学、营建历史与美术课等,密斯·范德·罗厄的教育思想与教学计划对美国甚至其他国家的建筑教育均有很大影响。

摘自:Peter Carter. Mies van der Rohe at Work[M]. New York:Phaidon Press Limited, 1999:159-162.

② 法恩斯沃思别墅在芝加哥西侧,距芝加哥 80km,靠近福克斯河(Fox River),别墅占地约 4hm²,总营建面积为约 206m²。范斯沃思别墅为单层钢结构,屋顶由 8 根钢柱支撑,室内四周全部为落地玻璃,通过布置在中间的服务核心微妙地将室内的大空间划分成起居、睡眠和厨房等不同的功能和互相流动的空间。开敞的门廊设在西侧,别墅地面架空,比室外地面抬高约 1.5m,可以饱览四周自然景色。室外南侧有一个架空的大平台,可作为起居空间的延伸。密斯·范德·罗厄尝试把大自然的环境引入室内,使人类与大自然有更高层次的统一,他认为透过别墅的玻璃欣赏自然界的景色,会获得比在室外欣赏大自然有更深层次的意义。密斯·范德·罗厄要求把暴露在别墅外侧的钢柱表面进行磨光处理,然后涂刷白色油漆,精雕细刻的处理令人联想到白色大理石的古典柱式。范斯沃思别墅标志着密斯·范德·罗厄的风格由重视立体构成转向追求纯净、简洁,密斯·范德·罗厄本人对这幢平面为 23m×9m 的玻璃盒子的评价是:"几乎什么也没有"(almost nothing)。1947 年纽约现代艺术博物馆为密斯·范德·罗厄举办了一次个人作品展,展出他自 1942 年以来的作品,密斯·范德·罗厄把正在设计的法恩斯沃思别墅模型也放在展会中,1951 年范斯沃思别墅建成后再次成为国际营建界关注的焦点。

③ Peter Carter. Mies van der Rohe at Work[M]. New York:Phaidon Press Limited, 1999:127.

④ Peter Carter. Mies van der Rohe at Work[M]. New York:Phaidon Press Limited, 1999:61.

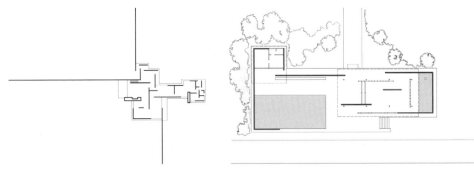

4.6-1　乡村住宅概念性设计平面　　　　　　　　　4.6-3　巴塞罗那德国展亭平面

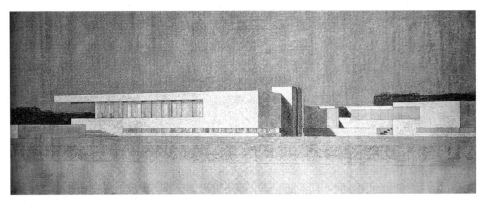

4.6-2　乡村住宅概念性设计透视

4.6-4　巴塞罗那德国展亭外观

4.6-5　巴塞罗那展亭内部水池

4.6-6　伊利诺伊工学院规划

4.6-7 伊利诺伊工学院克朗楼透视

4.6-8 克朗楼结构细部

4.6-9 仰视纽约西格拉姆大厦

4.6-10 纽约西格拉姆大厦入口广场

4.7 路易斯·康对古典营建元素的探讨

　　路易斯·康（Louis .I. Kahn，1901—1974）出生于俄罗斯帝国统治下的爱沙尼亚的奥赛岛（Osel），父母都是犹太人后裔，1906 年全家移民到美国的费城。1924 年路易斯·康大学毕业，先后在费城的两个营建事务所工作，从绘图员到承担博览会的大型展馆设计。1928 年路易斯·康自费赴欧洲考察，在意大利停留了 5 个月，意大利中部的山城和古罗马遗址给他留下深刻印象。[①]20 世纪 30 年代美国经济萧条，路易斯·康经常处于失业状态，他和几位营建师组织了一个营建研究小组（Architectural Research Group）开展研究工作。他们关心国际营建发展，仔细阅读勒柯布西耶等现代营建先驱的作品，参加营建新技术试验，关注社会需求与住宅建设。1933 年在"更好的家"展览会上展示了他们的费城南部贫民窟典型居住区重建方案，到了 20 世纪 40 年代，路易斯·康的设计任务多数是低标准住宅。第二次世界大战结束后，路易斯·康的主要设计任务为独院式住宅。此时，路易斯·康对勒柯布西耶的评价很高，他曾经说过：我看到朗香教堂后便疯狂地爱上了它，不可否认，它是一件艺术品。路易斯·康很少谈及弗兰克·劳埃德·赖特，他赞扬弗兰克·劳埃德·赖特的早期作品，认为草原住宅是真正的美国风格，并认为弗兰克·劳埃德·赖特后期的作品过分随意、自以为是。[②]1951 年，路易斯·康作为设在罗马的美国学院（American Academy in Rome）成员，有机会进一步在意大利考察，同时也访问了希腊和埃及，对古典营建有了进一步的了解，设计思想也有很大的转变。[③]路易斯·康对古典营建的评价是他创作理论的基础，不断探索营建形式的源头，最终形成一种令人深思的营

---

① 路易斯·康在考察期间画了大量速写，他的速写精确度极高，犹如照片。路易斯·康从不用照相机，他也没有照相机。1931 年他将在欧洲考察期间的绘画刊登在《丁丁尺俱乐部》（T-Square Club）杂志上，并写了一篇名为"速写的价质与目的"（The Value and Aim in Sketching）的短文，文章提出：我的速写并非只是为了考察的目的，我很重视速写，把它视为有生命力的、可以触知的东西，速写可以提炼我的感觉。

② David B. Brownlee/ David G. De Long. Louis I. Kahn：In the Realm of Architecture[M]. New York：Rizzoli International Publications，INC. 1991：52，59.

③ 路易斯·康在罗马给友人的信中谈道：我坚定地认为意大利营建将永远是未来营建创作灵感的源泉，不认识到这点的人应该再来看看。我们的作品与它比起来显得贫乏，这里所有的纯净形式（pure forms）都已经尝试过各种变化。诠释意大利的营建是非常必要的，因为它关系到我们对营建的认知和需求。路易斯·康还进一步提出：营建师必须永远保持对过去最伟大营建的关注。引自 David B. Brownlee/ David G. De Long. Louis I. Kahn：In the Realm of Architecture[M]. New York：Rizzoli International Publications，INC. 1991：50.

建风格。耶鲁大学美术馆扩建（Yale Art Gallery Addition）设计成为路易斯·康事业的转折点。在此之后的 10 年内，他执着地探索存在于营建形式中的永恒元素，创造了一种全新的营建语言，并大胆地运用新型结构形式，同时探讨了以三角形作为空间构图的基本元素。三角形元素形成的密肋楼板成为室内的重要景观，圆筒形楼梯间与三跑楼梯的组合进一步强化了三角形元素的视觉艺术效果。1957 年，路易斯·康在宾夕法尼亚大学设计的理查德医学研究楼（Richards Medical Research Building）令人耳目一新，显示出他的创作理论走向成熟。理查德医学研究楼的布局根据功能要求划分为"服务空间"与"被服务空间"，这是路易斯·康对实验室进行科学分析的成果，设计中以"单元式"进行组合，并且采用了新型装配式钢筋混凝土框架结构体系，使古典营建艺术与现代科学技术相结合。[①]1962 年路易斯·康应印度国家设计院的邀请，主持设计印度管理学院（Indian Institute of Management）。印度管理学院是规模较大的院校，在长达 13 年的设计过程中，路易斯·康费尽心思，先后做了 6 次修改。全部房屋都选用造价低廉、外观朴素的清水红砖墙，体型与空间组合再次运用几何元素，并结合当地气候条件，创造了有利通风与遮阳的布局，展示出一种古朴典雅的风格。印度管理学院特色鲜明，穿行其间犹如漫步于古罗马遗址中。路易斯·康对古典营建领悟之深令人赞叹。1969 年路易斯·康为耶鲁大学再一次设计了不列颠艺术中心（Yale Center for British Art），显示了他对营建艺术的深刻理解，即运用纯净的几何元素——方、圆和三角形组织空间，不列颠艺术中心是他一生中最后的作品。有人把路易斯·康的理论视为新古典主义，而新古典主义营建概念过于模糊，在古典营建基础上简化细部的作品也曾被认为是新古典主义。路易斯·康的基本设计思路与现代营建运动是一致的，他重视设计的创造性，重视功能，重视运用新技术、新材料，重视空间处理与光影变化。路易斯·康与其他现代营建大师的区别在于如何对待古典传统，他没有从形式上去模仿，也没有从细部处理上提炼符号，他探索营建学最原始的"元素"或"形式"，即圆形、方形和三角形是他探索的基本元素。像古希腊哲学家柏拉图（Plato，公元前 427 年—公元前 347 年）那样，路易斯·康追求"理念形式"，把最原始和最美的几何元素成功地运用在营建设计中。因此，有人把他称为"营建师中的哲学家"，把他的理论称为"新柏拉图主义"（neo-Platonism）。[②]

---

① 薛恩伦. 路易斯·康与路易斯·巴拉甘: 现代建筑名作访评 [M]. 北京: 中国建筑工业出版社，2012:16-26.

② 柏拉图是古希腊三大哲学家之一，和苏格拉底、亚里士多德共同奠定西方文化的哲学基础。柏拉图认为具体的世界是各种理念形式的仿制品，只有理念形式才是真实的。因此，艺术只不过是仿制品的仿制品，其价值仅在于指引心灵走向真实，即真、善、美。摘自:简明不列颠百科全书（卷 2）[M].北京: 中国大百科全书出版社，1986: 29.

4.7-1 耶鲁大学美术馆扩建门厅

4.7-2 理查德医学研究楼与生物楼透视

4.7-3 理查德研究楼
立面的变化

4.7-4 印度管理学院主入口的大门

4.7-5 从印度管理学院路易斯·康广场尽端望教学区

4.7-6 印度管理学院的坡道

4.7-7 管理学院圆形元素
立体组合

4.7-8 管理学院学生宿舍区食堂

4.8 罗伯特·文丘里与后现代营建思潮

20 世纪 60 年代西方建筑界兴起一股"后现代营建"热，20 世纪 80 年代后期逐渐冷却，国际营建界对"后现代营建"的理解始终有分歧，后现代主义在其他学术领域的含义与营建界也有所不同，因而"后现代营建学"始终是一个不确定的、含混的术语。查尔斯·詹克斯（Charles Jencks）曾被认为是后现代营建的理论家。1977 年查尔斯·詹克斯在《后现代营建语言》（The Language of Post-Modern Architecture）一书中给后现代建营下的定义是"双重译码：现代技术与传统式房屋的结合，使营建艺术既能与大众沟通，也可与少数营建师对话"；1986 年在《什么是后现代主义》（What is Post-Modernism）一书中，查尔斯·詹克斯又精心分析了后现代营建中的各种流派，并把"后现代古典主义"（Post-Modern Classicism）确定为后现代营建的主流。美国著名营建评论家保罗·戈德伯格（Paul Goldberger）在 1982 年 10 月 10 日《纽约时报》的一篇评论迈克尔·格雷夫斯（Michael Graves）的文章中更明确地把迈克尔·格雷夫斯称作是后现代营建的化身，这篇文章被收集在保罗·戈德伯格的著作《趋向：后现代时期的营建与设计》（On the Rise：Architecture and Design in a Postmodern Age）。[①] 查尔斯·詹克斯继《什么是后现代主义》之后，又提出"晚现代营建"（Late Modern Architecture）、"新现代营建"（New Modern Architecture）诸多观点，令人眼花缭乱，有商业炒作之嫌。对"后现代营建"有许多不同的理解，有人认为后现代营建应当是多元化的，甚至把后现代营建视为多元化营建的同义语。把后现代营建理解为多元化似乎不够准确，因为现代营建运动中已经流派纷呈，现代营建运动本身就是多元化的。不同意后现代营建是特定风格的观点认为：所谓后现代营建只不过是一种营建思潮，意图在于修正现代营建运动中某些流派的片面倾向，特别是国际式风格，一种平淡、冷漠、过于简单化的营建风格，

---

① 后现代（Post-modern）一词最早出现在 20 世纪 60 年代，也有人证明远在 20 世纪 30 年代便有人使用过这个术语，后现代主义涉及的范围很广，并逐渐成为越来越有包容性的术语。德国文学评论家迈克尔·科勒（Michael Kohler）1977 年在《后现代主义：一种历史观念的概括》一书中指出："尽管究竟是什么东西构成这一领域的特征还争论不休，但'后现代'这个术语此时已适用于第二次世界大战以来出现的各种文化现象了，这种现象预示了某种情感和态度的变化，从而使得当前成了一个'现代之后'的时代。"关于后现代主义与现代主义的关系也是众说不一，有人认为二者截然不同，有人则认为后现代主义仅仅是现代主义的一个阶段，而多数学者的观点是：后现代主义与现代主义既有区别又有联系，后现代的后字有双重含义：现代主义的继续与超越。

这种观点已经被愈来愈多的人们认同。也可以说，后现代营建思潮与现代营建运动既有区别又有联系，后现代营建思潮是现代营建运动的继续与超越。

在理论方面，真正影响后现代营建思潮的是罗伯特·文丘里的著作。罗伯特·文丘里的重要著作《营建学的复杂性与矛盾性》（Complexity and Contradiction in Architecture）写作于 20 世纪 50 年代，出版于 20 世纪 60 年代。当时还没有出现"后现代营建"这一术语，罗伯特·文丘里在书中通过对历史上著名的古典营建和现代营建实例进行分析，论述了营建艺术的本质和营建设计的基本规律，指出营建设计要综合解决功能、技术、艺术、环境以及社会问题，因而营建艺术必然是充满矛盾性和复杂性的。该书批评了当时在美国营建界占主流地位的所谓国际式营建。文森特·施柯莱（Vincent Scully）在序言中指出：该书可能是 1923 年勒柯布西耶的《走向新营建学》（Towards a new Architecture）一书发表以来，有关营建学发展最重要的一本著作。罗伯特·文丘里在《营建学的复杂性与矛盾性》中直率地抨击现代营建运动、国际式营建代表人物密斯·范德·罗厄的论点。罗伯特·文丘里认为密斯·范德·罗厄的名言"少即是多"（Less is More），也有人译为"少就是好"，这是对复杂性的悲叹，也是为了达到某种表现的借口。密斯·范德·罗厄所以能够设计许多美妙的房屋，就是因为他忽视了营建的许多方面，如果他试图解决再多一些问题，就会使他的营建变得软弱无力。罗伯特·文丘里认为承认营建学的复杂并不否定路易斯·康提出的"追求简练的欲望"。复杂并不否认有效的简化，这种简化是在形成复杂艺术的分析过程中的一种方法，不能把简化误认为是目的。过分简化的结果是产生大批平淡的房屋，少使人厌烦（Less is a Bore）。[1]

1962 年，罗伯特·文丘里为他母亲设计了一幢住宅（Vanna Venturi House），由于是为自己家人设计的房子，罗伯特·文丘里大胆地做了理论上的探讨，成为《营建学的复杂性与矛盾性》著作的生动写照。[2]1972 年罗伯特·文丘里设计的富兰克林纪念馆（Franklin Court）是他最具创新精神的一项设计。纪念馆于 1976 年建成，作为现代营建的里程碑，富兰克林纪念馆使我们可以从更高层次理解后现代营建思潮的含义。富兰克林纪念馆是为了纪念本杰明·富兰克林（Benjamin Franklin，1706—1790）和

---

① Robert Venturi. Complexity and Contradiction in Architecture. New York：The Museum of Modern Art，1977：16-18.
② 在介绍这个住宅时，罗伯特·文丘里写道："这是一座承认营建学复杂性和矛盾性的房屋，它既复杂又简单；既开敞又封闭；既大又小。某些构件在这一层次上是好的，而在另一层次上不好……"。住宅采用坡顶。坡顶在传统概念上是可以遮风避雨的符号。主立面的总体效果是对称的，细部处理则是不对称的，窗口的大小和位置是根据内部功能的需要来定。山墙的正中央留有缺口，似乎想将住宅分成两半，而入口门洞上方的装饰性弧线又有意将左右两部分连为整体，成为互相矛盾的处理手法。平面的结构体系基本对称，功能布局在中轴线两侧是不对称的。住宅首层中部是开敞的起居室，左侧是卧室和卫浴，右侧是餐厅、厨房和后院，反映出古典对称布局与现代生活的矛盾。

他的故居建造的。① 纪念馆建在费城传统的街区内，费城的传统街区是美国最古老的街区之一，至今保护完好。② 富兰克林纪念馆的展馆建在内院的地下，一条无障碍的缓坡道把人们带入地下展馆，展馆包括几个展室和一个小电影厅，以各种形式展示了富兰克林一生的丰功伟绩。富兰克林纪念馆没有采用人们惯用的恢复名人故居的做法，而是在地面上开拓了一片绿地，以改善小区环境，并造福后人，相信富兰克林在天之灵也会感到欣慰。

　　1981年伦敦的国家美术馆（National Gallery）开始筹划向西扩建新馆——圣斯伯里馆（Sainsbury Wing），准备展出欧洲文艺复兴早期的绘画珍品。第一轮方案竞赛时罗伯特·文丘里并未参加，当局对方案均不满意，恰逢英国查理王子（Prince Charles）对伦敦的现代营建进行抨击，于是当局又邀请了6位国际著名营建师进行第二轮方案竞赛，罗伯特·文丘里应邀参加并取得了设计权。美术馆位于伦敦市中心区，在著名的特拉法加广场（Trafalgar Square）北侧。特拉法加广场内有两个喷水池，广场南端耸立着纳尔逊纪念柱（Nelson's Column），四周都是古典式房屋，广场南侧通向国会大厦，西侧是通向白金汉王宫的林荫大道。罗伯特·文丘里设计的新馆面积约11150m²，新馆平面布局铺满外形并不规整的场区，靠近特拉法尔广场的东南角作为新馆首层的主入口，主入口前布置凹廊，是广场与新馆的过渡空间。③ 如何处理新馆的营建风格是设计的关键问题，罗伯特·文丘里按照自己的理论采用了似乎简单

---

① 本杰明·富兰克林是美国18世纪名列华盛顿之后最著名的人物，参加起草独立宣言，在革命战争中争取到法国的财政和军事援助，与英国谈判承认美国独立的条约，草拟美国的宪法，在科学方面进行了有名的电实验、远近两用眼镜、避雷针等。他出生于波士顿，只受过极短的正规教育，全靠勤奋自学成才。1724—1726年曾在伦敦印刷行业工作，1726年回到费城后自己经营印刷业。他热心公共事业，建立费城公共图书馆，协助创办宾夕法尼亚大学。[摘自：简明不列颠百科全书（卷3）[M]. 北京：中国大百科全书出版社，1985：241.]

② 富兰克林纪念馆建在富兰克林故居的遗址上，纪念馆的主入口沿着费城著名的市场街（Market Street）。市场街保留着旧貌，通过一个门洞才能进入纪念馆的内院。门洞的一侧是富兰克林昔日经营的印刷所，室内保留着当时的印刷和装订设备；门洞的另一侧是富兰克林邮局，以纪念这位曾经当过邮政总长的名人。内院中的富兰克林故居在1812年就完全毁坏了，故居的原貌没有留下任何记载。据说故居是一幢3层的楼房，有10个房间。为了使人们保留对故居的记忆，罗伯特·文丘里采取了两项措施：措施之一是以一个不锈钢的构架勾勒出简化后的故居轮廓，罗伯特·文丘里把它称为"幽灵构架"（Ghost Structure），这是一种高度抽象的符号；措施之二是将200年前的故居基础直接展示给观众，展示的办法是运用开向地下的展窗，在展窗内配合图片和文字说明，介绍基础在故居中的位置，使观众观看基础的同时，也了解到故居的全貌。更精彩的是展示基础的展窗，同时也成为纪念馆中不可缺少的现代雕塑。展窗的大小、方向与"幽灵构架"共同组成一幅完美的构图。这种构思极具创造性，展示的是真实的古迹，颇有考古发掘的味道，比复原一幢故居的"假古董"更加引人入胜。

③ 国家美术馆新馆地上3层、地下两层，首层布置门厅、存衣、商店、办公、卫生间及展馆的工程辅助用房。首层门厅高两层，二层布置咖啡厅、餐厅、厨房和会议室；地下一层布置临时展厅和电影厅；地下二层布置小报告厅、仓库和工程机房。新馆展厅放在顶层，便于顶部自然采光，顶层的标高与主馆展厅的标高一致。新馆以过街楼与主馆联系，非常方便。过街楼下原有的小街精心绿化，小街两侧设门，既保留了小街原有的功能，又为新馆创造了室外空间。

而实际复杂的处理方法。新馆在大尺度上与主馆保持和谐，细部处理则采用了全新的手法并重点处理了靠近主馆的东侧。[①] 新馆设计中有很多独具匠心的构思，例如新馆与主馆之间的圆形过街楼，不仅丰富了室外的空间和造型，室内形成的圆形休息厅恰好在主馆与新馆之间，非常实用。圆形过街楼下面的支柱也很有特色，成为小街上的一景。新馆东侧的单跑大楼梯地位显著，楼梯介于主馆和新馆之间，可同时为两馆服务，宽大的楼梯显示出展馆的开放性，透过楼梯东侧的玻璃幕墙可以清楚地看到主馆，加深了新馆与主馆的紧密结合。

　　另一位后现代主义营建师迈克尔·格雷夫斯（Michael Graves，1934—2015）被认为是"后现代古典主义"代表。[②] 波特兰市政厅是迈克尔·格雷夫斯一次设计竞赛的中标方案，波特兰市政厅平面呈正方形，迈克尔·格雷夫斯进行了独特的立面划分，配以色彩和装饰。底部是 3 层感观厚实的基座，其上是 12 层高的主体。大面积的墙面是象牙白的色泽，墙面开有深蓝色的方窗。正立面中央 11～14 层有一个巨大的楔形色块，象征古典的拱顶石（Key Stone）。楔形色块下是镶着蓝色镜面玻璃的巨大墙面，玻璃上的棕红色竖条纹形成超常尺度的壁柱形象。这种设计手法被认为是"古典"符号的"拼贴"。迈克尔·格雷夫斯最成功的作品是佛罗里达的天鹅饭店，被认为是"卡通式立体派"，有点像童话剧搭设的舞台布景。迈克尔·格雷夫斯的作品着重于空间结构和文脉的连续性，追求营建中的诗意、幻想和符号隐喻，虽然建造的数量不多，但特点显著，对美国营建界颇有影响。

---

① 国家美术馆主馆的壁柱作为一种传统符号运用在新馆中，壁柱的间距完全没有按照传统的规律，而形成大小不等的节奏变化，甚至还有几个柱子叠加在一起，叠加的壁柱在南立面产生的视觉效果与老馆几乎完全一致。主馆古典的窗形也成为罗伯特·文丘里设计的符号，它在新馆东南转角的上方变成了"盲窗"（Blind Window）。另一种独特的手法是在新馆东侧采用了大片镜面玻璃幕墙，主馆西侧的立面和过街楼直接反射在镜面玻璃幕墙中，增加了视觉的和谐。主馆的檐部和基座延伸至新馆，其线脚适当简化，而檐部和基座的延伸对保持新、老展馆的和谐有很大作用。线脚简化是新古典主义惯用的手法，新馆作为主馆的配角，适当简化线脚也合乎设计规律。新馆几个立面的处理手法并不一致，西立面以砖墙砌筑，是为了与街道对面的房屋保持一致，而北立面虽然也有砖墙，但是增加了大理石的碑文，以介绍新馆场址的历史。这种立面"不连续"（Discontinue）的设计手法，强调新馆与四周环境要保持和谐，但并不主张新馆本身的立面风格要完全一致。

② 迈克尔·格雷夫斯生于印第安纳波利斯，他在辛辛那提大学毕业后，又在哈佛大学获硕士学位。1960 年获罗马奖之后，又在罗马美国艺术学院留学，1962 年开始在普林斯顿大学任教，1964 年在该地开设事务所，1972 年成为普林斯顿大学教授。迈克尔·格雷夫斯获得声誉首先是以一种色彩斑驳、构图稚拙的绘画，而不是以其设计作品。有人认为，他的营建创作是他的绘画作品的继续与发展，充满着色块的堆砌，犹如舞台布景。迈克尔·格雷夫斯的代表作品有波特兰市政厅和佛罗里达天鹅饭店，这两项作品都是后现代主义的代表作。迈克尔·格雷夫斯是个全才，他除了营建，还热衷于家具陈设，涉足用品、首饰、钟表及至餐具设计，范围十分广泛。

4.8-1 罗伯特·文丘里设计的母亲住宅   4.8-2 罗伯特·文丘里设计的富兰克林纪念馆
中的"幽灵构架"

4.8-3 罗伯特·文丘里设计的富兰克林纪念馆入口   4.8-4 富兰克林纪念馆中开向地下的展窗

4.8-5 伦敦的国家美术馆与向西扩建的新馆

4.8-11　天鹅饭店的喷水池

4.8-12　天鹅饭店室内装修

4.8-13　迈克尔·格雷夫斯设计的迪士尼办公楼

4.9 解构主义与弗兰克·盖里

20 世纪中期的美国已成为现代营建运动的中心，人才辈出，流派纷呈。继"后现代思潮"之后，又出现了"解构主义"（Deconstruction）。所谓的"解构主义营建"，实际上是一种商业炒作（Commercial Speculation）。

1988 年，著名营建师菲利普·约翰逊在马克 A. 威格利（Mark Antony Wigley）的协助下，在纽约现代艺术博物馆（Museum of Modern Art，简称 MoMA）举办了一次"解构主义营建展"，展出 7 位营建师的作品，包括弗兰克·盖里、扎哈·哈迪德（Zaha Hadid）、彼得·艾森曼（Peter Eisenman）、丹尼尔·里伯斯金（Daniel Libeskind）、伯纳德·屈米（Bernard Tschumi）以及雷姆·库哈斯（Rem Koolhaas）和蓝天组建筑设计顾问有限公司（Coop Himmelb）。虽然这 7 位营建师或设计公司并非都同意"解构主义"的观点，却都被戴上了解构主义营建师的"桂冠"。弗兰克·盖里是"解构主义营建展"中资格最老的营建师，他被称为"解构主义营建之父"，但是弗兰克·盖里本人对解构主义却不感兴趣，他甚至说"我不是一个解构主义者！那个术语确实令我很糊涂，……远在那个术语发明前我已经当了 20 多年营建师了"。此后，英国营建杂志"营建设计"（Architectural Design）又连续出版"解构主义 I-III"（Deconstruction I-III）3 期专刊，详细介绍解构主义哲学创始人雅克·德里达（Jacque Derrida，1930—2004）和所谓的解构主义营建学作品，在国际营建界掀起一波宣传解构主义营建学的浪潮。认真分析一下在纽约现代艺术博物馆举办的"解构主义营建展"和展出的 7 位营建师的作品，就会发现"解构主义营建展"是一种名不符实的宣传，"解构主义营建学"是被"炒作"出来的、无中生有的"理论"。本书作者用了近 10 年的时间考察了被称为"解构主义营建学"的大部分作品，并查阅了相关资料。事实说明：大部分所谓的解构主义营建作品都是在构成主义（Constructivism）影响下的产物，包括被认为是解构主义代表性作品的"拉维莱特公园"（Parc de la Villette）。伯纳德·屈米在拉维莱特公园中运用的点、线、面构思也是受构成主义理论家瓦西里·康定斯基的著作《点、线到平面》（Point and Line to Plane）的启示，与雅克·德里达的解构主义哲学无关。所谓的"解构主义营建造型"应当称之为"动态构成"（Dynamic Construction），是由构成主义发展出来的一种具有动态造型的设计构思。[①]

---

① 薛恩伦. 解构主义与动态构成：建筑造型与空间的探索 [M]. 北京：中国建筑工业出版社，2019.

美国当代最有影响力的营建师是弗兰克·盖里。[①] 弗兰克·盖里的作品曾经被评论家贴上过各种标签：后现代、新古典、晚现代、解构、现代巴洛克。弗兰克·盖里的作品被人们推崇，不仅因为他在造型方面不断推陈出新，而且他很重视功能和经济，弗兰克·盖里曾经说过：我要使每幢房屋像一个雕塑作品、一个空间容器、一个具有光线和空气的空间，与环境结合的同时，其感觉和精神一致。这个容器、这个雕塑，要适应使用者的需要，使用者可以与它互动。如果不能做到这些，我就失败了。[②] 1977 年，弗兰克·盖里在美国加利福尼亚州的圣莫尼卡（Santa Monica）买了一幢两层住宅，约 195m^2，住宅位于街区的转角处。次年，弗兰克·盖里决定将底层扩建，增加了 74m^2 的厨房和餐厅；二层则增加了 63m^2，住宅的扩建并没有破坏原有住宅。住宅入口以变化方向的台阶和二层出挑的金属网抽象造型架加强了导向性。沿街扩建的厨房和餐厅成为造型处理的重点。弗兰克·盖里特意在厨房的顶部设计了一个斜放的天窗、一个倾斜的透光立方体，厨房的天窗不仅在室外引人注目，其室内的空间也增加了变化。住宅的餐厅在街区转角处，弗兰克·盖里又布置了一个斜放的角窗，餐厅的角窗与厨房的天窗互相呼应。改建后的住宅上部基本保持原貌，下部形成具有雕塑感的基座，弗兰克·盖里称之为"新老住宅对话"。[③] 弗兰克·盖里曾经说过："我要尝试一些不同……我喜欢在灾难的边缘游戏"。[④] 弗兰克·盖里的大胆构思曾经引发一些营建师的疑虑，怀疑他的创作态度是否严肃。弗兰克·盖里坦率地回答：我设计这幢房子是为了研究和发展（Research and Development），营建师不能拿顾客的房子去做试验，不能拿别人的钱去冒险，所以我只能以我的住宅、我的钱和我的时间去做研究和发展。[⑤] 1989 年弗兰克·盖里为维特拉家具厂（Vitra Furniture Factory）设计的厂房与博物馆，这是他风格确立的转折点。弗兰克·盖里在设计中首次采用艺术包装（Artistic Packing）的手法，

① 1929 年，弗兰克·盖里出生于加拿大的多伦多。弗兰克·盖里的父母是犹太裔的波兰移民，弗兰克·盖里 16 岁时随父母移居美国的洛杉矶，1954 年弗兰克·盖里在南加州大学（University of Southern California）获营建学学士学位，后在哈佛大学研究生院学习一年城市规划。弗兰克·盖里曾先后在巴黎的 Andre Remondet 营建事务所和洛杉矶的维克托·格伦营建事务所（Victor Gruen Associates）中短期工作，1962 在洛杉矶自行开业。1989 年弗兰克·盖里获得普利茨克奖。弗兰克·盖里是当今国际营建界最有影响的营建师之一，被认为是继弗兰克·劳埃德·赖特之后在国际上最有影响的美国营建师。20 世纪 80 年代，美国有人把弗兰克·盖里与罗伯特·文丘里（Robert Venturi）、彼得·艾森曼（Peter Eisenman）并列为当代营建潮流的教父。进入 20 世纪 90 年代，弗兰克·盖里的作品更加引人瞩目，1993 年纽约电视台黄金时间曾播出 "20 世纪营建回顾与展望" 电视系列片，追踪访问 20 世纪促进营建改革的前卫派代表人物，被访的第一位营筑师就是弗兰克·盖里。

② 1980 弗兰克·盖里在准备出版《当代营建师》（Contemporary Architects）时的讲话，引自 1989 年弗兰克·盖里获普利茨克建筑奖时普利茨克官方网站发表的资料。

③ 弗兰克·盖里住宅改建初期招来各种非议，成为当地报刊讨论的焦点话题，甚至波及全国，有些邻居甚至把它比作是 "放在别人院子前面的脏东西"、畸形怪物。当人们拜访过住宅内部之后，大多数人都改变了看法，由厌恶转为欣赏，但仍有人认为它是"可住而不可观的好房子"。今日的弗兰克·盖里住宅已成为居住区内的重要景点。

④ Peter Arnell and Ted Bickford. Frank Gehry: Buildings and Projects[M]. New York: Rizzoli International Publications Inc., 1985: 134.

⑤ Tod A.Marder. Tod A.Marder（editor）. Gehry House [M]. The Critical Edge: Controversy in Recent American Architecture. Cambridge: The MIT Press, 1985: 110.

营建物主体部分的体型相对规整,辅助部分布置在主体的外围,造型丰富,形成艺术包装的效果。这种营建艺术包装的手法不断发展,逐步形成弗兰克·盖里个人的独特风格。1997 年,弗兰克·盖里在西班牙的毕尔巴鄂市设计了古根海姆博物馆(The Guggenheim Museum Bilbao),弗兰克·盖里不仅没有辜负业主的期望,而且还远远超过了预期的效果。博物馆的造型由曲面块体组合而成,雕塑般的造型与城市大桥、河流有机地组合在一起,再次展示了弗兰克·盖里的艺术才能。

1987 年,华特·迪士尼(Walt Disney,1901—1966)的遗孀莉莉安·迪士尼(Lillian Disney)捐赠 5000 万美元在洛杉矶市中心筹建音乐厅,作为赠给洛杉矶市民的礼品和纪念华特·迪士尼对艺术的贡献。[①]在众多高手的竞争中,弗兰克·盖里的方案中选,此后,弗兰克·盖里用了近 5 年的时间逐步改进设计,最终的成果近乎完美。华特·迪士尼音乐厅于 2003 年建成,它标志着弗兰克·盖里创作事业的巅峰。屋顶花园是迪士尼音乐厅最大的亮点。屋顶花园布置在音乐厅屋顶的南侧和西侧,花园高出邻近的城市路面约 10.4m,花园由加利福尼亚州政府投资,洛杉矶的景观营建师梅林达·泰勒(Melinda Taylor)主持绿化设计。屋顶花园移植了约 40 多棵形态良好的乔木,包括美丽的红珊瑚树。弗兰克·盖里为屋顶花园设计了一个喷水池,喷水池献给已故的迪士尼音乐厅捐赠人莉莉安·迪士尼。喷水池为玫瑰花形状,瓷砖贴面,因为莉莉安·迪士尼喜欢玫瑰花和上釉的陶瓷,喷水池的尺度较大,由不锈钢丝网和混凝土制作花瓣,再用陶瓷片拼贴,喷水池建成后成为屋顶花园的景观焦点。屋顶上还设有一处为儿童服务的露天小活动场,可以用于游人的休息、野餐场所。

20 世纪的美国营建界还有一位需要介绍的大师,即菲利普·约翰逊(1906—2005)。菲利普·约翰逊是美国著名营建师和评论家,在哈佛大学学习哲学和营建。他是《国际风格:1922 年以来的营建学》(International Style:Architecture Since 1922)一书的作者之一,也是纽约现代艺术博物馆营建部主任(1932—1957),为让美国人熟悉现代欧洲营建他做了很大的努力,1979 年菲利普·约翰逊成为获得普利兹克营建奖的第一人。[②]

---

① 华特·迪士尼是世界最著名的电影制片人、导演、剧作家、配音演员和动画师,他勇敢追求梦想,并以其卓越的洞察力和敏锐的商业眼光而成为著名的企业家、慈善家。他创造了《白雪公主》《木偶奇遇记》等很多著名的电影,以及米老鼠等动画角色。同时,他还开创了主题乐园的形式,使“迪士尼乐园”(Disneyland)闻名全球。

② 菲利普·约翰逊最初在哈佛大学学哲学,但自从读了密斯·范德·罗厄、勒柯布西耶和沃尔特·格罗皮乌斯等营建大师的相关文章之后,就固执地转到了营建学专业。33 岁的时候,他获得了哈佛大学营建学院的营建学学士学位,并于 1927 年毕业。后同营建史家 H·R·希契科克(Henry Russell Hitchcock)游历欧洲,结识了许多现代派营建师。归国后于 1932 年任纽约市现代艺术博物馆(MOMA)营建部主任,同年与希契科克合著《国际风格》,并举办展览。1949 年他为自己设计了“玻璃屋住宅”。菲利普·约翰逊的早期作品明显受密斯·范德·罗厄影响,例如加利福尼亚州加登格罗芙的“水晶教堂”、匹兹堡平板玻璃公司大厦。20 世纪 50 年代中期,他开始转向后现代的新古典主义。在 1983 年建成的位于纽约曼哈顿区的美国电话电报公司大楼设计中,菲利普·约翰逊又把历史上古老的营建构件进行了变形,并加到现代化的大楼顶上,有意造成暧昧的隐喻和不协调的尺度,成为后现代主义有争议的作品。菲利普·约翰逊晚年还在自己家中设计了一个具有动态构成特征的红色会客室。

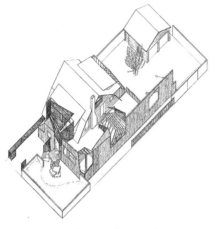

4.9-1　弗兰克·盖里私宅模型

4.9-2　维特拉家具厂厂房透视

4.9-3　毕尔巴鄂古根海姆博物馆主体透视

4.9-4　仰望毕尔巴鄂古根海姆博物馆门厅

4.9-5　迪士尼音乐厅沿街透视

4.9-6　屋顶花园的玫瑰花喷水池

4.9-7　迪士尼音乐厅屋顶花园出口　　　　　　　　　　　4.9-8　菲利普·约翰逊设计的"玻璃住宅"

4.9-9　菲利普·约翰逊设计的美国电话电报公司大楼

4.10 芬兰的营建大师阿尔瓦·阿尔托

西方现代营建运动中，还有一位芬兰的营建大师——阿尔瓦·阿尔托（Alvar Aalto，1898—1976），他曾在美国麻省理工学院执教，并为该校设计了著名的贝克宿舍楼（Baker House），也是一座有特色的学生宿舍。[①] 阿尔瓦·阿尔托在现代营建先驱中算是小字辈，他比弗兰克·劳埃德·赖特小 30 岁，比勒柯布西耶小 10 岁。阿尔瓦·阿尔托资历虽短，却以独特的营建风格引起国际建筑界的关注。

阿尔瓦·阿尔托在国际上具有影响力的第一个作品是 1937 年巴黎国际博览会的芬兰馆（Finish Pavilion at Paris World Fair），该馆被誉为 "木材的诗篇"。芬兰馆功能合理、参观路线流畅、体型丰富、尺度亲切宜人，它将庭院引入展馆，既有着自然采光，同时又丰富了空间。芬兰盛产木材，阿尔瓦·阿尔托在设计中对木材作用的发挥可谓淋漓尽致。木材在展馆中既是营建的材料，同时也是展品，木材的成功运用使芬兰馆在众多的展馆中别具一格、引人注目。1938 年阿尔瓦·阿尔托设计的玛利亚别墅，这不仅是阿尔瓦·阿尔托的代表作品，同时也是现代营建运动的精品。[②]

20 世纪中期是阿尔瓦·阿尔托事业的顶峰，他成功地完成了珊纳特赛罗

---

① 阿尔瓦·阿尔托出生于 1898 年芬兰中西部的库奥尔塔内小镇（Kuortane），小镇距阿拉耶尔维（Alajärvi）市区约 32km。阿尔瓦·阿尔托 5 岁时随家庭迁居芬兰中部的文化中心于韦斯屈莱（Jyväskylä）。1921 年阿尔瓦·阿尔托毕业于赫尔辛基理工学院营建系，该校现改名为赫尔辛基技术大学（Helsinki University of Technology）。阿尔瓦·阿尔托因为参加纽约国际博览会芬兰馆的设计首次访问美国，同时带去了他的营建设计和家具设计作品，并在纽约现代艺术博物馆展出，其作品引起各方关注。1946—1948 年，阿尔瓦·阿尔托应邀再次访问美国，被麻省理工学院聘为教授，在此期间他为该校设计了著名的贝克宿舍楼（Baker House）。贝克宿舍楼平面蜿蜒曲折，每个房间都能看到校园的查尔斯河水（Charles River），餐厅和门厅在底层从中部插入主体，营建设计突破了一般学生宿舍的单调造型，正面的曲面造型与背面的折面造型形成对比。波士顿传统的红砖房屋与曲折的港湾对阿尔瓦·阿尔托的设计构思有一定启发，但根植于阿尔瓦·阿尔托思想深处的还是芬兰的森林与湖泊，尽管动态曲面已经在纽约国际博览会的芬兰馆中展示过，但是，贝克宿舍楼的出现还是令人耳目一新。
② 迈尔·古利克森夫人（Maire Gullichsen，1907—1990）是木材业巨子的继承人，也是著名艺术品收藏家，她在芬兰西部港口城市波里附近的诺尔马库（Noormarkku）有一片相当大的土地，其前辈在场区内已建有两幢古典式的住宅，古利克森夫妇拟再建一幢住宅作为夏季别墅。迈尔热爱艺术，曾在巴黎学习过绘画并积极推广现代艺术，她希望新建的别墅有些芬兰特色，同时还要具备时代精神。阿尔瓦·阿尔托初期设计方案的主入口布置在住宅南侧，即现在的冬季花园处。当住宅的基础施工即将完成时，阿尔瓦·阿尔托提出把主入口改为东侧，即现今的位置，并精心设计了具有曲线状顶盖的门廊。门廊的支柱也很特殊，有密排直立的细木柱，也有几根斜木柱，形成雕塑般的组合柱，而且如此一改使门廊成为玛利亚别墅最大的亮点。别墅的结构处理很灵活，钢管柱、钢筋混凝土楼板与砖墙混合承重，书房内还有一根唯一的钢筋混凝土柱。承重的钢管圆柱内浇灌混凝土，虽然柱网是规则的，但柱子的截面并不一致，大部分是单柱，有的则是双柱，还有 3 根合在一起的组合柱。柱子的布置似乎是根据视觉艺术的需要来设计，人们从规则的柱网中惊喜地发现了自由变化的空间。

（Säynätsalo）市政中心设计和塞伊奈约基（Seinäjoki）市中心的规划和营建设计。阿尔瓦·阿尔托规划设计的市政中心，不仅地域特色鲜明，而且更具有人情味。珊纳特赛罗建于 1924 年，这是一个人口约为 3000 人的小镇，市政中心内院的构思是欧洲传统市政中心的演变。[①] 塞伊奈约基是芬兰中西部的工业小城，1951 年该市的教区中心——路德派教区（Lutheran）举办设计竞赛，阿尔瓦·阿尔托的设计方案"平原的十字架"（Cross of the Plain）被选中。1956 年阿尔瓦·阿尔托接受委托，进一步改进规划方案，其改进后的方案具有中世纪意大利山城特色。1955 年阿尔瓦·阿尔托在芬兰东部工业城伊马特拉的武奥克森尼斯卡（Vuoksenniska）设计了一幢风格独特的教堂，由于教堂的祭坛上有 3 个十字架，当地人把这个教堂称作"三十字架教堂"（Church of Three Crosses）。教堂建在一片丛林中。教堂南侧的一排平房是附属用房，附属用房与教堂之间有一道矮墙，矮墙使附属用房与教堂有机地连为整体。教堂于 1958 年建成。[②]

1962 年阿尔瓦·阿尔托开始设计芬兰迪亚会堂，1972 年建成音乐厅，1975 年建成芬兰迪亚会堂。芬兰迪亚会堂的体量很大，它作为首都新中心的标志性工程也是比较恰当的。会堂东侧的体型比较规整，而面向城市干道和公园的会堂西侧，其体型也较为丰富，特别是会议中心部分，多变的曲线可谓神来之笔，一方面是为了保护场区原有的树木，另一方面又可以打破规整体型的呆板，真是一举两得。

阿尔瓦·阿尔托的创作历程，经历了古典主义、现代功能主义，最终形成了自己的独特风格。阿尔瓦·阿尔托是芬兰本土培养出来的营建师，阿尔瓦·阿尔托的作品也大部分建在芬兰国内，芬兰独特的自然环境与人文环境深深地影响着阿尔瓦·阿尔托的毕生事业，形成了理性与浪漫的交织，并具有鲜明的地域特色和现代营建风格，这在现代营建运动中独树一帜。著名营建评论家吉迪翁（Sigfried Giedion，1888—1968）于 1940 年在《空间、时间与营建》一书中把阿尔瓦·阿尔托称作现代营建运动的第二代，还把阿尔瓦·阿尔托的营建风格视为营建与生活相结合的非理性有机建筑（Irrational-organic Architecture）。20 世纪后期，人们意识

---

① 珊纳特赛罗市政中心包括行政办公用房、会议室、议会大厅、公共图书馆、银行、书店和工作人员宿舍等。阿尔瓦·阿尔托充分利用地形为市政中心设计了一个内院，并将内院标高提升到相当于市政中心的二层，来这里办公的人须通过东南和西南两个角落的大台阶进入内院。内院的南侧是公共图书馆，东侧和北侧是行政办公，西侧是工作人员的宿舍。议会大厅设在东南角的 3 层，其位置非常醒目。南侧图书馆的下面是书店，而东侧议会办公的下面是银行和议会的辅助用房，其功能分区明确。首层的书店、银行可直接对外营业，而且首层与二层互不干扰。设计还考虑到图书馆和议会办公向下层扩展，其功能布局灵活。

② 三十字架教堂的最大特色，是用两道活动隔断将教堂分割成 A、B、C 三区，形成可以各自独立活动的 3 个小空间。每道活动隔断又分为两截，分别贮存在教堂两侧的夹墙内。当使用时由夹墙内拉出，两截活动隔断就可以汇交在教堂中部双柱的缝隙间，这种可分可合的教堂有点像会议中心的多功能厅。A 区用于正规的宗教仪式，B、C 区可以用于其他社会活动。教堂共可容纳 800 人，而每个分区容纳不到 300 人。教堂不仅可以举办宗教活动，还可以举办婚丧大事，教堂的地下室设有殡仪馆。

到营建多元化的重要性,以阿尔瓦·阿尔托为代表的地域化营建风格更加引人关注。罗伯特·文丘里（Robert Venturi）在他的《营建学的复杂性与矛盾性》一书中高度赞扬阿尔瓦·阿尔托的作品,把阿尔瓦·阿尔托的作品视为矛盾与非理性的结合,既有法则又能随机应变,既有传统又能结合环境。罗伯特·文丘里的很多观点都能在阿尔瓦·阿尔托的作品中找到依据,例如在矛盾中建立法则和兼容的整体等。

4.10-1　阿尔瓦·阿尔托设计的 MIT 贝克宿舍楼

4.10-2　阿尔瓦·阿尔托设计的玛利亚别墅入口

4.10-3　玛利亚别墅透视

4.10-4　珊纳特赛罗市政中心

4.10-5　塞伊奈约基市中心

4.10-6　三十字架教堂

4.10-7　芬兰迪亚会堂透视

4.10-8　芬兰迪亚会堂室内

4.11　美籍华裔营建师贝聿铭

　　贝聿铭（Ieoh Ming Pei, 1917—2019）出生于中国广州, 毕业于美国哈佛大学, 美籍华人营建师, 曾荣获 1979 年美国建筑学会金奖、1983 年第五届普利兹克奖、1986 年里根总统颁发的自由奖章等奖项。贝聿铭的作品以公共、文教项目为主, 他善用钢材、混凝土、玻璃与石材, 代表性作品有美国华盛顿特区国家艺廊东馆、法国巴黎卢浮宫扩建工程、苏州博物馆、伊斯兰艺术博物馆等。贝聿铭一生在世界各地留下众多经典作品，其中最著名的就属巴黎卢浮宫的玻璃金字塔。这座玻璃金字塔最初面临排山倒海的反对压力，主持这项设计的贝聿铭曾说：自己有一段时间"不敢走在巴黎街头"。[1] 伊斯兰艺术博物馆（The Museum of Islamic Art）位于卡塔尔首都多哈海岸线之外的人工岛上，始建于 2006 年，落成于 2008 年，工程耗资 3 亿美元，是迄今为止最全面的以伊斯兰艺术为主题的博物馆。落成之际，当时

① 1793 年法国大革命之后，卢浮宫被收归国有，成为法国国立美术博物馆。经过近 200 年的岁月打磨，卢浮宫日趋老化和残破，馆内灯光昏暗，到处都积满了灰尘，破败不堪的卢浮宫已经远远跟不上时代发展的需要。最让游客无法忍受的是，卢浮宫会让每一个参观者晕头转向。据统计，当时每年到卢浮宫参观的游客大约有 370 万人次，但他们中的大多数人，都要在卢浮宫周围转悠好几圈，经过苦苦搜寻，才能找到其中一个狭小的、标志模糊的入口。好不容易找到了入口，游客们就开始在迷宫一般的走廊里漫无目的地行走，他们的主要目标，就是卢浮宫馆藏的三大艺术品——《维纳斯》《胜利女神》以及《蒙娜丽莎》。大多数游客在参观过卢浮宫后，并不是兴高采烈，而是垂头丧气。1981 年，在法国总统密特朗的主持下，决心大规模地扩建和改造卢浮宫。法国前文化部长比厄西尼，对世界领先的各大博物馆都进行了访问，并为卢浮宫改造工作挑选合适人选。一路询访中，几乎每个人都说出了贝聿铭的名字。比厄西尼考虑到贝聿铭是美籍华裔建筑师，一个带着悠久中国文化背景，又兼具美国人新颖构想的设计师，就向总统密特朗力荐了贝聿铭，这恰好和密特朗总统的想法一拍即合。于是他们打破了法国的传统惯例，未通过公开竞争便直接聘用贝聿铭来修复卢浮宫。贝聿铭也就成了 700 多年以来，第一位为卢浮宫做设计的外国设计师。于是，贝聿铭偕夫人一起来到了巴黎，住在协和广场边上，开始了对卢浮宫的"秘密考察之旅"。同时，他仔细研读了法国著名园林大师的作品，并反复地在卢浮宫周围的街道徘徊，思考如何将现代的设计构思用在经典的历史文物上。贝聿铭还和他最信任的助手们秘密地设计一组占地达 50hm² 的地下门厅和展厅。1983 年 6 月 22 日，密特朗与贝聿铭开始了一次历史性会见。贝聿铭说：要解决卢浮宫灰暗凌乱的现状，首先需要解决入口的问题，即 U 形的展馆需要重新建造新入口，需要一个透明玻璃的覆盖物，可以将光线全面引入地下室，新卢浮宫的重心还必须是拿破仑庭院与卢浮宫 U 形展馆围合的庭院。密特朗听了连连点头，更加确定了贝聿铭作为总设计师的决定。1984 年 1 月 23 日贝聿铭完成了设计方案，准备向法国历史营建高级委员会的委员们公布他的方案，并事先开个沟通会。没有想到这次沟通会，受到了多方的反对，反对者说的话也非常难听，以至把贝聿铭的翻译吓得心慌意乱、浑身发抖。沟通会让贝聿铭很受打击，但贝聿铭毫不气馁，因为贝聿铭坚信，玻璃金字塔就是最好的设计。随后，反对者们将消息通过新闻媒体报道了出来，招来了全体法国人民的公愤。《费加罗报》认为贝聿铭的设计十分荒唐，《法兰西晚报》头版头条就放上了金字塔的模型，还在编者按里加了"可怜的法国"。这大意是说，法国最辉煌的历史宫殿，就要在一个外国人的魔爪下惨遭蹂躏了，这严重伤害了法国人民的感情。为了表示抗议，卢浮宫博物馆的馆长还辞职而去。在巴黎市长希拉克的建议下，贝聿铭将设计方案做了一个 1：1 的模型轮廓，放在卢浮宫广场上，让大家看看是不是真的如此糟糕。当模型做出来之后，反对声一下子变小了。原来，很多人之前一直以为是一座很高的金字塔，而事实上，贝聿铭设计的金字塔和周围宫殿的比例相当和谐，而且简约、现代。这一举措，让之前就觉得方案不错的人更加喜欢；也让一开始反对的人看习惯了，也变得越来越喜欢。贝聿铭长舒了一口气说道："你们看，方案本身也没有想象中那么糟糕吧？"巴黎人民纷纷点头，于是密特朗正式批准了贝聿铭的方案。贝聿铭对玻璃的要求非常高，不仅要高度透明，而且还要安全均匀，透过玻璃看卢浮宫不能有任何变形。法国工程师对贝聿铭说："您这个要求，实在太理想化了，我们压根找不到这种玻璃，还是换种方案吧"。但贝聿铭并不同意，他坚决地说："高透光度是整个设计的重点，标准不能降低，我自己来想办法。"几天之后他找到了一块完全透明的玻璃，它不是法国人做的，是德国人用在喷气式飞机上的。贝聿铭之所以能成为伟大的营建师，也正是在于他自己的这份坚持。1989 年，工程如期完成了。贝聿铭不负众望，他为卢浮宫设计的玻璃金字塔总入口，让众人惊叹。使这座古老的艺术殿堂焕发出新的生命力，被誉为是法兰西迈入新世纪的标志，乃至成了法国的象征。（摘自：Michael Cannell，倪卫红译. 贝聿铭传 [M]. 北京：人民文学出版社，1997.）

已届 91 岁高龄的贝聿铭指出，这个博物馆将是他设计的最后一个大型文化工程。^①

4.11-1　俯视巴黎卢浮宫扩建工程
4.11-2　巴黎卢浮宫扩建工程入口
4.11-3　贝聿铭审视卢浮宫扩建工程模型
4.11-4　卢浮宫扩建工程室内的采光锥体

4.11-1	
4.11-2	
4.11-3	4.11-4

---

① 多哈伊斯兰艺术博物馆总面积 35500m²，是目前以伊斯兰艺术作为主题的最全面博物馆。伊斯兰艺术博物馆的外墙都是由白色石灰石堆叠而成。在天气晴朗时，蔚蓝的海面上形成一种动人心魄的奇特视觉，伊斯兰风格的几何图案和阿拉伯传统营建艺术为这座博物馆增添了耐人寻味的视觉效果，成为中东惊世之作。贝聿铭也曾经表示，伊斯兰艺术博物馆的设计是他从事过最困难的工作之一。为了彻底地把握伊斯兰营建的精髓，贝聿铭探访了众多地方，从利比里亚到印度的莫卧尔王朝宫殿，再到西班牙科尔多瓦大清真寺以及叙利亚大马士革倭马亚清真寺，辗转多地之后，最后在埃及开罗的伊本·图伦清真寺才找到了一丝灵感。图伦清真寺的几何图形，从八角形到四边形、再到圆形的演进，使贝聿铭得到了启示。

4.11-5　从侧面望卢浮宫入口

4.11-6　卢浮宫扩建工程内院

4.11-7　华盛顿东馆地下室的采光窗

4.11-8　美国华盛顿特区国家艺廊东馆

4.11-9　苏州博物馆内院

4.11-10　远望卡塔尔首都多哈的伊斯兰艺术博物馆外观

4.11-11　伊斯兰艺术博物馆中庭

4.12　勒柯布西耶对现代营建运动的引领作用

勒柯布西耶（Le Corbusier，1887—1965）对现代营建运动的贡献是全面的，从理论到实践，包括营建设计、景观营建、城市设计、绘画和雕塑。[1] 勒柯布西耶认为：过去的营建仅仅是构造做法和装饰材料的缓慢演变……那些"风格"对我们已不复存在，一个当代的风格正在形成：这就是革命。[2]

在《走向新建筑》一书中的"成批生产的住宅"章节中，勒柯布西耶指出：一个伟大的时代刚刚开始。住宅问题是一个时代的问题，今日社会的均衡取决于住宅问题，在这个革新的时期，营建的首要任务是标准的修订、住宅组成部分的修订。如果能从思想上根除关于住宅的固定观念，并且批判地和客观地看待这个问题，就会认识到"住宅就是工具"，人人可以住得起的、成批生产的住宅远比古老的住宅更健康。为了适应新兴资产阶级、中产阶级和工人阶级对住宅的需求，20世纪出现了一批风格不同、各具特色的住宅或别墅，例如勒柯布西耶为工人设计的福胡让现代居住区（Quartiers Modernes Frugès，France），为新兴资产阶级、中产阶级设计的萨沃依别墅（Villa Savoye）与马赛公寓（Unité d'Habitation de

---

① 勒柯布西耶（Le Corbusier，1887—1965），出生于瑞士，是 20 世纪最著名的营建大师、城市规划家和作家，被称为"现代营建的旗手"。他早年学习过雕刻艺术，并先后在奥古斯特·佩雷和彼得·贝伦斯两位现代营建运动先驱的工作室工作，受益良多。勒柯布西耶营建作品有法国的朗香教堂（La Chapelle de Ronchamp）、拉吐雷特修道院（Couvent Sainte Marie de la Tourette）、哈佛大学卡本特视觉艺术中心（Carpenter Visual Art Center of Harvard University）等。从 1920 年起，在他主编的《新精神》杂志上连续发表论文，提倡营建的革新，走平民化、工业化、功能化的道路，提倡相应的、新的营建美学。这些论文汇集于 1923 年出版的《走向新建筑》（Towards a New Architecture）一书中。

② Le Corbusier. Towards a New Architecture [M]. London：The Architecture Press, 1927：125.

Marseille）等。①

1930 年勒柯布西耶在《精确性》一文的结束语中提出：今后我将不再讲营建的革命，因为革命业已完成。大工程时代开始了，城市规划成为当务之急。② 勒柯布西耶对城市规划的研究从 20 世纪 20 年代便开始了，他意识到仅仅研究住宅问题还不能改善人们的居住环境，住宅设计必须与城市规划结合在一起。③1933 年国际现代营建协会（CIAM）在雅典召开会议，制定了《雅典宪章》，将勒柯布西耶提出的现代城市的四种功能"居住、工作、修养身心和交通"纳入宪章，成为城市规划的指导思想。④ 虽然学术界对于作为世界遗产的昌迪加尔的评价始终有分歧，

---

① 1924 年波尔多（Bordeaux）的工业家亨利・福胡让（Henry Fruges）委托勒柯布西耶在佩萨克（Pessac）的蒙泰伊（Monteil）设计一个花园式的居住区，居住区包括 150 幢住宅，今日称为福胡让现代居住区（Les Quartiers Modernes Fruges）。佩萨克位于波尔多市区的西南。波尔多是法国西部的重要港口，也是著名的葡萄酒产地。福胡让居住区中住宅的基本单元为 5m×5m，辅助单元为 5m×2.5m，在钢筋混凝土结构体系中仅有一种 5m 规格长的大梁，设计与施工都比较方便，有利于工厂预制和成批生产。勒柯布西耶运用基本单元组合出 5 种类型的住宅，住宅布局紧凑、功能合理。20 世纪初期，大多数住宅仍然是传统的形式，勒柯布西耶超前的构思令人折服。

萨沃依别墅位于巴黎西北的普瓦西（Poissy-Sur-Seine），是萨沃依夫妇（Pierre and Emilie Savoye）的度假别墅。别墅位于一个平缓的山丘上，四面草地开阔，外围果树环绕，白色立方体支在细细的圆柱上，顶部是曲面构成的雕塑墙，这就是萨沃依别墅，一个纯净主义的作品、现代营建的里程碑。萨沃依别墅也是勒柯布西耶的"新营建五要点"集中表现。"新营建五要点"包括底层架空、水平带窗、自由立面、自由平面和屋顶花园。

马赛公寓是向高空发展的居住社区，是勒柯布西耶关于"成批生产的住宅""新营建五要点""阳光城市"等一系列新思维的结晶。马赛公寓位于法国马赛市的米什莱大街，占地 3.5hm²，四周是大片绿地。公寓长 165m、宽 24m、高 56m，底层架空、由巨大的柱子支撑，俗称"象腿"。架空层上的一层是设备层，设备层内布置空调机组、柴油发电机、电梯机房和各类管线。设备层以上有 17 层，其中 15 层为跃层式居住单元，另外两层是购物街。马赛公寓的屋顶花园很大，被称为"空中广场"。屋顶上设有健身房、儿童活动室、儿童游泳池、日光浴场、酒吧和一个 300m 长的环形跑道。屋顶花园的房屋高低起伏，丰富了公寓的轮廓线。

② Willy Boesiger. Le Corbusier, Oeuvre Complete：Volume2 1929-34 [M]. Basel；Boston；Berlin：Birkhäuser -Publishers for Architecture, 1965：15.

③ 1922 年勒柯布西耶提出一种人口为 300 万的现代化城市设想，城市中心区为 24 幢平面十字形的高层商务办公楼，市中心西侧布置博物馆、市政厅等大型公建，再向西侧是公园。市中心东侧是工业区、仓库区和货运枢纽，市中心南、北两侧为居住区，城市的高速交通线可穿越市中心。城市四周为森林和农田，外环布置卫星城。1931 年勒柯布西耶又提出"阳光城市"（Ville Radieuse）设想，简称 VR。城市平面为平行的带状分区，自北向南为商务区、居住区、工业区，各区之间有绿化带隔离。文化中心在居住区中部，将居住区分为东西两片，居住区的住宅为板式建筑，形成规律的退缩和有变化的空间，住宅的布局与南北轴线成一定角度，保证居室均有较好的朝向。板式住宅底层架空，屋顶做绿化，为居民提供充足的阳光、空间和绿地。勒柯布西耶把这种布局称作 VR 街坊，他还把这种街坊与巴黎、纽约和布宜诺斯艾利斯 3 个城市的老式街坊作对比，VR 街坊的住宅仅占用地的 12%。勒柯布西耶发表过不少关于城市规划的重要文章，如"走向综合"（Towards a Synthesis）"城镇规划与 7V 理论"（Town Planning - The Theory of the 7V）"三种人类聚居"（The Three Human Establishments）等，勒柯布西耶的文章并不长，但观点鲜明而且图文并茂。

④ Willy Boesiger. Le Corbusier, Oeuvre Complete：Volume4 1938-46 [M]. Basel；Boston；Berlin：Birkhäuser -Publishers for Architecture, 1965：69.

但是勒柯布西耶对城市规划的贡献是不容置疑的。[①]

朗香教堂（La Chapelle de Ronchamp）坐落在孚日山脉（Vosges）布勒芒山（Bourlemont）的一个山丘上。朗香（Ronchamp）是一个小镇，在通向小镇的公路上便可遥望山顶上的白色亮点，由小镇到朗香教堂尚须走一段曲折的山路，两旁是茂密的山林，山路的尽端豁然开朗，令人难以置信的景象呈现眼前，虽然对它早已那么熟悉，但第一次亲临其境都会不约而同地发出惊叹，我有幸几度拜访朗香教堂这个作品，每次都有新的感受。[②] 朗香教堂平面外形近似钟形，长约25m、平均宽度为13m，室内可容纳200人，座位较少，大部分朝圣者要在教堂内站立着，座椅的木料选自非洲的硬木（Iroko）。[③] 原计划在教堂北侧建立较高的钟塔，由于资金不足，改在西侧树林内沿着教堂的东西轴线建立了一个由4根柱子构成的3

---

① 从当代城市规划理论的角度分析，昌迪加尔有不少缺点。一是新老城关系处理不当，新城完全不顾一河之隔的老城潘切库拉（Panchkula），并在两城之间规划了铁路线、工业区，进一步加剧了分隔。二是功能体系及用地布局不够合理，缺乏规划结构概念，似乎应当划分为几个片区组织商业、休闲、文化活动和交通体系，昌迪加尔规划基本是若干居住区的叠加。三是绿地系统过于平均化、概念化，缺少片区级公园。四是行政中心区尺度不当，议会大厦和高等法院之间距离数百米，非常空旷，成为饱受争议的焦点。但是，相对于同期巴西营建师科斯塔（L .Costa）在巴西首都规划的巴西利亚，昌迪加尔则更胜一筹。从空中鸟瞰，巴西利亚的城市布局像一架巨大的喷气式飞机，而巴西利亚作为世界遗产，实在是太不靠谱了。

② 从哥特式到文艺复兴，西方教堂的传统形象早已深入人心，朗香教堂独特的造型表面上似乎与传统教堂毫不相关，但深入分析，便会发现它仍然保持着传统教堂的精髓。朗香教堂的一角高高地向上翘起，这种向上的趋向和哥特式教堂的尖顶具有同样的艺术感染力，3个垂直的高塔进一步加强了向上的趋向，升腾的动态暗示着对天国的向往，3个塔楼在构图上起着稳定、均衡的作用，是一种动态的均衡。朗香教堂的4个立面并不连续，但风格一致、手法各异。从山路到教堂首先看到南立面，微微弯曲和向前合拢的墙面显示欢迎来自各方的香客，而厚重的墙体和多种形态的窗孔增加了教堂的神秘色彩。入口夹在白墙与塔楼之间，并微微后退，顶部处理则采用"断裂"的手法，吸引了人们的目光。由南向东转至露天祭台，东南转角的处理堪称一绝，犹如一把指向天空的利刃，又似乘风破浪的船首，它不仅显示了教堂的个性，或许也表达了设计人向传统观念挑战的雄心。东立面的处理更多地从功能出发，祭坛如同一个露天舞台，顶篷两端的支撑方法巧妙不同，立面以圣坛为中心，圣像、讲台和唱诗班挑台共同组成一幅完整的构图。北立面以双塔为中心，入口在双塔之间，北入口上方的高窗采用垂直分割，突出入口的视觉效果，北墙的开窗虽然也形状多变，但比南墙稍显规律，室外楼梯是丰富构图的重要元素。西立面是教堂后侧的立面，西立面不需要开窗，屋面排水的滴水口和地面蓄水池内的雕塑在白墙衬托下又是另一番景象。教堂位于地段的最高点，四周是大片缓坡草地，来访者有足够的空间从不同角度欣赏这座精美的雕塑。勒柯布西耶认为：营建本身具有完全的可塑性……营建造型可以表达情感，满足视觉欲望……营建的抽象性具有独特、辉煌的魅力。朗香教堂充分展示了营建的可塑性，也充分表达了抽象艺术的辉煌能力。

③ 朗香教堂的长轴为东西向，祭坛在东侧，室内外祭坛联系方便并共享东墙。室外祭坛迎着朝霞、面向露天广场。东墙上方窗孔内的圣母雕像是原有教堂的遗物，室内外均可瞻仰。唱诗班的室内外挑台也共用一个小梯。3个小教堂分别靠近教堂的南、北入口，可以相对独立地举行活动，它们与大教堂的宗教活动互不干扰。北侧有一间圣器室，圣器室的楼上是一间办公室，西墙上挖了个壁龛作为忏悔室，忏悔室向外凸出，丰富了西墙的造型。

开间支架，架着 3 口钟，与西墙前的水池互相呼应。[①]南墙结构既要保证异形窗孔的位置，又要解决屋顶荷载的传递。南墙的厚度变化很大，最厚处达 3.7m、最薄处仅 0.5m，专门设计的钢筋混凝土构架控制着上述的要求。窗孔之间的填充材料为旧教堂废墟遗留下来的砖石，3 个塔楼和附属建筑也全部利用废料砌筑，甚至还利用最后剩下的一些材料在场区东北角砌筑了一个小金字塔，以纪念第二次世界大战期间在这个山丘上牺牲的烈士。旧教堂废墟遗留的材料一点也没有外运，可谓精打细算。选用钢筋混凝土结构和利用旧教堂遗留的废料是勒柯布西耶的重要决策，因为钢筋混凝土结构的可塑性大，充分利用废料是节约投资最好的办法，特别是在山区，运输非常困难。朗香教堂构思周密，可谓尽善尽美。[②]拉吐雷特修道院（Le Couvent de la Tourette）在里昂西面约 25km 的埃沃（Eveux-Sur-L'Arbresle），是勒柯布西耶继朗香教堂之后的另一个杰作。[③]

在营建艺术方面，勒柯布西耶提出了全新的审美概念。他认为营建艺术的元素是光和影、墙和空间，应当运用简洁的几何形体显示营建艺术的抽象性，而营建的抽象性又具有独特的激发情感能力。营建师应当通过一些形式的有序化去实现一种秩序，这种秩序虽然是营建师的创作，但必须与宇宙的自然规律相协调，这样的作品使人们感到和谐。[④]勒柯布西耶从 1918 年开始绘画，当时立体主义画派正在盛行，他没有追随立体主义，而是自成一派，并追求垂直和水平的结构。作品中的物体用正视图表达，其色彩柔和，像似安排有序的机器，这种机器美学也反映在勒

---

① 朗香教堂不规则的造型使结构体系不可能按常规设计，通过对模型的反复探讨，确定了既经济又合理的结构方案。主体结构是由 16 根柱子支撑着 1 个双层的曲面屋顶，3 个塔楼与主体结构脱离开。西南角的塔楼高 22m，北侧的双塔高 15m。屋顶由双层钢筋混凝土壳板组成，上下间隔 2.26m，壳板厚 6cm，有 7 道钢筋混凝土隔板拉接，像似机翼的结构，既隔热、保温又坚固。屋面覆盖着铝板作防水，屋顶坡向西侧，屋面的雨水可以全部流入西墙外的水池内。水池的下面有蓄水箱，可贮水 43m³。收集雨水是教堂的要求，因为当地缺水。

② 在此，我们斗胆地把勒柯布西耶的朗香教堂与赖特的流水别墅对比一下。流水别墅虽然构图很美，但选址有些问题，房屋架在河流上，而且是熊跑溪上游，破坏了自然环境，今日可定为违章营建。朗香教堂则无可挑剔，造型也更加前卫。

③ 拉土雷特修道院相当于一座高等专科院校，营建面积约 5000m²，功能比较复杂，既有宗教活动也有日常生活和学习。修道院功能分区明确，北部是相对独立的大教堂，对外开放、公共性强，南部是生活、学习区，平面呈 U 字形，教堂区与生活、学习区共同围合出内院。由于地形东高西低，东西两侧的层数不等，东侧 3 层、西侧 5 层，主入口在东侧、相当于第 3 层，修道院东、南、西三面的 1~2 层大部分架空，内院通透。生活和学习区的 1~3 层布置宗教活动与公共活动用房，图书馆和教室在 3 层，餐厅在 2 层，厨房在餐厅的下面，私密性较强的单身宿舍集中在 4、5 两层，各区之间互不干扰，并通过楼梯、连廊保持联系。连廊的交叉处设置中庭。由于地形的变化，连廊做成坡道，运用坡道保持空间的连续性是勒柯布西耶的一贯思想。修道院上部两层单身宿舍向外出挑，形成规整的檐部。修士们只能在各自的凹廊内透过整齐的方孔欣赏大自然。宿舍内侧是朝向内院的单面走廊，走廊通过水平的狭缝带窗采光，走廊尽端向外的窗口被倾斜的遮板封住视线，仅仅保留了采光和通风的功能。公共活动房间朝向外侧的窗一律由垂直遮阳板分割成疏密相间、有节奏的竖缝，其相对封闭，而面向内院的落地窗则相对开敞。

④ Le Corbusier. Towards a New Architecture [M]. London：The Architecture Press，1927：20.

柯布西耶以后的作品中。1923年以后，勒柯布西耶的工作重点转向营建设计和城市规划，但他始终没有停止过绘画。一般情况下，勒柯布西耶每天上午绘画、下午做营建设计。勒柯布西耶的营建设计工作十分繁忙，有人不太相信他每天上午都能绘画。1960年勒柯布西耶在谈及绘画时曾指出：我的绘画工作是我艺术创作的关键，我从1918年开始绘画，每天都作画。……我的构思和智慧源于我持续不断的绘画实践。[①]勒柯布西耶早期绘画内容以瓶瓶罐罐的静物为主，以后发展到植物、人体和宇宙万物，最后也有一些显示哲理的绘画。勒柯布西耶的雕塑工作从很早就开始了，1937年他还参加过一项巴黎的大型纪念碑设计竞赛。勒柯布西耶的大部分雕塑作品都是为了配合营建创作的，并成为营建设计不可分割的内容，如马赛公寓屋顶上的通风塔、儿童游泳池旁的室外乐园、假山和花池，并使雕塑与营建有机地融为一体。在拉土雷特修道院设计中，勒柯布西耶将功能性很强的竖向遮阳板设计成富有音乐节奏的透空隔片，且成为立面的重要装饰。作为独立的大型雕塑，最成功的一组当属昌迪加尔行政中心的"张开的手"（Open Hand），这为昌迪加尔的规划画龙点睛。

2016年7月25日，勒柯布西耶在7个国家设计创作的17项作品收入到了世界遗产名单中。朗香教堂、马赛公寓设计、萨伏伊别墅、昌迪加尔等17项作品同时被纳入世界遗产名单中，这显示出勒柯布西耶对现代营建运动的杰出贡献，这在国际营建史上也是绝无仅有的。

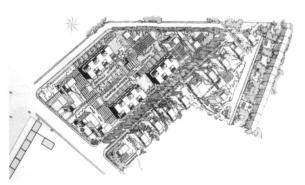

4.12-1 福胡让现代居住区总平面

4.12-2 福胡让现代居住区透视

---

① Fondation Le Corbusier, Philippe Potie. Le Corbusier：The Monastery of Sainte Marie de La Tourette [M]. Translation from French into English by Sarah Parsons. Boston；Basel；Berlin：Birkhäuser-Publishers for Architecture，2001：127.

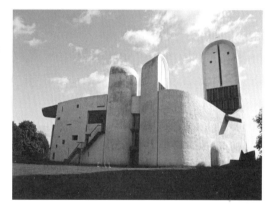

4.12-3		4.12-4
4.12-5	4.12-6	4.12-7
4.12-8	4.12-9	4.12-10
	4.12-11	

4.12-3　萨沃依别墅透视
4.12-4　从萨沃依别墅室内望二层平台
4.12-5　俯视萨沃依别墅二层平台
4.12-6　马赛公寓透视
4.12-7　马赛公寓底层架空
4.12-8　马赛公寓屋顶花园
4.12-9　朗香教堂总平面
4.12-10　朗香教堂北侧透视
4.12-11　朗香教堂南侧透视

4.12-12 朗香教堂室内望南墙的开窗

4.12-13 教堂屋顶排水

4.12-14 朗香教堂南侧大门

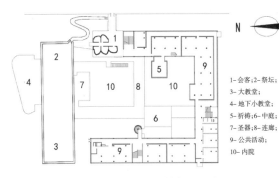

1- 会客；2- 祭坛；
3- 大教堂；
4- 地下小教堂；
5- 祈祷；6- 中庭；
7- 圣器；8- 连廊；
9- 公共活动；
10- 内院

4.12-15 拉土雷特修道院平面示意

4.12-16 远望拉土雷特修道院

4.12-17 拉土雷特修道院树干式支柱

4.12-18 拉土雷特修道院内院

4.12-19 拉土雷特修道院中的祈祷室

4.12-20 拉土雷特修道院地下教堂

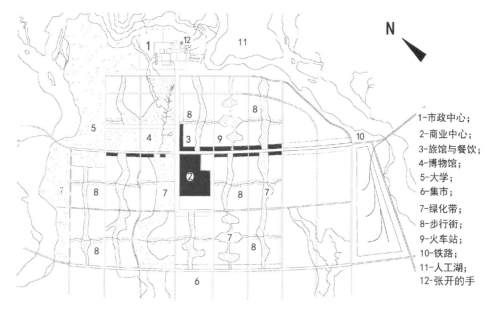

N

1-市政中心；
2-商业中心；
3-旅馆与餐饮；
4-博物馆；
5-大学；
6-集市；
7-绿化带；
8-步行街；
9-火车站；
10-铁路；
11-人工湖；
12-张开的手

4.12-21 昌迪加尔总平面

4.12-22 昌迪加尔议会大厦

4.12-23 昌迪加尔法院

4.12-24 昌迪加尔行政大厦

4.12-25　昌迪加尔"张开的手"表达接受和给予
（远处是行政中心大厦）

4.12-26　以喜马拉雅山为背景的昌迪加尔城

4.12-27　巴黎国际大学城瑞士楼室内壁画是勒柯布西耶的作品

5　中国当代营建师的崛起
Rise of Contemporary Chinese Architects

改革开放之后，我国的营建规模很大，营建人才辈出。我们对国内的现状了解得很不全面，只能在小范围内提供一些资料，说明国内新生代的成长，已经缩小了与国外先进大国营建师之间的差距，有些营建师或许正在超越当代国外的中、青年大师。此外，对营建作品的评价，尤其是涉及美学问题，历来就是仁者见仁、智者见智，我们提供的资料，或许有助大家思考。

5.1　吕彦直与南京中山陵

介绍中国现代营建师，还是从清朝灭亡后开始为好。以孙中山建立中华民国为起点，随着现代营建学的开启，最有代表性、标志性的房屋，唯有南京中山陵。中山陵位于南京市玄武区紫金山南麓的钟山风景区内，是中国近代伟大的民主革命先行者孙中山先生的陵寝。陵寝及其附属工程的面积约 8 万 m^2。中山陵自 1926 年春动工，至 1929 年夏建成。1961 年中山陵成为首批全国重点文物保护单位，2016 年又入选"首批中国 20 世纪建筑遗产"名录。中山陵主要内容有博爱坊、墓道、陵门、石阶、碑亭、祭堂和墓室等，排列在一条中轴线上，体现了中国传统的营建风格。从空中往下看，中山陵像一座平卧在绿绒毯上的"自由钟"。[①] 中山陵融汇中国古代与西方营建之精华，庄严简朴，别创新径。中山陵各项工程在形体组合、色彩运用、材料表现和细部处理上均取得极好的统一效果，音乐台、光华亭、流徽榭、仰止亭、藏经楼、行健亭、永丰社、永慕庐、中山书院等项目如众星捧月般环绕在陵墓周围，构成中山陵景区的宏伟景观，既有深刻的含意，又有宏伟的气势，且均为营建名家之杰作，具有极高的艺术价值，被誉为"中国近代营建史上第一陵"。[②]

孙中山先生于 1925 年 3 月 12 日在北京逝世，1929 年 6 月 1 日，葬于南京紫金山中山陵。1940 年，国民政府通令全国，尊称其为"中华民国国父"。1925 年

[①] "自由钟"源于美国独立时，在费城的一个钟，钟面上刻着《圣经》上的名言："向世界所有的人们宣告自由。"我们还发现，在中山陵的"自由钟"内还有一个十字架，因为孙中山是虔诚的基督徒。吕彦直的隐喻构思比西方的后现代思潮提早了 20 年。

[②] 早在民国元年（1912 年），孙中山在南京就任临时大总统时，曾几次到过紫金山。1912 年 3 月 10 日，孙中山先生辞去临时大总统职务之后，与胡汉民等人到紫金山打猎。他看到紫金山背负青山，前临平川，气势十分雄伟，笑对左右说："待我他日辞世后，愿向国民乞此一抔土，以安置躯壳尔。"

5 月 13 日，孙中山的葬事筹备委员会通过了《陵墓悬奖征求图案条例》。[①] 到 1925 年 9 月 15 日止，共收到应征图案 40 余份，全部陈列于上海大洲公司三楼。从 1925 年 9 月 16 日起到 1925 年 9 月 20 日止，由葬事筹备处敦请评判顾问到陈列室阅览评判。最后表决，通过了得奖名单：吕彦直的设计在 40 多种设计方案评选中，一逾群雄，荣获首奖。1925 年 9 月 27 日下午 4 时，葬事筹备委员会委员会再次开会，一致决定采用吕彦直设计的陵墓图案，并聘请他为陵墓营建师。[②]

吕彦直设计的方案，平面呈警钟形，寓有"唤起民众"之意。祭堂外观形式给人以庄严肃穆之感，陵墓朴实坚固，合于中国观念，同时又糅合西方营建精神，融汇了中国古代与西方营建的精华，符合孙中山的气概和精神。吕彦直设计的中山陵墓方案，融汇中国古代营建制式，诸如斗栱、檐椽、券门、歇山式屋顶等。同时，他又吸取西方营建，如灵堂重檐歇山式四角的堡垒式方屋，既庄严简朴，又独创新格。特别是其全局平面图呈一警钟形，因而受到评选者的一致推崇。中山陵剔除古代帝陵的神道石刻，保留了"牌坊""陵门""碑亭""祭堂""墓室"。墓室在祭堂之后，与祭堂相通，瞻仰陵墓的人群可由祭堂进入墓室。

1929 年 3 月 18 日，吕彦直因主持建造中山陵积劳成疾，工程还未告成就患肝癌不幸逝世，年仅 36 岁。[③] 他设计、监造的南京中山陵和由他主持设计的广州中山纪念堂，都富有中华民族传统营建特色，是中国近代营建中融汇东西方营建技术与艺术的代表作，在营建界产生了深远的影响。吕彦直也被称作"中国近现代建营的奠基人"。

---

① 《陵墓悬奖征求图案条例》中对陵墓的性质、功能、营建风格、营建材料等都做出了规定：首先，陵墓要体现"特殊与纪念之性质"。其次，祭堂和墓室要便于公众入内瞻仰，祭堂外要有可立 5 万人的空地以举行大型纪念活动。再次，祭堂营建风格必须为"中国古式"，或者"根据中国营建精神特创新格"。最后，为了陵墓的永久保存，要求使用石料和钢筋混凝土，不用砖木材料。《条例》还要求陵墓应简朴庄严，不求奢侈华贵。

② 吕彦直（1894—1929），安徽滁县（今滁州市）人，其曾祖父由山东东平迁居滁县。吕彦直 1894 年出生于天津。他幼年喜爱绘画，8 岁丧父，翌年随其姊侨居巴黎，开始接触西方文化。数年后回国，进北京五城学堂求学。曾受教于著名文学家、翻译家林琴南，学习祖国灿烂文化和西方科学知识，这对他立志发扬民族文化、融汇东西方艺术，不无影响。1911 年他考入清华学堂（今清华大学前身）留美预备部读书，1913 年毕业，以庚款公费派赴美国留学，入康奈尔大学（Cornell University），先攻读电气专业，后改学营建学，接受西方学院派教育，1918 年毕业。毕业前后，他曾作为美国著名营建师亨利·墨菲（Henry K·Murphy）的助手，参加金陵女子大学（今南京师范大学）和燕京大学（今北京大学）校舍的规划、设计，同时描绘整理了北京故宫大量的宫殿图案。1921 年回国，途中曾转道欧洲考察。回国后寓居上海，先后在过养默、黄锡霖开设的东南建筑公司供职，从事营建设计，主要以设计花园洋房为主，较有名的为上海香港路 4 号的银行公会大楼。后与人合资经营真裕建筑公司，不久在上海开设彦记建筑事务所，是中国早期由中国营建师开办的事务所之一。1924 年，他与首批从国外留学归来的庄俊、范文照、张光炘、巫振英等人发起成立中国营建界第一个学术团体，旨在发展壮大营建师队伍、开展学术研究。经数年筹备，至 1927 年冬始成立"中国建筑师公会"，1931 年改名中国建筑师学会。

③ 1930 年 5 月 28 日，为了表彰吕彦直为建造中山陵所作出的杰出贡献，陵园管理委员会通过决议，决定在祭堂西南角奠基室内为吕彦直立纪念碑，其地位、大小与奠基石相同。此碑由捷克雕刻家高琪雕刻，上部为吕彦直半身遗像，下部刻有于右任所书的碑文："总理陵墓建筑师吕彦直监理陵工积劳病故，总理陵园管理委员会于十九年五月二十八日议决，立石纪念。"

5.1-1 从空中俯视南京
中山陵

5.1-2 俯视南京中山陵全貌

5.1-3 南京中山陵主入口上方题字

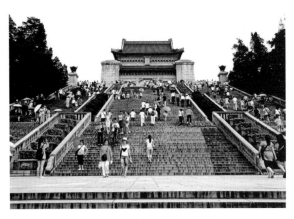

5.1-4 南京中山陵祭堂正面透视

5.1-5 吕彦直设计的广州中山纪念堂

5.1-6 青年时的吕彦直

5.2 关肇邺与清华大学校园

    关肇邺现为清华大学建筑学院教授、博士生导师，1995 年当选为中国工程院院士。[①] 他长期致力于文化、教育房屋的设计和研究，主持设计了清华大学教学主楼、清华大学图书馆新馆、理学院、医学院等。2011 年，美国财经杂志《福布斯》评出"全球最美大学校园"，入选的 14 个校园中，10 个来自美国，3 个来自欧洲，唯一上榜的亚洲院校是中国的清华大学，这应归功于关肇邺先生。

    清华大学图书馆新馆的设计是关肇邺最重要的作品。清华大学图书馆老馆位于清华大学的核心区，即大礼堂之东北，分两期建成。1919 年首期由美国营建师亨利·墨菲设计，1931 年由杨廷宝先生设计了第二期。二期扩建与第一期风格一致，浑然一体，对校园的核心大礼堂形成衬托之势，是中国近代建筑史中的一项杰作。新馆即第三期，面积 22000m^2，约为前两期营建面积之和的 3 倍，在当时的清华校园中必是第一庞然大物，如何处理新老图书馆的关系是突出的难题。关肇邺的设计是将新馆 5 层的高大体量退到后面，而把与老馆相同的新馆二层部分放在前面，继续加强了对礼堂的衬托作用。图书馆新馆主要入口没有按一般做法置于明显突出的位置，而是隐退到庭院之内，以避免对老馆入口形成抢夺或压倒的态势。新馆外观采用与清华园老区统一协调的红砖灰瓦，门窗形式根据结构经济和阅览室家具模数做了必要的调整和创新，取消了挑檐下复杂的牛腿等装饰，几个主要入口处采用了大面积玻璃和砖拱形符号。这样，新馆就在空间、尺度、色彩和风格上保持了清华园原有的特色，富于历史的连续性，但又不拘泥于原有的形式，透出一派时代气

[①] 关肇邺，1929 年生于北京，原籍广东南海。营建教育家、营建设计大师。1952 年毕业于清华大学建筑系，并留校任教至今。1981 年至 1982 年在美国麻省理工学院做访问学者。曾任中国建筑师学会建筑创作与理论委员会主任。1995 年当选为中国工程院院士。2000 年被授予设计大师称号，并获得首届"梁思成建筑奖"。著有《关肇邺选集 1956—2001》《关肇邺选集 2002—2010》等。1947 年，关肇邺从美国教会办的北京育英中学毕业，考入燕京大学理学院学习。育英中学与燕京大学的英语授课，为关肇邺打下了良好的外语基础。燕京大学校园的湖光塔影令人心旷神怡。然而更令他着迷的是 1948 年梁思成到燕京大学做的一次讲座，讲座的题目是《中国建筑的特征》。关肇邺被讲坛上梁思成先生渊博的学识和学者风度所折服，又专程到清华大学参观了建筑系（当时清华建筑系建系仅两年）的校庆展览。1948 年 9 月关肇邺放弃了燕京大学一年的学历，正式转入清华大学营建系一年级学习。1952 年毕业后，关肇邺原本被分配到沈阳东北工学院（今东北大学）建筑系任教，后通过教育部被临时借调回京，协助已经病重不能起身的林徽因先生完成人民英雄纪念碑上装饰浮雕的设计。关肇邺的主要工作是按林徽因先生的吩咐去图书馆找资料，在林徽因的指导下画图、改图、放大做细节等，而工作地点就在梁思成与林徽因二师家里，由此关肇邺有了更多的机会接受梁、林二师教诲。

息。正是这样一个"争当配角"的设计为关肇邺赢来了诸多好评。当然也有反对的声音，有人批评图书馆扩建缺少新意。关肇邺在《建筑学报》上撰文《重要的是得体，不是豪华与新奇》，再次阐明了他的设计理念。从此，"得体"成为关肇邺设计的一个核心原则——只有"得体"的、适合房屋自身地位及周边环境要求的设计才是最好的。① 此后，清华大学图书馆又增加了第四期（李文正馆）。2018 年 11 月 19 日，名为"意匠清华七十年——关肇邺院士校园营建哲思"的展览正式开幕。据校方表示，清华校园中由关肇邺团队完成的校舍已有 11 座，第 12 个作品——同方部改造项目拟在 2021 年完工，以庆祝清华 110 年校庆。② 关肇邺设计的工程很多，并非都是一种风格，北京德胜门外的中国工程院办公楼比较朴素，它作为德胜门的配角。西安欧亚学院图书馆则是另一种类型，相当前卫，若非在此介绍，很难想到是关肇邺先生的作品。③ 此外，还有庐山北斗星国际饭店综合楼、海南大学行政楼与教学楼等。

---

① 关肇邺的设计思想是"总体环境重于个体风格"，可以说环境是他设计的决定要素。古人云"穷而后工"。在设计中，关肇邺喜欢严格的限制条件。他说，"只有当条件具体而苛刻了，包括要与特定环境紧密联系这一条件，才容易出来有特色的设计。人们很重视'创新'，我想这是很重要的，不应总是千篇一律而没有发展变化，但'创新'不是简单地求新求奇特、异想天开，以自己独特的方式恰当地解决了房屋与环境的关系是创造性最好的表现之一。"越是看似苛刻的环境要求，越能激发出营建师的灵感。关肇邺的重要设计作品还包括海南大学教学办公楼群、西安欧亚学院图书馆、教学楼、办公楼，以及徐州博物馆、徐州汉画像石馆、北京德胜门外的中国工程院办公楼等。出于对不同环境条件的应对，这些项目虽然大多内容相近，都属于文化教育类，但各自形象均有较大距离，初看上去很难判断是出自一人之手。
② 关肇邺先生是现在清华大学建筑学院最受尊敬的老教师，也是我的老学长、良师益友。但是，他的作品也并非十全十美。仅以图书馆新馆第三期为例，主入口没有无障碍设计，进入中庭大厅要走一段坡度很陡的台阶，连扶手也没有。在新馆第三期主入口也找不到电梯，要下几步台阶，绕到后边上电梯。2008 年，我腿部骨折，伤愈后走路困难，为了进新馆借书，几乎是爬上去的。事后，我打电话给关先生质问此事，他说，以前没有讲究这些事。其实，这种事早已提出，是他重视不够。好在图书馆又增建了第四期，第四期的入口成为真正的主入口，弥补了第三期入口的缺陷。此外，新馆也未能充分运用先进的藏书设备。
③ 西安欧亚学院图书馆占地面积 15000m²，图书馆面积 18328m²，阅览座位 3500 个。图书馆位于主校门内一片绿地的中心，校区已形成规律性的校舍。新建的图书馆采用不规则的造型，在屋面上大面积植草，与四周草坪连成一体，又将校方拟建的钟塔组合在一起，突出东立面的形象。南侧留有空地，可供扩建。扩建后形成内院，外侧均为绿地、坡顶，形成绿色的校园入口。该项设计参加了 2010 年由中国建筑学会举办的"中华人民共和国 60 周年建筑创作大奖"评选活动，全国共 300 项工程荣获"建筑创作大奖"，欧亚学院图书馆与斯里兰卡班达拉奈克国际会议大厦、哈尔滨防洪纪念塔等知名工程一起位列其中。2003 年，欧亚学院图书馆还荣获陕西高校唯一地标建筑称号，被评为"人气指数最旺的西安市地标"。

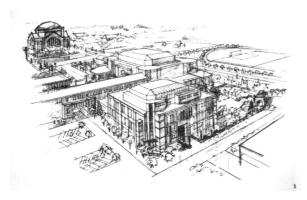

5.2-1 大清华大学礼堂与图书馆新馆

5.2-2 图书馆新馆室内

5.2-3 俯视清华大学图书馆新馆

5.2-4 俯视清华大学医学院楼群

5.2-5 清华大学医学科学楼

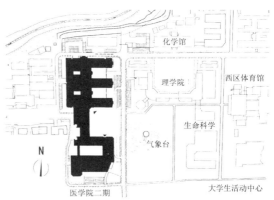

5.2-6 清华大学医学院楼群平面

5.2-7 中国工程院大楼

5.2-8 西安欧亚学院图书馆东侧透视

5.2-9　欧亚学院图书馆西入口

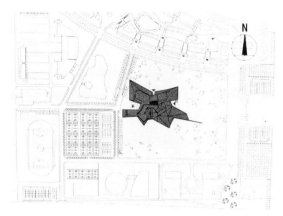

5.2-10　西安欧亚学院图书馆总平面与环境

5.2-11　北斗星国际饭店综合楼

5.2-12　海南大学行政楼与教学楼

5.2-13　关肇邺于 2019 年

5.2-14　图书馆新馆景观

5.3 张锦秋与长安意匠

张锦秋是教授级高级营建师，中国工程院首批院士，1997 年荣获国家特批一级注册建筑师，2000 年荣获梁思成建筑奖，同年还获陕西省劳动模范称号，第八届、第九届全国政协委员，党的十一大代表，第十六届全国人大代表。[①]2006 年 10 月举行的张锦秋院士在西安从事建筑创作 40 年座谈会暨《〈长安意匠丛书〉·大唐芙蓉园》首发式上，张锦秋由衷地感慨："到陕西、来西安的选择对了"。近半个世纪以来，她孜孜以求地在 "现代营建创作的多元化" "在有特定历史环境保护要求的地段和有特殊文化要求的创作" "古迹的复建与历史名胜的重建" 三个方面进行了不懈探索，提出了 "天人合一" 的环境观、"和而不同" 的营建观、"和谐营建" 的创作观，并努力坚持科学与艺术相统一、传统与现代相结合的创作理念，因地制宜、因题而异，通过对环境、意境、尺度的把握，通过应用新材料、新技术充分满足现代营建的功能需求。[②]

在陕西历史博物馆设计中，张锦秋首次成功地采用了宫殿的形象及其布局，突破了以往大型公共项目一般只采用楼阁式造型设计的传统格局。[③]最引人注目的是博物馆的整体色彩构思：白色砖墙面、汉白玉栏板、灰色花岗岩台阶、柱子、石灯、浅灰色喷砂飞檐斗栱、深灰色琉璃，全部色彩未超出白、灰、茶三色。当人们赞许她的 "新唐风" 营建艺术成就时，她的回答十分简单："我是站在巨人的肩上"。长安塔是 2011 年西安世界园艺博览会的核心工程，"天人长安、创意自然" 是世界园艺博览会的主题。"天人长安" 理所当然地成为长安塔的 "灵魂"，唐风方塔也

---

① 张锦秋，女，1936 年 10 月生于四川成都，祖籍四川荣县。1954—1960 年就读于清华大学建筑系，1962—1964 年被选为清华大学建筑系建筑历史和理论研究生，师从梁思成、莫宗江教授。1966 年至今在中国建筑西北设计研究院从事建筑设计。她主持设计了许多有影响的工程项目，特别是她著作的 7 卷本《长安意匠》——张锦秋建筑作品集为从事营建工作的年青学子们提供了可资借鉴的范例宝典。

② 本书仅选取张锦秋设计的陕西历史博物馆、长安塔、大唐芙蓉园、中国佛学院普陀山学院和黄帝陵祭祀大殿作为案例，以展示她现代营建的新古典风格。

③ 陕西历史博物馆占地 6.93hm²，营建面积 45800m²。馆藏文物上起远古人类初始阶段使用的简单石器，下至 1840 年前社会生活中的各类器物，时间跨度长达 100 多万年。文物不仅数量多、种类全，而且品位高、价值广。陕西历史博物馆在设计上最大特色还在于它打破了皇家宫殿惯用的红墙黄瓦，而是以黑、白、灰为主色调。历时 4 年建成的陕西历史博物馆，于 1991 年对外开放，并成为西安市的标志性工程。同时，陕西历史博物馆也被联合国教科文组织确认为世界一流的博物馆。

自然成为长安塔的"形态"。但是，塔身"骨架"选用了现代钢结构，蕴含高科技的超白玻璃和不锈钢的造型构件则是长安塔的"肌肤"。在塔的内部空间，营建师也创造了一个永恒的绿色环境。① 大唐芙蓉园是中国第一个全方位展示盛唐风貌的大型皇家园林式文化主题公园，于 2002 年开始建设，2004 年落成。大唐芙蓉园占地面积 66.5hm²，其中水面 19.77hm²，园内建有紫云楼、御宴宫、唐市等工程，夜晚的芙蓉园华灯齐上，更显繁华。②

　　黄帝陵是中华民族始祖轩辕黄帝的陵寝，是《史记》中记载的唯一一座黄帝陵。黄帝陵轩辕殿又名黄帝陵祭祀大殿，它是祭祀黄帝的重要场所，是根据黄帝陵总体规划实施的二期工程。黄帝陵祭祀大殿位于原轩辕庙以北、庙区中轴线北端，直抵凤凰岭麓。祭祀大殿坐北面南，平面为正方形，具汉代营建风格，色调以青灰为主，体现宏伟、古朴、庄严的气势。黄帝陵祭祀大殿于 2003 年 1 月破土动工，2004 年 3 月 15 日建成。③

　　中国佛学院普陀山学院位于浙江省舟山市普陀区朱家尖东海之滨，与海天佛国普陀山隔水相望。普陀山学院总占地面积约 20hm²，总建筑面积达 47600m²，2004 年设计，2011 年建成，整体营建采用唐代风格。普陀山学院总体布局按功用可划分为四大区域，以学院正门、国际会议中心和参学会馆等对外交流区域组成前区，以普陀讲寺和八宗院等宗教活动区域组成中心区，以行愿楼、师资寮、学僧寮、斋堂等学习生活区域组成西区，以行政院、智慧阁等后勤保障区域组成东区，各区互为依托、错落有致。张锦秋以和谐为主题，不仅创造了总体布局的和谐，也创造了营建与自然的和谐。

---

① 西安世博园占地 418hm²，其中水域面积 188hm²。长安塔高 95m，张锦秋提出把长安塔 7 个明层的塔心筒墙面视作一幅巨画，用油画的手法绘出一组菩提树林。菩提象征着圣洁、和平、永恒，这是园中塔、塔中树的生动畅想。在营建师、画家、室内设计师的密切合作之下，这个畅想终于成为现实。
② 大唐芙蓉园在大雁塔以东 500m 处，是一座以唐文化为内涵、以古典皇家园林为载体，因借曲江山水，演绎盛唐名园，并服务于当代的大型文化主题公园。虽取盛唐芙蓉园之名，其建设基地并不在"芙蓉园"原址上。
③ 轩辕殿大院是举行祭祀大典的重要场所，占地 1 万 m²，均由花岗石板铺装而成，可供 5000 人举行祭祀活动，同时陈列各种仪仗并举行大型祭祀演出。轩辕殿由 36 根圆形石柱围合成 40m×40m 的方形空间，柱间无墙，上覆巨型覆斗屋顶。屋顶中央有直径 14m 的圆形天光，蓝天、白云、阳光直接映入殿内，整个空间显得恢宏神圣而通透明朗。大殿地面采用青、红、白、黑、黄五种彩色石材铺砌，隐喻传统的"五色土"，以象征黄帝恩泽的祖国大地。整个轩辕殿形象地反映出"天圆地方"的理念，黄帝石刻伫立在殿内上位。轩辕殿的时代性不仅体现在其营建手法简练、符合现代审美情趣，同时还由于其高度的技术含量而增强了工程的现代感。在黄陵四级自湿陷性黄土的软弱地基上，采用 DDC 挤密桩而承托了 3 层高台和大殿。单排柱上四面 40m 长的梁，采用了罕见的大型预应力钢筋混凝土大梁。40m 见方的覆斗形屋盖则是采用了覆斗形钢筋混凝土预应力空间结构。这一系列技术手段保证实现了前述的营建艺术效果。

5.3-1 俯视陕西历史博物馆入口

5.3-2 陕西历史博物馆从西廊看主庭院

5.3-3 世界园艺博览会与长安塔

5.3-4 世界园艺博览会的长安塔

5.3-5 长安塔顶部结构与室内绿化油画

5.3-6 大唐芙蓉园鸟瞰

5.3-7 大唐芙蓉园紫云楼

5.3-8　黄帝陵全景

5.3-9　黄帝陵主体入口

5.3-10　黄帝陵祭祀大殿

5.3-11　黄帝陵祭祀大殿透视

5.3-12　仰视黄帝陵祭祀大殿室内

5.3-13　黄帝陵祭祀大殿
室内一角

5.3-14　中国佛学院普陀山学院全景

5.3-15　中国佛学院普陀山学院礼佛区

5.3-16　张锦秋于 2012 年

5.4 庄惟敏与营建策划

庄惟敏是中国工程院院士，曾任清华大学建筑学院院长、教授、博士生导师，并兼任清华大学建筑设计研究院院长、总建筑师。庄惟敏的行政工作和教学任务繁忙，而且还有许多社会兼职。[1] 虽然进行营建创作的时间并不多，但是，他完成的作品还相当多，清华大学校内的作品有清华科技园大厦、清华大学综合体育馆、清华大学高级访问学者公寓等。担任建筑学院领导工作后，近期的几项作品有玉树藏族自治州行政中心、北川抗震纪念园幸福园展览馆、延安大学新校区规划设计、成都金沙遗址博物馆等，这或许更能代表他的营建思想。庄惟敏对营建策划及设计方法论有较深入的研究，在国内首先提出营建工作的"前期策划与后期评估"的概念，并在营建实践和房地产开发中成功地运用。2000 年 5 月出版有专著《建筑策划导论》一书。[2] 此外，庄惟敏在宣讲家网发表的关于营建学的观点也令人赞赏，他提倡提升"原创"能力和开展健康的"学术评论"。[3]

2010 年 4 月 14 日，青海省玉树藏族自治州发生 7.1 级地震。青海省玉树藏

---

[1] 庄惟敏 1962 年 10 月出生于上海，1985 年毕业于清华大学建筑系，获工学学士学位，同年在清华大学建筑学院攻读硕士学位，1987 年转为攻读博士学位。1990—1991 年在日本国立千叶大学工学部学习，1992 年获工学博士学位。1996 年获国家一级注册建筑师资格。庄惟敏还是全国工程勘察设计大师，中国建筑学会副理事长，第九届梁思成建筑奖获得者。其专业研究方向为营建设计及其理论、营建策划与设计方法学。国内外获奖有：中国建筑学会 1993 年度青年建筑师奖第一名，1994 年获中国建筑学会、香港建筑师学会、（美国）亚洲文化协会优秀青年建筑师一等奖。1994 年被评为清华大学十名有突出贡献的青年教师，1995 年获清华大学"学术新人奖"，1997 年被中华人民共和国人事部、国家教育委员会评为"全国优秀留学回国人员"。2019 年 9 月 24 日，庄惟敏获第九届梁思成建筑奖。

[2] 20 世纪 50 年代末，美国有一位学者叫威廉·佩纳（William M. Peña），他和他当时的合伙人威廉·考迪尔，在《Architecture Record》杂志上发表了一篇文章，叫作《建筑设计分析：一个好设计的开始》，这篇文章奠定了建筑策划的基础。文章说明营建师怎样通过对项目的分析、研究和深层次的剖析，得到跟这个项目相关的所有要素、因素，以此来准确地界定你设计项目的定位。此后，他们又出版了一本书，叫《问题搜寻》（ProblemThinking），或称《问题思考》，这本书到现在已经出了第 5 版了。威廉·佩纳和他的学生持续不断地在做这项工作。作为资深营建师，应当非常清楚的一点就是，如果我们随意地去拿一个项目，单纯地把它当成一个艺术品，从造型的角度来做的话，很有可能会带来一些风险，就是忽略了对环境的思考、对人的使用、对气候的应对，还忽略了环境的可持续发展以及绿色、生态、节能，甚至于造价虚高等。所以，为了要让我们的项目，不仅仅在美学层面上有很高的造诣，同时还不能是个废品，要真正的是个作品，甚至是精品。

[3] 庄惟敏关于营建原创的观点认为："原创"二字不是从天上掉下来的，它需要长期地观察、体验，需要经过沉重、深切、紧张甚至是悲剧性的思考。营建师要能够经得起这样一种痛苦、这样一种思考。庄惟敏提出了 3 点关于营建学的思考与期待：第一，希望全民族都要提高营建文化的素养；第二，希望有一个健康的营建评论氛围；第三，最关键的是提升宝贵的原创能力。

族自治州位于青藏高原腹地，海拔 4200m。地震灾后重建活动是迄今人类在高海拔的生命禁区开展的最大规模灾后重建。玉树藏族自治州行政中心是玉树地震灾后重建的十大重点项目之一。在设计前期对藏区院落的调研中，庄惟敏团队发现藏式院落空间组合多样、变化无穷，有明显的高差变化，纵向延伸、依托整体山势，气势磅礴。形成院中有院、步移景异、错落有致的空间序列。青海的藏式院落内廊院依次递接、疏密有致、尺度宜人，个体和环境形成一种默契的对话，巧妙地与自然景观融合。玉树藏族自治州行政中心有两个特质：一是藏文化中的宗山意象，要有一种权力的象征；二是通过藏式院落表达当代行政用房需在内涵上亲民。这两者是有矛盾的，如何圆满解决是设计的要点。行政中心整体格调淡雅质朴，不凸显宗教色彩，通过整体造型和空间院落表达上述两方面特质：含蓄中显力度，亲切又不失威严。[①] 行政中心的"建设规模"一直是一个比较敏感的问题。庄惟敏团队建议应根据实际需要来确定规模，从最初第一轮要求的 25 万 m^2，到第二轮的 16 万 m^2，到第三轮的 12 万 m^2，建设规模逐渐理性而务实。随着设计的深入，玉树州行政中心的设计任务书逐渐明确。到 2012 年 6 月，最终规模要求减至 8 万 m^2 以下。考虑到当地的实际情况，这个面积在现在看来还是比较合适的。再一个就是"建设标准"问题，设计团队严格按照国家党政机关办公用房建设标准进行设计。同时，整合原有老城区内的行政办公用地，形成相对集中的州行政办公区，改变老城区内行政办公用地分散、土地利用低效、占用城市发展用地过多的现状。玉树藏族自治州行政中心的设计充分运用了庄惟敏正在研究的"建筑策划"和"设计方法学"，并且取得了可喜的成果。[②]

北川羌族自治县抗震纪念园选址于北川新县城中部，东临羌族风情商业街，西端为民俗博物馆。展陈空间主要集中在 −6.00m 标高层，上下两层主要以缓坡道连接。参观人流由地面层东南侧进入门厅，可由一层门厅到达序厅、临时展厅和 −6.00m

---

① 在设计之初，庄惟敏团队使用营建策划的"问题搜寻法"，这是一种非常高效的策划方法。设计团队以目标、事实、理念、需要、问题为横轴，以功能、形式、文化、环境、经济、时间等为纵轴，使用 210mm×149mm 的白卡纸，在棕色模板墙上一个一个地进行分析。通过系统地梳理，抓住重点问题优先进行突破。基于这样一种系统分析，再将问题和问题应对策略一一汇总，形成前期的策划报告文件。可喜的是经过多轮的探讨，玉树藏族自治州四大班子的领导也逐渐接受新的设计模式，同时为后续的设计工作提供了宝贵的大力支持。
② 庄惟敏研究的"建筑策划"非常适合我国新时代社会主义建设的国情，而且是高层次的设计理论，它超越了一般的营建设计原理，从更高层次上指导设计。本书作者认为："建筑策划"如果能与"城市设计"结合，会取得更好的效果。作者初步阅读了庄惟敏 2016 年出版的《建筑策划与设计》一书，书中第 4、第 5 章"建筑策划项目与研究"与"建筑策划的再思考"，似乎还有待改进和提高。书中案例分析深浅不等，功能相对简单的项目应着重总结一般规律，而对于工艺复杂的医院、工厂、交通枢纽等，应当首先分析工艺流程。因为营建师一生中可能会遇到各种复杂的项目，应有思想准备。本人很期待这本书成为清华大学未来营建系的必修课、样板课，并在营建界起到引领作用。

主展厅。①

　　延安大学新校区规划也是一项充满挑战的设计任务。延安革命老区大学有着深厚的历史文化积淀,新校区既要连接过去又要通向未来,既要有"地域特色"又要体现"时代精神"。延安地域营建特色鲜明,层层退台的窑洞随处可见。延安大学新校区以最具标志性和延续性的符号——退台窑洞,作为新校区设计构思源泉,强化地域元素,传承历史文脉。设计不是简单地模仿,而是与校园文化和实际功能需求相结合,运用窑洞符号塑造拱廊空间,既作为校舍基座,也作为半室外空间,夏天可遮阳、冬天可挡雪,为师生提供绝佳的交流场所,也作为联系不同功能区的步行廊道。同时希望实现一种品格的再造,采用自然、贴切的方式营造温暖质朴、富有人文气息的校园空间。②不过,拱廊的位置、尺度似乎还可以推敲、改进。

　　国家电网电力科技馆是 2014 年建设在北京市菜市口大街的综合体,用地面积 11124.682m²,营建面积 47767.75m²,建筑高度 60m,项目包括 220kV 变电站主厂房及电力科技馆两部分内容。该项目是我国市政商业地块混合利用的典型案例,是我国第一个对外开放可供参观式 220kV 运行变电站,为我国新型城镇化背景下城市用地存量优化开发提供了新思路。③北京科技大学体育馆位于学校中轴线上,将体育馆建在上面,除了与整体更加协调之外,也是对学校"文脉"的一种呼应。该工程建设用地约 2.38hm²,总长约 165m、宽约 84m,营建面积 24662m²,由一个主体育馆和一个综合体育馆组成。④陕西渭南市文化艺术中心在不设整体集散

① 北川抗震纪念园的展馆以富有雕塑感的"白石"造型与展馆呼应,共同形成抗震纪念园的主题。展馆主体以幸福园广场的延伸形成地景平台。主展厅体量简洁纯净,抽象为"白石"的雕塑,以含蓄的现代手法表现传统羌族文化,暗喻"神圣""庇护""吉祥",为新北川祈福。开敞的景观平台与广场绿地相结合,提供了亲切、和谐的城市公共生活空间,并表达对未来幸福生活的希望。

② 延安大学 1937 年创立,是中国共产党在抗战时期创办的第一所综合性大学,由陕北公学、鲁迅艺术学院等八个院校合并而成,历史悠久、人文荟萃。新中国许多重要的高等院校与延安大学都有着直接的历史渊源关系,如中国人民大学、北京理工大学、中国农业大学、中央美术学院、中央音乐学院、中央戏剧学院等。延安大学新校区位于延安市新区西北部,毗邻延大老校区和萃园校区,总用地面积 84.8hm²,总营建面积 575000m²。规划用地西高东低,地质条件复杂,填方区最深的部分超过了 60m,东西方向高差达 30m。延安大学新校区规划设计从前期策划开始,贯穿修建性详细规划、营建设计、景观设计和室内设计的全流程,还包括材料选型、工艺比较及全过程造价咨询等内容,设计团队深度参与了项目策划、咨询、设计、建设的全过程,这是营建师负责制和全过程咨询的一次有益尝试。

③ 该项目尊重北京古城城市空间序列,特别是电力科技馆造型设计以不同材质的几何体块为母题、穿插结合、形态独特。设计将高层主体部分布置在用地南侧,沿菜市口大街以简洁、大尺度的入口空间为主;北侧布置多层裙房,区内以绿化停车为主,结合部分室外出入口及通风井等低矮构筑物,保持舒展的老城尺度空间,并成为南北区域的过渡空间。营建也由若干小体块组合而成,此举有效地消解对城市历史街区的视觉压迫,同时形成丰富的营建体型。该项目是 2009 年北京市政府重点工程煤改电工程的主要站点,为北京旧城内居民集中供暖的燃煤锅炉更换为蓄热式电锅炉提供支持,并积极有效地改善北京旧城冬季的空气质量。该设计获 2017 年度教育部优秀工程勘察设计奖建筑工程类一等奖。

④ 北京科技大学体育馆位于学校中轴线,对称的体型在视觉上形成稳定感,给人端庄、雄伟的感觉,整个立面的高宽比例良好,给人和谐完美的感受。

大厅的思路下，以 3 幢房屋构成聚落，以非对称布局方式，弱化所在行政中心区主轴线的呆板，活跃文化艺术中心的群体感。^① 华山游客中心在陕西省华阴市，考虑到大量游客来此旅游是为了观赏华山，游客中心仅仅是提供服务。因此，在设计立意上游客中心应保持宜小不宜大、宜藏不宜露的原则，使游客中心匍匐在华山脚下，融于自然环境之中。^②

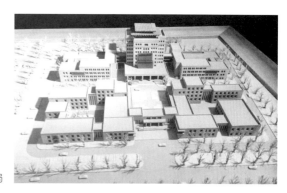
5.4-1　玉树州行政中心总体布局

5.4-2　玉树州行政中心入口

5.4-3　玉树州行政中心水景

① 渭南市文化艺术中心场地面积 4 万 m²，总营建面积 33942m²，2014 年 8 月竣工。文化艺术中心的 3 幢房屋各成方向、相互对话，共同营造文化的场所感。秦腔高亢激昂、激烈碰撞，借此文化特性，以长方盒子为基础进行变形，形体之间相互碰撞、相互耦合。
② 华山游客中心用地面积 40.8hm²，总营建面积 8667.5m²，设计时间为 2008 年 8 月—2009 年 11 月，竣工时间为 2011 年 4 月。

5.4-4　玉树州行政中心透视

5.4-5　玉树州行政中心总体鸟瞰

5.4-6　北川抗震纪念园幸福园展览馆透视

5.4-7　幸福园展览馆立面处理

5.4-8　幸福园展览馆体型组合

5.4-9　幸福园展览馆沿街透视

5.4-10	5.4-11	5.4-12
5.4-13	5.4-14	5.4-15
5.4-16	5.4-17	5.4-18
5.4-19		

5.4-10 北川抗震纪念园的展馆以
       "白石"造型与展馆呼应
5.4-11 延安大学新区细部透视
5.4-12 延安大学新区正面透视
5.4-13 延安大学新区局部透视
5.4-14 电网电力科技综合体构图
5.4-15 电网电力科技综合体透视
5.4-16 成都金沙遗址博物馆入口
5.4-17 北京科技大学体育馆
5.4-18 渭南市文化艺术中心
5.4-19 渭南市文化艺术中心水景

5.4-20　华山游客中心

5.4-21　北京奥运会射击馆

5.4-22　清华大学科技大厦

5.4-23　庄惟敏于2019年

5.5 崔恺与本土设计

崔恺，中国工程院院士，中国建筑设计研究院名誉院长、总建筑师，中国营建界的领军人物。[1] 他的代表性作品有北京丰泽园饭店、北京外语教学与研究出版社办公楼、重庆国泰艺术中心、苏州火车站、无锡鸿山遗址博物馆、杭帮菜博物馆、中信金陵酒店、康巴艺术中心、雄安市民服务中心等。

北京丰泽园饭店坐落在北京前门外商业区，是在原丰泽园老字号饭馆的原址上建成的，是一座集餐饮、娱乐、客房及后勤服务设施于一体的三星级宾馆，也是崔恺设计的一项令人关注的作品。[2]

北京外语教学与研究出版社办公楼是一座集办公、商务、接待于一体的综合性建筑，由建设部建筑设计院、中旭建筑设计事务所共同设计，主持营建师为崔恺，北京外语教学与研究出版社办公楼是崔恺的又一项令人关注的作品。2018 年，外语教学与研究出版社办公楼入选"第三批中国 20 世纪建筑遗产项目"。[3]

重庆国泰艺术中心位于重庆市渝中区解放碑中央商务区核心地带，地处临江支路，江家巷、青年路和邹容路合围地段，用地面积达到 2.91hm^2，2013 年竣工。重庆国泰艺术中心由国泰大戏院和重庆美术馆组成，是十大文化公益设施项目。重庆国泰艺术中心广场连通解放碑广场，共占地 4000m^2，未来它将成为解放碑中心

---

① 崔恺出生于 1957 年，1984 年 10 月毕业于天津大学建筑系，获硕士学位，现任中国建筑学会副理事长。

② 丰泽园饭店的设计构思主要基于两点：既要考虑与传统商业区的关系，又要反映老字号饭庄的传统饮食文化内涵。从环境上看，珠市口商业区集落式的小商小店密度很高，为使大于 1 万 m^2 的五层楼放在这里不致显得"鹤立鸡群"，设计上选择了"化整为零"的方法，采用叠加的阶梯式体型，使其看上去像一组小体量房屋的叠合，并将 3 层以上部分向内退缩，沿街保持 9m 高的左右两层裙房，且与其他沿街店铺高度基本一致。

③ 外语教学与研究出版社办公楼分为两期建设，一期竣工于 1997 年 10 月；二期竣工于 1999 年 6 月。在设计上，崔恺考虑用造型与空间语言处理办公楼与特定城市环境的关系，并着重用东西方文化的双重营建语言来表现外研社在中西方文化交流中的地位与功能特点。在立面处理、平面布局、室内外装饰、室内外空间设计上都有新颖的手法。一期工程南北立面平和，而东西立面展现出强烈的个性。首层斜向轴线大厅形成三角立面，一道玻璃隔断将喷泉分为室内外两部分，清澈的泉水在室内外穿梭流动，沟通了室内外空间。大厅内的亚里士多德和孔子的塑像以及墙面上用小红泥烧制的多国文字："记载人类文明，沟通世界文化"，体现了东西方文化交流的主题。三层的中式屋顶花园以小桥流水为主题，体现着自然与人的和谐统一。首层的西式庭院以断墙、古典柱式为符号，隐喻人类文明的源远流长。二期设计从室内空间穿出的廊桥，使两期工程连成一体，并与一期工程自然围合成一个室外庭院。一道空中廊桥从树冠间穿梭而过，东西侧的桥墩上镶嵌着古人的诗句。无论外观还是室内，两期营建都体现了共同的设计思想。

唯一大型城市中心广场。①

苏州火车站毗邻苏州汽车北站，是苏州重要的交通枢纽之一。苏州站站房用地面积为 96000m²，苏州站站房营建面积为 85800m²，车场规模达 7 台 16 线。候车厅架空设在 16 条铁路线上方，采用大跨度桁架结构，乘客乘坐扶梯便可"空降"到站台，站台上没有一根柱子，特殊情况下汽车可直接开到站台上。苏州站的高架层高 8.70m，候车大厅内部高度为 15m，南北站房相连，普通列车旅客与城际列车旅客使用同一个候车区。苏州站的地下出站层位于地下 11.55m，站房中心线上设置的商业服务用房连接南北广场的下沉空间。候车厅内空间围合采用苏州园林手法，颇有情趣。

无锡鸿山遗址博物馆是以全国重点文物保护单位鸿山墓群为依托，在特大墓葬丘承墩原址上规划建设的专题博物馆，重点为鸿山遗址出土文物的展示和研究、吴文化展示和研究，以及丘承墩大墓的原址保护和展示。博物馆用地面积 90149m²，营建面积 9207m²，出土文物展厅展出的青瓷器和硬陶器是商周时期吴越地区最富特色的器物。②

中国杭帮菜博物馆坐落在杭州市南宋皇城大遗址旁的江洋畈原生态公园。南临钱塘江，北傍莲花峰，西连虎跑，东靠玉皇山、八卦田。博物馆毗邻西湖，与钱塘江风景串联成片，周边空气清新，人称天然氧吧。③博物馆总体布局与自然环境密切结合。博物馆营建面积 12470m²，主体部分采用现代营建材料和技术手段，以再现传统杭州营建空间精神和元素，并通过坡屋顶、清水墙、全玻璃幕墙等手法体现杭州传统营建的秀雅神韵。

北京中信金陵酒店位于北京市平谷区山坳中，西北侧面向西峪水库，设计依山就势，与自然环境融合，部分房屋仿造巨石形态，产生粗犷壮美的外观。酒店拥有各类豪华客房和 23 幢独栋别墅，以及 700m² 宴会大厅、600m² 报告厅、9 间会

---

① 重庆国泰艺术中心作为重庆市十大公益设施之一，也是重庆市首个集"展示、戏剧、娱乐、商业"为一体的多功能艺术中心。作为标志性工程应对其他地块形成统领作用，既统一于解放碑地区现有环境，又要为解放碑地区创造新的秩序。设计的灵感来源于重庆湖广会馆中一个多重斗栱构件，利用传统斗栱空间穿插形式，以现代简洁的手法表达传统营建的精神内涵。互相穿插、叠落、悬挑的红色构件，既高高迎举，又顺势自然，这正是重庆人最本质的精神追求。整个艺术中心如同点燃的红色篝火，鲜红的颜色代表着中国的传统色彩、富贵吉祥。国泰艺术中心的中央大厅面积约 200m²，空间高度达 19m，四周用国内最高的隐框玻璃幕墙，高度达 20m，是举办小型展览、展示会的理想场所。国泰剧院中心二、三、四层为国泰剧院，是一个集话剧、歌剧、舞剧、音乐会、相声等综合性剧场。音乐厅设在中心负二层，观众席有 275 座，它集小型话剧、音乐会演出艺术形式，同时也是沙龙、讲座、商业发布会、媒体见面会等最佳场地选择。
② 鸿山遗址博物馆是长江以南规模最大的遗址博物馆，主要展示在鸿山遗址考古发掘过程中出土的精品文物。分为古墓惊现、等级之尊、奢华生活、贵族玉礼、乐库华章、千古之谜等六大板块。
③ 博物馆展陈设计由浙江工商大学中国饮食研究所所长赵荣光操刀，10 个展区、20 个历史事件的场景复原，以及大量的文字图片史料、古近现代的文物陈列，梳理了上溯至良渚文化、秦到南北朝时期等不同历史阶段杭帮菜传承和发展的肌理脉络。

议室组成的国际会议中心、时尚雅致餐厅、康体娱乐中心、绿化休闲广场等一流的服务设施。

　　雄安市民服务中心是崔愷和他的团队近期最突出的作品。雄安市民服务中心是雄安新区的第一项建设工程,也是雄安新区面向全国乃至世界的窗口。项目位于容城县城东侧,由公共服务区、行政服务区、生活服务区、企业临时办公区等四个区域组成。其中,企业临时办公区位于整个园区的北侧,由1栋酒店、6栋办公楼和中部的公共服务街组成。雄安市民服务中心很特殊,虽然是一个临时性工程;初步预期使用10年左右,管委会提出的要求却很高:建设要快——1年内务必建成;品质要高——要与雄安"国际标准、高点定位"的要求相符;理念要新——要对未来的雄安建设起到一定的示范作用。①

5.5-1　北京丰泽园饭店

5.5-2　外研社透视

5.5-3　外研社从室内空间穿出的廊桥

---

① 崔愷和他的团队在雄安市民服务中心采用了3项重要措施。●第一项是全装配化、集成化的箱式模块体系房屋,整组房屋均由12m×4m×3.6m的模块组成,每个模块高度集成化,结构、设备管线、内外装修都在工厂加工好,现场只需拼装就可完成。●第二项是总体布局采用可生长的规划模式,受"十字平面"经典范式的启发,由标准的模块组合成一组十字形的营建单元,交通核心位于十字形的中心。作为公共服务空间,办公空间围绕交通核心布置,十字形的平面使布局呈现一种对周边环境开放的姿态,贴近绿化、融入自然。小进深房屋可以实现最大化的自然通风采光,每个"十字"单元再经过局部变形、组合,向外自然生长,蔓延于自然环境之中。●第三项是创建开放绿色的办公环境。这是雄安新区第一个启动项目,周边基本全是农田,配套设施明显不足。崔愷团队在场地的中部设置了公共的服务平台,在这里可以有不同的选择,职工餐厅、特色餐饮、咖啡店、健身房、无人超市、文具店,应有尽有,共享共用。办公和居住用房没有沿基地的周边布置,而是紧靠中部的共享商业街,在外侧空出大量的绿化空间。起伏的微地形自然地形成花园,工作之余可以沿着弯曲的漫步道走一走,也可以到镶嵌其间的篮球场、羽毛球场活动一下。房屋的各层都退出了许多屋顶平台,给这里办公的人提供了交流和活动的空间。

5.5-4 重庆国泰艺术中心透视
5.5-5 重庆国泰艺术中心鸟瞰
5.5-6 重庆国泰艺术中心门厅
5.5-7 重庆国泰艺术中心舞台
5.5-8 苏州火车站站前广场
5.5-9 苏州火车站大厅透视

	5.5-4		
5.5-5	5.5-6	5.5-7	
5.5-8		5.5-9	

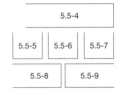

5.5-10　苏州火车站室内

5.5-11　苏州火车站入口

5.5-12　远望无锡鸿山遗址博物馆

5.5-13　无锡鸿山遗址博物馆透视

5.5-14　杭帮菜博物馆透视

5.5-15　杭帮菜博物馆局部透视

5.5-16　杭帮菜博物馆总平面

5.5-17　中信金陵酒店透视

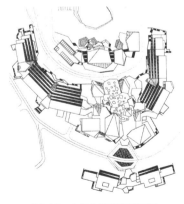

5.5-18　中信金陵酒店总平面

5.5-19　中信金陵酒店大堂

5.5-20　中信金陵酒店入口

5.5-21　雄安市民服务中心鸟瞰

5.5-22　雄安市民服务中心住宅

5.5-23　从服务中心室内向外望

5.5-24　崔恺于 2013 年

5.6 严迅奇与香港营建

"天价建筑师严迅奇"，这是网上看到的一篇文章，文章是关于香港故宫文化博物馆设计，这引起我的兴趣。[①]2016 年时任西九管理局主席的林郑月娥正在参选香港特首，她突然改变建设计划，宣布将与北京合作，在香港西九兴建故宫博物馆，并直接聘任营建师严迅奇做设计顾问，瞬间引爆了舆论炸药桶。[②]

根据网上看到的材料，严迅奇的营建风格，就像他给人的最初印象一样：低调、内敛。他宁可将古典美学藏在现代钢筋水泥、玻璃立面的房屋之内，让你看不到却感觉得到那种东方的韵味，这是一种心态、一种生活方式、一种心底里的共鸣。这种不留痕迹、全靠内力的设计风格，不仅表现在那栋上大下小、像个鼎字、又很现代的九龙故宫博物馆上，也表现在他为广州、深圳、北京等中国城市修建的一系列各色项目中。广州市珠江新城的中心广场上矗立着几栋庞然大物，它们遥相呼应，以各自独特的造型展示着不同的艺术观点。早在设计广东省博物馆新馆的时候，严迅奇就知道，自己设计的广东省博物馆将会与世界最著名的女营建师扎哈·哈迪德（Zaha Hadid，1950—2016）的"广州歌剧院"比邻。扎哈·哈迪德设计的构思是由黑白两颗石子组成，充满奔放的流线感，仿佛夜空中的潺潺溪水拍打着鹅卵石

---

① 笔者和严迅奇是老朋友。20 世纪 80 年代，严迅奇初到北京创业，我正好被甲方聘为顾问，和严迅奇接触过一段时间。此后，近 30 年没有联系。严迅奇（RoccoYim）1952 年出生于香港，自幼在香港受教育。中学毕业于香港圣保罗男女中学，中学时喜爱木工课及历史专题研习。1976 年作为优异生毕业于香港大学建筑系。1983 年，20 多岁的严迅奇与朋友合伙创业，参加巴黎歌剧院国际设计竞赛并获奖，成为 3 位冠军之一。除了营建设计外，严迅奇还担任多项公职，现为香港大学建筑系咨询委员会成员、香港大学专业进修学院客席教授及康乐及文化事务署博物馆专家顾问。2003 年他的首本作品集《The City in Architecture》出版，2004 年又出版了《Being Chinese in Architecture》。他的作品集《Reconnecting Cultures：The Architectures of Rocco Design》已于 2013 年出版。我请在深圳工作的周锐与他联系，他送给我上述两本书，这加深了我对他的了解。

② 一时间，无数本港电视新闻、广播及网络时评节目都在热议严迅奇和他的营建师事务所，如何能够赢取这么大一单生意？这背后，有没有不可告人的利益交换？分析家们查找这名营建师的过往履历，发现此人曾在公开场合发言说，希望香港能够更加完善营建设计以公开比赛来竞标的机制，以鼓励挖掘更多新的优秀营建师站出来。而他自己却安心接受天价的直接委任，听来颇为讽刺。严迅奇后来解释说，香港故宫博物馆项目需要做大量研究也需要不断沟通，并且控制预算。因此，直接聘任是可行度较高的做法。随后严迅奇开始向现场听众及记者介绍故宫博物馆的设计理念和样式，如同上课一般，回到专业思维上的讲述、并期望人们能够了解。一边是汹汹来势的香港政坛反对派的批评讽刺；另一边是只会阐释自己的专业思路却不知怎样去公关与回应的低调建筑师严迅奇。记者会几天以后，香港建筑师学会前会长与现任会长分别登报撰文，力挺严迅奇作为设计西九故宫馆的合适人选。

一般。严迅奇设计的广东省博物馆则构思了一个非常中式的概念，他借鉴传统的藏宝盒造型，工整、方正、典雅，透漏出一丝神秘。这两个设计一方一圆，各自传达着西方与东方、现代与传统、奔放与内敛的不同情调，耐人寻味。[①]

严迅奇在香港做了不少地标式的工程，例如，香港特别行政区政府总部大楼、香港理工大学教学酒店综合大楼、香港中文大学教学大楼、香港珠海学院等。中华人民共和国香港特别行政区新政府总部（New Government Headquarters of the Hong Kong Special Administrative Region of the People Republic of China）位于香港岛金钟添马舰添美道 2 号、前添马舰海军船坞，占地约 4.2hm²，其中包括政府总部大楼、行政长官办公室、立法会综合大楼及市政公园，彼此互相连接。整个项目，连同周边及其中的公共空间，是香港特区的标志。严迅奇以"门常开、地常绿、天复蓝、民永系"12 个字为香港新政府总部大楼的设计理念，在布局、形态及营建语言上要传达的讯息是：开放、欢愉、持续、共处。[②]香港理工大学教学酒店综合大楼，建筑面积 36000m²，严迅奇的设计理念是：教职员宿舍原有的用途将被保留，并成为大学酒店管理系和教学酒店（262 房间）的一部分。基地以一个玻璃中庭贯穿南北，空间上向西面开放，中庭内各层相互呼应却又不相互干扰。大楼的设计反映着香港的独有现象，把本质上看似互相矛盾的功能融为一体，让公众、学生

---

① 广东省博物馆新馆总占地面积约 43000m²，总营建面积约 67000m²，建设投资约 9 亿元。新馆址西面是广州歌剧院和广州市第二少年宫，北与广州图书馆新馆相邻，南濒秀丽的珠江，隔江与海心沙旅游公园相望，环境优美。新馆地下 1 层、地上 5 层，主要配置有展馆、藏品保藏系统、教育服务设施、业务科研设施以及安防、公共服务、综合管理系统等。新馆设计构思以"植根于粤，寓意于博，蕴形于馆，凝神于藏"为设计原则，以汉字为设计依托。隐含"广东"之字形与"博"之字韵，点明广东省博物馆的地域属性和行业特点。广东省博物馆新馆设计大胆、现代、风格独具一格，并以归形于"藏"的点睛之笔体现粤博的职能属性和粤博人专精于藏的精神气质，点出粤博标志及广东省博物馆海纳百川、古今并包的风格气度。新馆结构新颖，设计独特。采用巨型桁架悬吊结构体系，在中部沿边长 67.5m 的方形四周布置钢骨混凝土剪力墙，在剪力墙上端设置 8 榀跨度为 67.5m 且两端各悬挑 23m、高 6.5m 的大型空间钢桁架，并沿悬臂桁架外端设 4 榀封口桁架，再在封口桁架下伸边长 6m 的箱型钢吊杆，悬吊 3 ~ 4 层楼面体系。这种悬吊结构体系，在国内尚属罕见。

② "门常开"是指高座及低座的两座政府大楼像一扇敞开的大门，凸显香港人的开放思想，喻意政府应该通达开明。两座政府大楼无论是用料还是色彩，均显示政府各部门的有机结合，大门常开，与市民沟通无碍。设计对城市规划也有深远考虑，务求避免遮挡维多利亚港两岸景色，让空气流通、人流畅顺。"地常绿"是表达香港特别行政区新政府总部所在地是一片葱绿，如一块绿地毯贯通南北，连接着金钟和海滨公园，让市民在 2hm² 的休憩用地上充分享受休闲的愉悦，并出入于香港特别行政区的心脏地带。"天复蓝"是指采用了多种环保措施，包括双层玻璃通风及隔热外墙、绿化遮阳屏障、太阳能光伏电板、采光藻井、自动废物回收系统、海水冷却的高效能制冷系统及绿化屋顶。这些可持续的环保设计方案，成本少而创意多，使天空恢复碧蓝。"民永系"是指在北面的总部大楼，包括行政长官办公室及立法会大楼，于制定及执行公共政策上均举足轻重。椭圆形的立法会大楼与方正的政府总部大楼底座，对比突出却又互相平衡。面对维多利亚港和草坡公园的会议厅，代表着包容和多元，体现了立法会的开放活力及其民主监察的使命。市民大众可在符合保安的情况下看到议会的运作，无形中拉近了市民和立法会的距离。增加政府总部的透明度，促进政府与各方面的沟通，体现与民共处的精神。政府总部不仅是富于象征的宏伟大楼，更要填补香港核心地景的空白，成为朝气蓬勃的公共空间。

和教职员在一个带有记忆烙印的环境中相互交流与学习。[①]

严迅奇在大陆设计的工程还包括云南博物馆的新馆、香港中文大学（深圳）和深圳国信证券大厦等。[②] 此外，他还在长城脚下设计了一幢住宅、在柏林设计了一个水上竹亭，也很有特色。

2012 年 10 月 11 日，国家教育部宣布正式批准筹建香港中文大学（深圳），2014 年 4 月 28 日，教育部同意批准设立香港中文大学（深圳）。2013 年，香港中文大学（深圳）第一期校园设计方案成为世界建筑节的入围作品。自 2012 年香港中文大学（深圳）确定选址后，随即举办国际建筑设计竞赛，最终由香港著名建筑师严迅奇为首的团队（与嘉柏建筑师事务所及王维仁建筑设计研究室协作）夺得第一名，并获采用其校园设计方案。[③]

严迅奇在他的作品集《文化重系：迅奇的营建设计》（Reconnecting Cultures：The Architectures of Rocco Design）一书中，有一篇他写的论文，作为该书的前言。论文的标题就是"文化重系"。严迅奇认为房屋是文化的载体，文化延续历史，但同时超越传统，连接当代。严迅奇还总结出六个要点：个性（Identity）、空间（Spatiality）、社群（Community）、密度（Density）、通达（Connectity）和素材（Materiality）。最后，他总结道：营建如人，形显于外，神宇于内，形神（Presence）之存在意义乃超乎形体。当今之世，炫目嚣张的外观，常被误解为营建的价值。但在吾人心中，营建的形神只取决于两要素：一是吾土吾民的固有文化；二是当代城市的现实环境。[④]

---

① 香港理工大学教学酒店综合大楼要同时处理 3 个独立项目：香港理工大学酒店旅游管理学院、教学酒店和教职员宿舍。3 个独立项目具有潜在矛盾的空间关系及功能关系，综合大楼充分回应了香港特殊环境造成的这种矛盾关系。教职员宿舍紧邻相对宁静的社区公园。酒店入口大堂，贯穿东西，视野通透。大楼位于红磡海底隧道收费广场一侧，位居要冲，理所当然要个性独特。设计有如直立的雕塑，举目看去，客房与学校一气呵成。庞大的中庭开口和转折的基地现状，增加了设计的复杂性。东面对着海底隧道收费广场，受噪音与污浊空气影响，主要楼体外观减轻了大楼的厚重质感，各部分既自成一体，又相连不绝。户外景观毫无遮挡，中庭大堂日光充沛。教职员宿舍虽支撑着上方的酒店，但尺度合适。

② 云南博物馆新馆用地面积约 10hm²，营建面积约 6 万 m²，主体工程地上 5 层、地下 2 层。新馆采用正方形体型，源自于云南"一颗印"民居的形态。新馆外墙交错折叠、虚实相间的建筑形态，隐现着云南"石林"的景观。镀铜色金属穿孔外表皮与古滇国文化的青铜器相呼应，形成既有地方特色、又彰显时代特征的艺术形象。云南博物馆新馆内部空间层层相扣，展厅、回廊、中庭紧密相连。利用现代科技，展现中国传统文化和云南的历史文化，营造出特有的空间感。

③ 香港中文大学（深圳）位于深圳市龙岗区大运中心西南侧、龙翔大道北侧，由龙岗北通道两侧地块组成。香港中文大学（深圳）第一期校园建设项目总用地面积约 100 万 m²（1500 亩），拟建校舍面积为 336345m²，启动区约 5.5 万 m²。设计方案计划改建 3 幢前大运文化园大楼为行政大楼（道远楼）、启动区图书馆（知新楼）、教学楼（诚道楼），以及其他非启动区工程；而第一期校园营建包括 4 座教学楼、两座科研实验楼、行政大楼、大学图书馆、会堂、体育馆、体育场，以及 4 所书院。2016 年 9 月 4 日，第一期校园首幢新建大楼、逸夫书院启用，并举行成立典礼。2018 年 4 月，新建楼宇全部投入教学使用，第一期校园建告一段落。同月，体育场建设方案获批。2018 年 6 月，香港中文大学（深圳）第二期校园建设开始初步规划，拟定营建面积为 267180m²。

④ Rocco Yin. Reconnecting Cultures [M]. London：Artifice books on architecture，2013：6-7.

5.6-1　香港特别行政区政府总部前绿地　　　　　　　　　5.6-2　香港特别行政区政府总部前市民集会

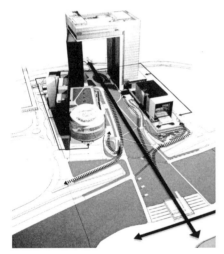

5.6-3　香港特别行政区政府总部设计构思　　　5.6-4　香港中文大学教学楼　　　5.6-5　香港中文大学教学楼入口

5.6-6　广东省博物馆新馆透视　　　　　　　　　　5.6-7　广东省博物馆正立面

5.6-8 广东省博物馆侧面透视

5.6-9 广东省博物馆采光井

5.6-10 广东省博物馆入口挑檐下

5.6-11 云南博物馆新馆透视

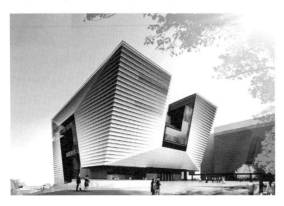

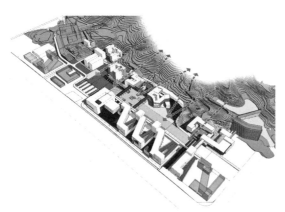

5.6-12	5.6-13	5.6-14
5.6-15		5.6-16
5.6-17		5.6-18
	5.6-19	

5.6-12　云南博物馆新馆鸟瞰
5.6-13　云南博物馆新馆平面
5.6-14　云南博物馆新馆门厅
5.6-15　香港故宫文化博物馆设计透视
5.6-16　香港故宫文化博物馆室内设计
5.6-17　香港中文大学深圳校区总图
5.6-18　香港中文大学深圳校区透视
5.6-19　香港中文大学深圳校区透视

5.6-20　香港中文大学深圳校舍入口

5.6-21　香港中文大学深圳校舍楼梯

5.6-22　香港中文大学深圳校舍空间

5.6-23　香港珠海学院外观

5.6-24　柏林的竹亭外观

5.6-25　深圳国信证券大厦

5.6-26　长城脚下的住宅外观

5.6-27　严迅奇于 2016 年

5.7 孟岩与都市实践

2000 年 12 月，刘晓都与另两位美国迈阿密大学的营建学硕士孟岩、王辉在深圳共同成立了都市实践建筑设计公司（URBANUS）。孟岩和刘晓都这两位富有创新精神的年轻设计师联手出击，立足于从广阔的城市视角和特定的城市体验中解读营建学，进行自己的城市实践。2005 年，该公司被美国《建筑实录》杂志评为该年度全球 10 个最具影响力的设计先锋事务所之一，孟岩的成果尤其令人瞩目。[①]孟岩主持的项目包括：深业上城 LOFT、南头古城保护与更新、中广核大厦、南山区粤海街道文体中心、福田群众文化中心、罗湖创意文化广场、笋岗系列广场、南方科技大学图书馆、深圳雅昌艺术中心和南山婚礼堂等。

深业上城 LOFT 是一个旧城改建项目，场地是原来的日立显像管工厂，位于深圳福田中心区的莲花山公园和笔架山公园之间。[②]开始接触这个项目是在购物中心的屋顶上建一个 10 万 m² 板楼公寓加屋顶花园的规划总图。都市实践团队十分敏感地捕捉到了场地最大的潜力点，将屋顶与毗邻的两座公园联系起来。这对于城市中心慢行体系的完善无疑是一个重大贡献。而他们继续敏感地发问：这块屋顶应该是一个什么样的形态？两个大型公园中间还需要植入一个小花园吗？答案是不需要。两端的绿地资源已经足够，人们真正需要的是在公园之间有一个人工的憩息处，一个充满人文情趣的城市空间。另一个令人兴奋的因素是，配合 10 万 m² 的商务公寓在 3 万 m² 的购物中心屋顶平台加盖的一部分面积，在任何情形下都是一个独立用地的项目。虽然铺在 9 ~ 11m 平均跨度的柱网上，其结构代价不菲，然而在深圳这样高地价、高房价的城市，这些结构成本的增加便可以忽略不计。都市实践团队看到了实践高密度复杂结构的营建可行性。随后，开始反思城市生活的意义和市场的关系。这个过程让他们冷静地认识到，应该完全从城市生活方式和城市公共空间利益需求的角度来思考问题。开放式购物中心是欧美近年在反思郊区型购物中心的弊端后出现的一种新的购物环境。但是，回归传统聚落会更加亲近人的生活尺度，能给人以很好的感受，因而大受欢迎。于是他们将布局转向了"村落"模型。在传统的购物中心上面叠加一个开放街区的商业区

---

① 孟岩是都市实践创建合伙人，美国纽约州注册建筑师。清华大学建筑学学士、硕士，美国迈阿密大学硕士。
② LOFT 指的是由旧工厂或旧仓库改造而成的住宅，面积较小，但层高较高，居住者有自由发挥的空间。

和 LOFT，它们能否相互激发商业潜力，这是成功的关键。人们可以从购物中心上来休闲，也可以从两边的公园步行直达。创造一个人们可以徜徉其中、24 小时开放、属于城市的街道空间，这是对购物中心功能的一个重要补充。此外，如何平衡在东侧拔地而起的两栋 300m 左右的超高层塔楼和北侧 4 幢 150m 的住宅楼的尺度重压。他们的选择是用一个沿购物中心底座 U 形的水平板楼来做尺度上的抗衡，形态上保持了最早的山形起伏的轮廓线，以求体型的变化。[1]

南头古城建于 1700 年前，作为新安县中心聚集区，下属辖区一度包含了今天的香港、澳门、东莞、珠海等广大地区。中国改革开放以来，随着深圳城市化过程的加剧，城内外大量历史性房屋被重新改造和拆除，最终又形成了城市包围村庄、村庄又包含古城的复杂格局。[2] 在过去十几年间，南头一直纠结于两条路径，究竟是该做古城保护，还是做城中村改造。孟岩在策划文章里这样写道：南头不再是传统意义上的"古城"，而是承载着千年古城文化，且沉淀了各个发展时期的空间、社会和文化遗产的"南头故城"。确立了南头的当代遗产价值，接下来便是着手对"城中村"进行空间改造。孟岩认为：深圳需要一个场所能够汇聚、交流，寻找认同感，拥有丰富街区纹理的南头古城是个很好的目的地。[3] 孟岩进行改造的地方基

---

① 孟岩在项目介绍文字中讲述："回应超高层塔楼的巨大尺度，并呼应周边的莲花山和笔架山。同时向内围合出一个安静的空间，以细致的步行街道联结 3 ~ 4 层的高密度的办公 LOFT，排列出一个高低错落、空间变化丰富的小镇，其中纳入 LOFT 剧场、展示交易中心等公共活动空间，从外围的'大'和'实'逐渐过渡到内部非常有活力的'小'而'虚'区域。让商业、办公与住宅人流在同一街区活动，创造了一种居住、办公、商业与文化空间融合的聚落式街道生活新模式。"孟岩将 LOFT 区分为 4 个区：A 区为北侧 LOFT 公寓；B 区为西端酒店；C 区为中心 LOFT 办公；D 区为南侧总部办公。如果将 LOFT 的整体格局比喻成一个饺子，那么外围合的 A、B、D 区就是"饺子皮"，C 区的小而虚实际是表征丰富精细的肌理，是 LOFT 的"饺子馅"，也就是说它承载着所有的情境和味道。

② 有个很直观的景象可以体现这段历史，在南头古城 600 年历史的南城门外，是一条双向八车道的深南大道，过街天桥连接起被翻修一新的关帝庙与马路对面的高层楼房。而往里面稍微走一走，就又会置身于城中村常见的狭窄道路，抬头可见两旁高低错落的"握手楼"。南头古城既有东晋城壕遗址、青砖灰泥房屋，也有百年前的庙宇、西方人建造的教堂，还有改革开放城市化过程中的空间物证，以及 20 世纪 50 年代的灰泥，20 世纪 80 年代的水刷石，20 世纪 90 年代的瓷砖和茶色玻璃。深圳实际上也并不只是众人熟知的"一夜巨变之小渔村"，其发展脉络曾经被有意无意忽略了，可却在南头这片并不大的完整聚落里得以留存。

③ 进入南头古城，沿着纵向主街没走多远就会看到一片崭新的空间，游人几乎都会在这里不自觉地逗留。这块被称为"十字街广场"的地方原本是块废地，拆了房子后留下一堆高低不平的房茬子，营建师把它清理出来，请人在两旁墙面画上壁画，旁边的花店看到这样的场景，开始主动把花摆到门外来。附近还有一片空地，在 20 世纪 70 年代曾经作为打谷场，20 世纪 90 年代建造了水磨石地面的露天篮球场。四周被不同时期建起来的村民小楼密集环绕。营建师拆除了两处铁皮屋，重新建造起两座临时房屋，外立面连同周边广场铺设同一种黄土色的定制陶砖，用以呼应不远处的佛山地区之陶砖原产地这一事实。被保留下来的水磨石篮球场，以及可以上下攀爬的阶梯已经成为附近居民和游人逗留或玩耍的场所，即"报德广场"。从"报德广场"往北继续走，便来到 20 世纪 80 年代兴建的工厂区。厂内三栋厂房、两栋宿舍很早就空置了，外墙至今还维持原样，茶色玻璃、水刷石、干粘石墙面以及竖贴白色瓷砖或瓶贴几何图案的彩色马赛克等都是极具时代特征的典型外墙材料。这些被当作历史"文物"刻意留下，只有大厂房正立面上的大型壁画为厂房外墙增添了新的时间维度。穿过这片厂区可以看到一座新建的"大家乐舞台"。北侧又紧贴中山公园，就此打通了从古城牌楼到公共绿地之间的完整空间路径。

本都是空间结构、公共空间，所有改造的都是被废弃的、条件很差的地方，好的地方不碰，专门找坏的地方。一两年后相信会发生更大的变化，营建师只是提供了框架，群众在此基础上不断发展下去。在孟岩的主持下，重点改建了"报德广场"、20世纪80年代兴建的工厂区和"大家乐舞台"。孟岩认为："南头完全可以继续变化发展，每个房主都是微小的开发商，可以加建、改造立面。没有权力可以使所有人只做同一件事，地产思维应该被城市思维取代。"

中广核大厦建设用地位于深圳市福田区深南大道和彩田路交汇处西北部，是深南大道由东往西进入深圳市中央商务区（CBD）中心区的门户位置，是深圳市的行政、文化、商务、金融中心的黄金地段。中广核大厦位于CBD中心区东部边界一块南北向纵深的狭长用地，东临彩田立交桥，南靠深南大道，北侧是封闭式的高层住宅区，西面办公大楼只有裙楼局部留有一组小体量商业街区。中广核大厦面积158458m²，地上40层、地下3层，大厦总高度为176.8m。[①] 中广核大厦的表面肌理在简洁的形体之中显示了以计算机、网络和多媒体技术为代表的数字化美学特征。大厦外立面摈弃了当时流行的玻璃幕墙，回归到基本的窗墙体系，从塔楼窗洞大小、方向的变化和凹凸对比，逐渐过渡到裙楼部分的网格裂变和延展，并以此支撑起悬浮空中的大会议厅、餐厅以及公共展厅，用一种匀质模块基础上的单元渐变以及局部剧变的空间构成体系暗示了核电作为未来能源支柱产业的形象特征。[②]

在经历了高速而粗放式的"城市化"发展之后，深圳正进入到精细更新式的"都市化"发展时代。现有的资源集中、类型单一的孤岛式文化娱乐设施已难以满足当代深圳人对城市文化生活的需求，而由若干嵌入式的"文化生活锚点"所组成的网络正成为新的城市文化建设目标。深圳南山区粤海街道文体中心正是这种在社会角色和营建类型上都不同于以往的、新的文化营建类型。深圳南山区粤海街道文体中心综合考虑了空间使用效率、结构合理性及对环境的影响等各方面因素。图书馆被设置在最靠近地面的体量中，给予其最佳可达性。同时，其规律的柱网作为上方的大跨度空间桁架的支撑，保证了结构上的合理性。游泳馆置于文体中心中部，其下

---

① 中广核大厦基地四周的城市生活被孤岛状的大厦所割裂，整个街区的空间系统亟待整合完善。中广核大厦的两座大楼尽量向东侧占满基地，在平面和空间上相互交错，最大限度地利用东西两侧的景观资源。北楼上部向南侧挑出15m，在主入口上方形成宽大的遮盖空间。北楼底部3层向西延展，容纳商业空间并沿街留有骑楼，与南楼北侧公共部分相呼应。南楼拔地而起，摈弃独立裙楼做法，形成一个完整的L形体量。互相咬合的两座大楼如一块深色的巨岩裂开，形成一个多向围合、流通的开放空间，并且布下一方容纳天光云影的广场。广场中间从地面浮起的几块不规则石材里，一组树阵在阳光下熠熠生辉，成为大楼缝隙间一处灵动的风景。南楼入口处面向北侧广场，进门为3层通高的大厅，东、西、北三面都有巨大的网格窗引入阳光和外部的景色。

② 中广核大厦外墙采用深灰色金属质感，进一步强化了大型企业总部的气息，使其远观有清晰简明的形体轮廓，近观又有丰富多变的肌理层次，呈现出一个国际化企业所具有的严谨、稳健、前瞻的形象特征，同时也呼应深南路南侧深色塔楼，并与之共同构成中心区东大门的整体形象。

方半开放休息区成为空中城市客厅。空中泳池不但拥有极佳的城市视野，其自身突出的体量也成为城市景观的一部分。而最具活力的体育场馆被则放置在文体中心的最高处，最大限度地减少对周围环境的噪声干扰，其下方的空中体育花园可作为居民热身和户外锻炼的场地。[①]

福田群众文化中心在深圳市福田区安托山片区，用地面积 10609m²，文化中心营建面积 65010m²。深圳福田群众文化中心与深圳南山区粤海街道文体中心的功能与设计构思相似，但是两个中心的环境不同。福田群众文化中心用地深藏丁福田安托山片区的大片居住区之中，西侧与北侧被高层住宅楼紧密包围，空间局促。1 万 m² 的用地中需要容纳独立占地的幼儿园以及剧场、展厅等近 6 万 m² 的复合文化功能。由于用地的限制，这些功能不可避免地需要垂直叠加。[②]与其他亚热带城市一样，深圳的公众生活离不开丰富的半户外空间。因此，两个群众文化中心均被认为是会呼吸的房屋，沐浴在阳光与微风下，同时被绿色的植物环绕。

深圳笋岗广场是孟岩在深圳的另一类作品。大面积的仓储、物流与批零商业混合区是当前城市的一种片区类型，在这种片区中存在着比普通街区更大面积的裸露空地，笋岗中心广场基地便是其中一个典型。在这样一种极其空旷、零散的城市肌理之间强力推出一个吸引人的市民空间和大型地下停车场，这无疑是对该地区的商业转型和空间置换注射了一剂兴奋剂，将有力提升这一区域的公共生活品质。笋

---

① 传统的文体中心各类功能空间往往相对独立封闭，避免使用上相互干扰，这就使得整座文体中心成为纯功能性场所而非积极的社会交往空间。深圳粤海文体中心在保证各场馆功能独立运营的基础上，营建师尽可能多地提供城市开放空间，以促进各馆使用者之间的互动。文体中心同时也为其周边空间提供了不同人群之间互动的多种可能，看似零散的城市开放空间，反而成为文体中心真正活力的来源。文体中心的平台层成为激发都市活力的空中城市客厅，一个立体化的文体中心由此产生。在处理文体中心与场地的关系时，孟岩在用地局促的情况下，选择将一至四层的体量在面向十字路口的街角处退让，形成一个上有遮蔽的小广场，周边学校及商业的来往人流都可以在此汇聚，营造出一个积极的街区公共空间。图书馆、咖啡厅、剧院入口及社区公共性最强的服务类功能被设置在可达性最强的地面层，并向负一层及二层延伸。向北侧与西侧打开的首层营建界面，进一步促进了与城市广场的互动。

② 福田群众文化中心在保证各种功能空间灵活运营的同时，构建多层立体、活力四射的城市公共空间，这成为最大的挑战。孟岩选择将营建体量以垂直塔楼为主干，在空中向各方向生长延伸，利用有限用地的上部空间来增大各层平面，以回应文化功能对高大空间的需求。多个独立的多层楼房的垂直叠加与交错，在空中形成了一系列垂直组团和开放公共平台。千座剧场与黑匣子剧场因其可达性与后勤服务的需求被置于地下一层和低区楼层中。中区的教育中心空间开阔，镂空的楼板联系了内部各层的交通与视线，也使平面布置更为自由灵活。一个巨大的中庭空间作为交通枢纽与多功能空间为不同容器所共享，为高空的文化生活体验注入活力。裙楼中引入的室内步行街将南侧独立的幼儿园与主楼分离。往来的行人汇聚于首层抬升的市民广场，从广场可以漫游而上，进入这座立体文化聚落与垂直花园。由 6 个核心筒与钢桁架相结合的结构体系使福田群众文化中心的三维延伸和大跨度空间得以实现。

岗系列广场是在原有地下停车场已施工到了一半以上而重新设计的广场表层。[①]

南方科技大学图书馆面积 10727m²，共有 3 层楼，可容纳藏书 38 万册，有阅览座位 1200 个。孟岩认为，当图书不再是唯一知识传播载体的情况下，图书馆的意义也在发生改变。他试图从两个角度来应对这种变化：一方面满足传统图书馆的功能要求；另一方面则凸显图书馆的公共性，并且这种公共性是与当代社会特征紧密关联的。在深圳南山婚礼堂设计中，孟岩一反传统的婚姻登记处给人以一种冷冰冰的感觉，创作了一种新型、浪漫的营建形体。[②]

此外，孟岩还参加了北京四合院的改造工作。孟岩本人出生在北京的南城，2015 年参加了北京都市新杂院的设计，成功地改建了草厂横胡同四号院。[③] 草厂横胡同四号院宅基地 246m²，五间正房朝北、四间半倒座朝南，东西各两间小配房进深约 3m。经过孟岩团队的反复研究，在这个小四合院中安置了 4 户人家，各户均有厨房、卫生间、空调室外机等相应设施，形成了大小适中的 4 组小公寓。室内空间划分之后，内院也重新界定。利用竹钢材料的单元构件搭建了一个户外空间分隔体系，有些类似博古架的通透隔断。每户都有一方半私密的户外空间，内院中央还留出一块空地为大家共享，形成一种"共生院"。

---

① 笋岗广场周边环境身处快速变化之中，且无法提供任何可确定的参照物，笋岗广场需借用强有力的视觉和空间手段以形成自身完整的形态，同时还应具有适应性。整个广场表面被设计成一张薄薄的膜，仿佛是轻轻覆在已有的地下结构之上。原有的下沉广场形成自然凹下的表面，一方面减少了覆土厚度，不致影响地下结构；另一方面也提供了更为直接地进入地下空间的方式。我们设想在地下局部设立小型展览和活动空间、公共洗手间等配套空间。用地北侧几个由玻璃、木材、钢板等材料构成的构筑物，有的作为进入地下空间的公共入口，有的可容纳小型商业设施。这些构筑物轻轻勾勒出了广场北侧的边界轮廓，既增加了围合感，也把北侧混杂的外部环境略微加以屏蔽。它们各自具有不同的主题，却用其表面肌理强有力的方向感引导人的活动，以此把该地南北两侧的街道联结起来，与地表流动的线条一起编织成一方城市绿洲。5 个花岛漂浮在空旷的广场之上，辟出了几个小尺度的亲切的活动空间。
② 南山婚礼堂体现了孟岩的巧妙构思。首先，婚礼堂呈现一个圆形，寓意着对前来结婚的新人婚姻能圆圆满满。而且整体的室内设计也配合外部造型，如室内等待区的座椅，还有屋顶的天窗都是呈圆形的。此外，婚礼堂的外部由一层钢制的构架与一层玻璃复合而成，在外部只能隐约看到内部的一点。从内部看外面，又是别有一番风情。而且，在一般的婚姻登记处里，结婚和离婚可在同一个办事窗口完成，这样会让一些办事的人感觉尴尬。因此，在南山婚礼堂的设计中，孟岩还特地设计了"劝和室"，设在登记结婚的包厢后面，并特意设计了一扇门，让这些离婚的人在办理手续后可从后门离开婚礼堂。
③ 前门街道共 1.09km²，其中草厂三条至十条胡同是北京市 25 片文保区之一，是保存比较好的区域。这些没有经过大拆大建的区域，代表了北京南城独特的风貌。草厂三条至十条胡同中间有一条名为"草厂横胡同"的胡同，却从它们当中拦腰穿过。

5.7-1　深业上城 LOFT 透视

5.7-2　深业上城 LOFT 与四周环境

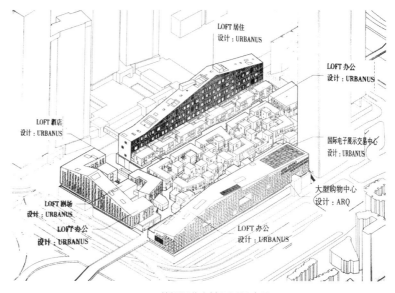

5.7-3　俯视深业上城 LOFT 布局

5.7-4　深业上城 LOFT 沿街透视

5.7-5　深业上城 LOFT 局部

5.7-6 南头古城城门保护

5.7-7 南头古城改建了"报德广场"

5.7-8 改建后的报德广场

5.7-9 改建后的文化中心屋顶

5.7-10 俯视中广核大厦

5.7-11 中广核大厦入口广场

5.7-12 中广核大厦两幢楼的关系

5.7-13　中广核大厦开窗处理

5.7-14　福田群众文化中心

5.7-15　南山区粤海街道文体中心环境

5.7-16　南山区粤海街道文体中心透视

5.7-17　深圳雅昌艺术中心

5.7-18　笋岗系列广场总体布局

5.7-19　南方科技大学图书馆透视

5.7-20　南方科技大学图书馆内院

5.7-21　南山婚姻登记中心透视

5.7-22　南山婚姻登记中心室内

5.7-23　草厂横胡同四号院

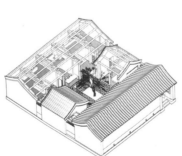

5.7-24　草厂横胡同四号院改建示意

5.7-25　孟岩于 2019 年

5.8 张永和与非常建筑工作室

　　张永和 1956 年生于北京，1977 年考入南京工学院建筑系（现东南大学建筑学院），1981 年赴美自费留学，他是中国改革开放以后第一批赴美学习的留学生，先后在美国波尔州立大学和加利福尼亚大学伯克利分校建筑系分别获得环境设计学士和建筑学硕士学位。[①]2005 年春天，张永和受邀就任麻省理工学院（MIT）营建系主任，成为首位执掌美国重要学府营建研究领导人的华人学者。这个任命标志着国际营建界对中国营建师的认可。麻省理工学院营建系成立于 1895 年，是美国最古老、最优秀的营建系之一。[②] 张永和也是第一个担任普利兹克建筑奖评委的中国人，这一奖项被誉为是营建界的诺贝尔奖。

　　1996 年底，张永和正式辞去美国莱斯大学教职，和他夫人鲁力佳决定回国，全力经营当时还没有什么名气的"非常建筑工作室"，开始在国内的实践。张永和太想拥有自己设计的房屋，觉得老是在美国画一些纸上的设计太不过瘾，中国大发展的前景让他对自己的祖国满怀着憧憬，可是一开始迎接他的却只有挫折。直等到席殊书屋、山语间、晨兴数学中心等几幢房屋建造出来，给人不一样的感觉，才迈向成功之路。张永和的设计不是那种"假大空"的地标式房屋，和他的个性相似，

---

① 张永和 1984 年毕业后曾在美国旧金山几家营建设计事务所工作。1985 年开始相继在美国保尔州立大学、密执安大学、伯克利加大和莱斯大学教书。其间曾在一系列国际营建设计竞赛中获奖，如 1986 年荣获日本新建筑国际住宅设计竞赛一等奖第一名。1988 年荣获美国福麦卡公司主办的"从桌子到桌景"的概念性物体设计竞赛第一名。1988 年荣获美国密执安大学 W. 桑得斯营建设计教学研究奖金。1989 年成为美国注册建筑师。张永和的父亲张开济，是中国第二代营建大师。有人说张开济设计了半个北京城，天安门观礼台、钓鱼台国宾馆等一系列地标建筑，均出自他的手笔。

② MIT（麻省理工学院）营建系成立于 1895 年，但前不久陷入了"只空谈社会政治问题，却忽略设计的基本问题"的教育怪圈。校方寻求改革，从国际上多位重要营建师和专家学者中严格筛选，最终选择了张永和。吸引 MIT 的是张永和的营建师出身和多年在美国执教的经验。与那些只谈理论的营建学家不同，张永和拥有自己的事务所，有深厚的实践经验。张永和 1985 年开始在美国的大学里执教，对整个美国的教育体系，以及营建系教育的现状都非常了解。这些为他执掌 MIT 营建系奠定了基础。宣布这一任命时，麻省理工学院营建和规划学院院长安得勒·桑托斯（Adele Santos）称赞张永和是"富有实践经验和探索精神的新一代营建师，对于营建学充满热情"，希望他能带领营建系"开创新天地"。张永和到任后，立刻着手进行教育改革。他修改教程，增加学生实践的内容，聘请新一代的年轻教师。在他的努力下，原本暮气沉沉的 MIT 营建系变得充满活力。任期过半，MIT 营建系在他的带领下得到迅速的提升。在张永和到来之前，MIT 在美国大学营建类专业排名中位列第 8 名，张永和卸任时的排名则跃升到了第 2 名，其功不可没。招生的情况也大有起色。美国的大学对优秀生源的竞争非常激烈，MIT 营建系原来根本"抢"不过一直排名第一的哈佛大学营建系，但现在却有越来越多的人放弃哈佛大学而选择 MIT。

安静、内敛、不张扬，对于营建却又非常地执着。① 谈到"非常建筑工作室"的命名，张永和认为："当时中国的建筑过于强调造型，已经很怪异了，我脑子里想如果这些是正常建筑，那么我们想建的可能就是非常建筑了。哪想到，现在的中国建筑比当时怪得太多了。现在可能倒过来，满大街都是非常建筑，我们在做的才是一种正常的建筑。"② 张永和认为营建师的一半是工程师，大家对营建师反映文化的一面关心得比较多，却忽略了工程师的一面。当然在一个展览的环境中，营建师容易让人觉得像一个艺术家。其实我们有很多工程方面的考虑，要考虑规范、安全、消防、结构、造价，人怎么使用以及怎么和结构工程师合作，怎么考虑营建和城市的关系，还有报批、与规划局的协调……很多很具体的细节，有些尽管不是我来计算或做，也要考虑很周密。张永和的上述观点很重要，使我们不仅对他本人有了正确的认知，也对营建学有了更深入的了解。

张永和发给我许多照片，最有特色的是吉首美术馆（Jishou Art Museum）。吉首美术馆所在的吉首市是湘西土家族苗族自治州的州府。③ 起初地方政府考虑在城外的开发区内选择建设用地，然而作为营建师的张永和则建议将美术馆设立在人口密集的乾州古城的中心区，因为文化设施应该尽可能地方便居民参加。穿城而过的万溶江流经吉首的核心地带，因此张永和构想了一座既可以横跨江面，同时又兼作步行桥的美术馆。希望人们不仅会专程去欣赏艺术，也可以在上班、上学或者购物的途中与艺术邂逅。这幢美术馆堪称真正的"非常建筑"。和吉首美术馆构思近似的，还有一座安仁桥馆，它是成都建川博物馆聚落中的博物馆之一，同时也是聚落中的基础设施，是一座步行桥。张永和把桥看作是城市公共空间的一部分，是街道的延续，而博物馆既是桥的组成元素又是两岸城市肌理的联系。因此，"桥馆"具有稳重的博物馆和拱起的薄拱桥两种特性。④ 诺华公司上海园区规划与生物实验楼的设计是张永和做的规模较大的作品，诺华公司在上海延续了瑞士巴塞尔园区的做法，每一栋实验楼都请一位不同的营建师设计。从 2006 年起，张永和开始编制诺华公司上海园区的总体规划与营建导则，并设计其中一栋实验楼。2016 年，诺华

---

① 1994 年张永和作为八位中国营建师之一入选日本《世界上 581 名建筑家》一书；2000 年获联合国教科文组织艺术贡献奖，并作为唯一的中国营建师参加 2000 年在威尼斯举办的第七届威尼斯建筑双年展；2006 年获美国艺术与文学院颁发的学院建筑奖。虽然拥有了许多的光环和荣誉，张永和说现在还是保持着简单的生活习惯，他要的不仅仅是荣誉，更看重的是营建设计能否符合自己的理念追求。

② 张永和反对把房屋当雕塑来做，他认为不应当首先把房屋当作一个审美对象。但是中国的大气候就是那样，人们希望每个房屋都是一个地标、一个纪念碑。

③ 国画大师黄永玉，决意为故乡湘西自治州的首府吉首捐建一座美术馆，他找来了张永和。起初地方政府考虑在城外的开发区选择建设用地，但张永和认为文化设施应该尽可能地方便当地居民使用。而穿城而过的万溶江流经吉首核心地带，于是一座独一无二的美术馆之"桥"就横跨在万溶江之上。

④ 建川博物馆聚落由民营企业家樊建川创建，位于大邑县安仁镇，占地 500 亩，营建面积近 10 万 m²，共分为抗战、民俗、红色年代艺术品三大系列共 25 个分馆。拥有藏品 800 余万件，其中国家一级文物 425 件。由北京大学建筑学研究中心主任张永和与营建师刘家琨做整体规划。

公司上海园区一期完成施工，共有 **7** 栋实验楼建成。① 张永和设计的实验楼中心是一个围合的庭园，可视为一个现代风格的四合院或没有屋顶的花房。庭园的一侧是园区餐厅；庭园的另一侧，即餐厅的对面是 **5** 层高的实验楼。从外观看，张永和的作品深受密斯·范德·罗厄的影响。

张永和在南京佛手湖边设计的"玻璃钢宅"也能反映出密斯对他的影响。张永和采用玻璃钢密柱作为"玻璃钢宅"的承重结构。玻璃钢密柱具有一种半隐形的作用，其特殊的质感有利于和玻璃形成一个整体。玻璃钢宅坐落的场地是一个有竹林的坡地，作者也试图探讨一种新型房屋和环境之间的关系。② "垂直玻璃宅"也是张永和早期对"非常建筑"的试验，因为从密斯设计的玻璃宅到约翰逊的玻璃宅都是田园式的，其开放性与住宅所需的私密性存在着矛盾。张永和试图设计一种垂直玻璃宅，它的墙体是封闭的，楼板和屋顶是透明的，于是，住宅仅仅向天、向地开放，将居住者置于其间，创造出个人的静思空间。有人认为垂直玻璃宅是对勒柯布西耶所讲"住宅是居住的机器"的一种阐释。这种"垂直玻璃宅"似乎是学术上怪异的探讨，不值得提倡。③ 此外，他在吉首设计的吉首大学综合教学楼和在长城脚下设计的二分宅也都有一定的特色。④

---

① 诺华公司上海园区的总体规划设计概念为庭园城市：即用院落作为空间结构组织总平面，以不同大小的院落覆盖整个园区，并将服务生活设施放置在庭园之内或周围。张永和另一设计构思是把传统中国园林的意境融入其中，用"庭园"模糊"院"和"园"之间的区别。庭园比典型的园林更具有院落式的营建空间特征。

② 玻璃钢房屋是一种快速装配式房屋。为了实现新的玻璃体，张永和与南京工业大学的陆伟东教授、万里博士团队做了长期的探讨，从而使设计过程变成了研发过程。最后，整栋房屋用了 168 根玻璃钢柱子拼装起来，这些柱子既与玻璃融合起来，又与竹林融合起来，形成了一种特殊的结构体，很有特色。

③ 2013 年在上海建成的垂直玻璃宅完全以 20 多年前张永和的设计为基础，并由"非常建筑工作室"深化发展。垂直玻璃宅占地面积约为 36m²。这个 4 层居所采用现浇清水混凝土墙体，室外表面使用质感强烈的粗木模板，同室内的胶合木模板产生的光滑效果形成对比。在混凝土外围墙体空间内，正中心的方钢柱与十字钢梁将每层分割成 4 个相同大小的方形空间，每个 1/4 方型空间对应一个特定居住功能。垂直玻璃宅的楼板为 7cm 厚的复合钢化玻璃，每块楼板一边穿过混凝土墙体的水平开洞出挑到玻璃宅立面之外，其他三边从玻璃侧面提供照明，以此反射照亮楼板出挑的一边，给路人以夜间照明。

④ 二分宅，或称山水间，位于长城脚下 11 个试验性别墅中的最高处，依山就势、一分为二拥抱着山谷。

5.8-1 吉首美术馆

5.8-2 吉首美术馆鸟瞰

5.8-3 吉首美术馆西侧入口

5.8-4 混凝土拱桥下方大展厅

5.8-5 安仁桥馆东侧正立面

5.8-6 安仁桥馆下的溪流

5.8-7 登上安仁桥馆楼梯

5.8-8 诺华公司上海园区规划与生物实验楼 　　　　5.8-9 诺华公司上海园天井内景

5.8-10 诺华公司上海园餐厅 　　　5.8-11 山语间别墅侧景 　　　5.8-12 山语间别墅室内

5.8-13 南京玻璃钢宅透视 　　　　5.8-14 南京玻璃钢宅结构体系

5.8-15　垂直玻璃宅南立面外景

5.8-16　垂直玻璃宅厨房内景

5.8-17　垂直玻璃宅内顶层

5.8-18　二分宅后院

5.8-19　二分宅鸟瞰

5.8-20　吉首大学教学楼入口

5.8-21　吉首大学教学楼局部立面

5.8-22　张永和于 2015 年

5.9 马清运与蓝田"井宇"

　　马清运，1965 年出生于陕西省西安市，1988 年毕业于清华大学建筑系，并获建筑工程学士学位。次年赴美国费城宾夕法尼亚大学美术研究生院攻读建筑硕士学位，成为继梁思成、陈植等营建学前辈之后首位获奖学金就读宾夕法尼亚大学营建系的中国人。1991 年获 Frank-Miles Day 荣誉毕业并取得营建硕士学位，1992 年马清运开始在宾夕法尼亚大学美术研究生院任客座教授，1997 年成为宾夕法尼亚大学艺术研究生院的全职教师，并任研究生主线设计工作室（core studio）教授及毕业论文的导师。此后，他在费城 Ballinger 及纽约 KPF 任设计师、高级设计师，成为这两个建筑事务所的主要设计力量。在 Ballinger 期间，马清运为该公司从服务型事务所转化为设计型事务所立下汗马功劳。在 KPF 期间，马清运成为该事务所早期东南亚工程事务的开拓型成员之一。2006 年，马清运担任美国南加州大学营建学院院长，[①] 并于同年创建了美国中国学院（AAC），受到美国政界、商界的高度关注。2007 年，马清运受深圳市政府的邀请，担任 2007 深圳·香港双城 / 双年展的主策展人，以"城市再生"的主题掀起了对营建、规划的重新讨论。2009 年至今，马清运担任洛杉矶市城市发展营建设计顾问，并受加州迪士尼总部邀请，担任迪士尼上海项目顾问。2010 年，马清运与库哈斯、哈迪德一道被美国《商业周刊》评为全球"最具影响力的设计师"。

　　马清运个人有特色的作品有两项，均在他的家乡。一是"玉山石柴"，即父亲的宅。[②] 另一项是蓝田"井宇"（Well Hall），即用当地的营建材料、工艺而使用完

---

① 南加州营建学院（SCI-Arc）位于南加利福尼亚州洛杉矶市，是一所独立的非营利性学校，提供营建学、研究生和研究生学位。成立于 1972，被视为比传统的美国营建学校更前卫的学校。学校共约 500 名学生和 80 名教职员工，其中一些是实习营建师，它离洛杉矶市中心艺术区（Art District）约 400m。学校提供各种社区活动，如外展计划、免费展览和公开讲座。南加州营建学院主要提供一个本科学位、两个研究生学位，学制分别为 5 年、3 年和 2 年。

② 马清运的家乡在西安蓝田玉山镇。玉山是唐代大诗人王维建造辋川别业的地方，也是久负盛名的蓝田玉的产地。王维有一处住所叫作"鹿柴"，是中国有史以来第一个叫作"第二居所"的地方。"柴"在古汉语里与"寨"相通，"寨"就是住的意思，"石柴"也与"石材"音近。马清运这些年在国际上拿奖最多的营建作品恐怕就是他的"玉山石柴"了，而建造这座宅子的缘起则是马清运作为中国传统孝道的表达。作为常年漂游在外，既要在美国教书又要不停开拓事业的游子，马清运萌生了为日渐老去的父亲在老家建造一座宅子的想法，实乃再寻常不过的尽孝之举。但当马清运将他惯有的营建理念和反叛精神灌注到这个房子上时，就注定会产生出奇妙的化学反应。"石柴"就是将石头作为营建材料用于所建造的住宅中，所以，马清运将宅子取名为"玉山石柴"。

全不同于当地的做法和风格，建造出最不当地的房屋。"玉山石柴"对于外国人来说实在有点难于理解，所以国外的杂志将这座宅子亲切地称为"父亲的宅"，这也算是交代了主旨。而在当地，因为整个房子的墙面都取材于附近河里的石头，所以当地人干脆就直接叫它"石头房子"。[①] "玉山石柴"以蓝田玉山和秦岭山脉作为大地背景，可以清楚地看到郁郁葱葱的山峦与缓和的坡地，小河顺势而下，"玉山石柴"就坐落在山与河之间，房子前面的河流就是"辋川"，整个"玉山石柴"给人以最直观的感受就是拿石头堆砌的墙体。原来山谷中粗糙的石头被水流卷带下来，经过年复一年的冲刷，逐渐被打磨得很光滑，同时，由于河水的流速和被冲刷程度的不同，使石头的尺寸和颜色也发生着不同的变化，呈现出丰富的质地，这为"玉山石柴"的建造提供了特殊质感的材料。整个住宅设计呈现给人们的是一种充满现代主义形式感的作品。"玉山石柴"在每场风雨过后，墙上的石头都会变得五颜六色，很是好看。[②] 马清运个人作品的第二项还是在老家，名为"井宇"。"井宇"是一栋多功能 3 层楼房，占地 376m²。一楼是面积约 285m² 的画廊，用于举办艺术展览，将红酒、艺术与营建作为媒介。二楼设有两个卧室，供艺术家休息。三楼是带有开放厨房和钢琴的景观餐厅，全景落地窗让人们能够清晰地望见脚下的葡萄园和远处的青山，自然光线洒满整个大厅。[③]20 年前，在修建"玉山石柴"的过程中，

---

① 马清运一直坚持用传统去颠覆传统，在他眼里传统只是为自己留下了一个最可能去突破的界限而已。正如马清运自己所说："父母是最接近自己的生物体了，所以'玉山石柴'的建造是完全自发的、自我控制的一个过程，是一种危险性很高的愉快。在这个过程中，可以用来隐藏个人对风格及形式的沉迷。从此，营建的问题被简化到费用、产权、施工能力、材料来源和生活状态这些问题上来，营建师的所有努力及智慧被这些基本问题提审和检验。"

② 马清运说："石头从山上被冲到我家门前的河里时已经走了许多路。农民们不肯克服地心引力多花一份力气，手搬着河里的石头能放到多高就是多高了。这里的房屋于是有了不同的等高线。离河面20m 左右高度的山坡上建的房子都用圆石头打墙，再往上就是用山上推下来的方石头了，因为从山上往下推石头，农民可以利用地心引力。"圆石头和圆石头的质地也不尽一样，浸过水后颜色就更不同了。马清运画的现代图纸，当地建筑工人自然不可能一面了然，但他们内心也未必对马清运的眼光服气。房子的内屋包括墙壁、地面、门板以及落地窗均是用竹节板搭建而成，此种风格与马清运位于上海的马达思班建筑事务所如出一辙。而在村民们眼里用这种"根本就不抗晒"的竹节板装潢实在是一件奢侈的事。曾有一位好奇的村民在围着房子左看右看一阵后，终于忍不住善意地向坐在院子里的马清运指出："用竹节板做外墙太伤料了，日晒雨淋的，经不起多久的折腾。"马清运耐心地向他解释没有一种房屋最终不会消失，在有些事物上可以不祈盼天长地久。村民憨厚地笑着说："还是想不太通。"

③ "井宇"和周围的村舍相比，它似乎有些"奇怪"。外墙一层是石头砌成的高墙，院内是完全由玻璃覆盖的立面，三角坡屋顶被天窗打破，这在中国营建以及引进营建中都从未有过的设计，但细细品味，它似乎又是浑然天成。对本土元素的再演绎是马清运关于老家的艺术阐释，他利用当地材料和原乡工艺创造出这处现代艺术空间，寄托着自己的田园诗意。"我们在农村的建造，远远超出营建房屋的范畴，目标是整合文化、农业和自然，形成可持续发展的经营模式"。在"井宇"四周还建造了玉川酒庄的鞍子居和午觉亭，鞍子地处峡谷开阔地带，依山傍水而建，傲立于葡萄园形成的天然氧吧之中。

马清运开始发现这里的地形、地貌和法国勃艮第（Burgundy）产区十分相近。[①] 作为营建师的敏锐直觉和行动力，促成了玉川酒庄的创立。2006 年马清运就职美国南加州大学营建学院院长，到 2017 年正式卸任，一做就是十多年。如今马清运仍担任南加州大学的终身教授，而事业重心开始移回中国。这次，马清运回国便一头扎进蓝田，在方圆 5km 的范围内规划了三产融合示范区。他把欧洲葡萄产区的传统和中国乡村振兴的理想紧紧结合在一起，并成立了一家名为"地意田园"的平台公司，开始在家乡创业。[②]"地意田园"的运营模式承载了马清运关于乡村建设的新思考。他着重打造解决乡村建设难题的综合平台，其设计、建造、内容、管理和运营都由公司的专业团队完成。马清运认为，这一模式是唯一可以传承的美丽农村建设之路。

如今，马清运计划将玉川作为他建立的美国中国学院（AAC）基地，同世界著名建筑院校进行合作，为世界各地的设计学院学生提供一处营建实践机会，希望能够从经济和文化的维度将乡村和城市连接起来。"传统需要对外开放，对未来开放。"

---

① 1989 年马清运在宾夕法尼亚拿过一个欧洲意大利的旅行奖，这个奖的目的是：追索文艺复兴的路线。这个路线所经之处，都是美丽的葡萄园，像法国勃艮第（Burgundy），从此以后马清运就和葡萄园的景观以及文化的渊源结下了不解之缘。勃艮第位于法国中部略偏东，地形以丘陵为主，属大陆性气候，被称为"地球上最复杂而难懂的葡萄酒产地"。在法国，能与波尔多（Bordeaux）媲美的葡萄酒产区莫过于勃艮第。如果说波尔多是法国葡萄酒的国王，那么勃艮第就是法国葡萄酒的皇后。勃艮第的葡萄酒大多数采用单一葡萄品种酿制。主要的红葡萄品种是黑皮诺（Pinot Noir）。独立酒庄只酿制自家葡萄园所产的葡萄酒，比较容易保有葡萄园的特殊风味以及庄主的个人风格。
② 只有当营建的全生态链和生命周期都在设计过程中成为先决条件，营建才能根植于田园——这就是马清运此次创业的认识基础。"一切对故乡的情感与美好期许都应该为地方带来收益、为乡党带来尊严。"他希望通过葡萄酒文化的黏性和葡萄酒产品的灵性对地方经济有促进作用，并通过专业的经营团队为文化和旅游植入能量。他在清华大学以及美国宾夕法尼亚大学的研究生院学习来看，"融合对立、对立的融合"，这正是马清运特性的一部分。玉川作为他的实践基地，其更深层次的目标是通过在经济和文化方面，将乡村和城市以及 21 世纪连接起来，以改变中国农村的一部分。2000 年开始创建玉川酒庄，该酒厂本身的房屋是由当地一个旧面粉厂改造而来的。2004 年，马清运开始了第一个年份葡萄酒的酿制。2015 年，全球葡萄酒专业杂志《Wine Spectator》第一次以专版的形式报道的一家中国酒庄便是玉川酒庄。酒庄的目标是使"玉川葡萄酒"与"蓝田猿人"和"蓝田玉"一道，共同成为这片土地的文化精粹。

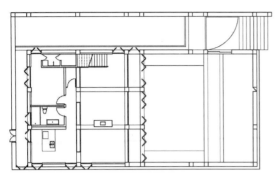

5.9-1 "玉山石柴"平面

5.9-2 "玉山石柴"透视

5.9-3 "玉山石柴"围墙细部

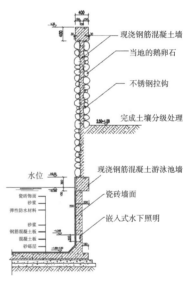

现浇钢筋混凝土墙

当地的鹅卵石

不锈钢拉钩

完成土壤分级处理

现浇钢筋混凝土游泳池墙

瓷砖墙面

嵌入式水下照明

水位

瓷砖饰面
砂浆
弹性防水材料
砂浆
钢筋混凝土板
混凝土板
砂砾层

5.9-4 "玉山石柴"围墙细部施工图

5.9-5 "玉山石柴"前院

5.9-6 "玉山石柴"卧室

5.9-7 从后侧俯视"玉山石柴"

5.9-8　马清运"地意田园"的井宇
5.9-9　井宇的室外泳池
5.9-10　井宇的酒窖
5.9-11　井宇的内院

5.9-12	5.9-13	5.9-14
5.9-15	5.9-16	
5.9-17		
5.9-18	5.9-19	5.9-20

5.9-12 井宇前入口透视
5.9-13 井宇的客厅
5.9-14 井宇内院水池
5.9-15 玉川酒庄的鞍子居
5.9-16 玉川酒庄的午觉亭
5.9-17 "地意田园"的葡萄园
5.9-18 井宇的鞍子居
5.9-19 井宇的部分檐口细部
5.9-20 马清运于 2000 年

5.10　张利与简盟工作室

　　张利 1970 年出生于北京，现任清华大学建筑学院院长、教授、博士生导师，
《世界建筑》主编，简盟工作室主持，中国建筑学会理事，清华大学建筑设计研究
院副总建筑师，北京冬奥申委工程规划技术负责人。[1] 其主要学术方向为营建思想
与评论。张利对营建师的概念是："营建师就是要承担多重的身份，就像交响乐团，
有演奏家、作曲家，但他们却很难变成指挥。营建师的工作包括营建教学、营建实
践、建造过程中的协调工作等，这都是一脉相承的。一直以来，营建就是建立人和
人、人和自然之间的桥梁。营建师最重要的就是通过创造性的工作赢得他人、影响
他人。"或许，成熟的营建师就要把自己放在指挥家的位置，并具备足够的见识统
揽全局。[2]

　　张利的作品包括玉树嘉那嘛呢游客到访中心（2010—2013）、北京 2022 年冬
奥会的国家跳台滑雪中心"雪如意"、宁波和丰创意广场（2008—2012）、中国第
7 届花卉博览会北京主场馆（2007—2009）、金昌市文化中心（2003—2008）等。

　　嘉那嘛呢游客到访中心位于青海玉树州的新寨。玉树是青海藏区极其重要的
宗教中心之一，这一价值主要来自新寨的嘉那嘛呢石堆。石堆历经 300 余年来自
各方信徒的堆放，目前有 2.5 亿块嘛呢石，其规模为世界之最。[3] 玉树近 40% 的人
口以雕刻嘛呢石为生。嘉那嘛呢石堆在玉树人心目中占据着不可比拟的地位。在玉

---

① 张利还是意大利都灵理工大学国际顾问委员会委员（2013— ），美国雪城大学建筑学院国际实践教授
（2012），新加坡国立大学新亚洲建筑大师班教授（2010）。曾获得清华大学学术新人奖，英国 AR+D
国际新锐建筑师奖等。

② 张利认为：现在很多营建师过多强调自己，觉得自己是救世主，很多时候刻意留下自己的印记，但
其实这样的印记越看越不好。谈论起网红等形形色色的房屋现象，张利的态度很鲜明："狂妄源于无知。
这种救世主式的狂妄，只存在于 20 世纪 70 年代英美与相关的教育产业盛行以后，他们把当代艺术
对个性的弘扬，当成自己可以无视历史的做法，我个人是非常反对的。历史上这个行业存在了几千年，
之所以这个职业受人尊敬，并不是因为你傲慢，也不是因为你做神，而是因为你会做人。"

③ 嘛呢石，以在石头上刻有"嘛呢"，即梵文佛经中的六字真言而得名。六字真言为"唵嘛呢叭咪吽"六字。
藏传佛教认为，常念"嘛呢"死后可不入地狱，或少受地狱之苦，甚至可以升至极乐。

树地震之后，玉树人在修复自家住宅之前首先修复的就是嘛呢石堆。① 嘉那嘛呢游客到访中心由"回"字形功能空间和环绕其周边的 11 个观景台组成，其中 2 个观景台指向嘛呢石堆，其余的 9 个观景台分别指向勒茨噶、格尼西巴旺秀、错尺克、洞那珠乃塔郎太钦楞、扎曲河谷（通天河）、拉藏龙巴、茹桑贡布神山、乃古滩、观世音轮回道场等 9 处嘉那嘛呢宗教活动的圣地或嘉那嘛呢历史上的重要地点。地方材料与建造工法的运用进一步加强了游访中心与嘉那嘛呢历史文化圈的时空连接。

北京 2022 年冬奥会的国家跳台滑雪中心是我国首座跳台滑雪场地，它也是张家口赛区冬奥会场馆群建设中工程量最大、技术难度最高的竞赛场馆。国家跳台滑雪中心主要由顶峰俱乐部、竞赛区及看台组成，它的主体建筑灵感来自于中国传统饰物"如意"，因此被形象地被称作"雪如意"。②

宁波和丰创意广场是宁波市委、市政府为加快推进创新型城市建设、优化服务业水平、实施"提升中心城区"战略的重要平台，也是政府调整经济结构、实施产业转型升级、提升经济竞争力的重要载体，更是提升宁波城市价值、实现宁波由"制造名城"向"设计名城"转变的重要基地。和丰创意广场项目总占地面积 146700hm²，总营建面积约 34 万 m²，其中地上营建面积 23 万 m²，总投资约 30 亿元。

中国第七届花卉博览会北京主展馆的设计重点是探索营建的可持续性。在保证技术与艺术统一的前提下，通过以"花伞"模块为代表的一系列措施，实现了"节地""节时""节材""节能""节水"的目标，获得了贯穿花博会期间与花博会之后的营建空间高效利用。

甘肃的金昌文化中心营建面积为 18000m²。设计中，张利简盟团队探索了极端气候条件下营建设计的艺术潜力。金昌是我国"镍之乡"，而且是世界第三大镍矿产区。当地的山地特征是略显倾斜，这就为营建设计提供了垂直的设计构思。营

---

① 嘉那嘛呢游客到访中心一方面通过展示空间与观景台对嘉那嘛呢历史文化进行价值诠释，服务于到访信徒与游客；另一方面集邮局、诊所、嘛呢石研究及公共卫生间等，服务于玉树本地社区。嘉那嘛呢游客到访中心坐落在绵亘的群山的背景前时，它更像是一个巨大的装置艺术，而不是一个常规房屋。与传统的地域营建相比，其营造的意义是多维度的：当地的材料与工艺；游客中心与社区功能的结合；重新塑造空间意义与关联的观景台系统；回收材料对生活记忆的延续。嘉那嘛呢游客到访中心外观的两种主要材料是木材与石料，下部的石块为地景的延伸，类似嘛呢堆，而上部的回收木料则类似居住景观的延伸，仿佛是拆散重组的民居。通过将当地的历史与人居的历史反常重组，制造了一种当代艺术特有的陌生感。信奉佛教的藏族人民相信，念诵、崇拜"嘛呢"六字真言就可以加深信仰、摆脱痛苦，而刻字于石更能表达对教义的景仰。据传这一传统是由嘉那活佛道丹松曲帕旺（俗称道丹）与墨尔根活佛于 1715 年在此地所创，迄今已有 300 年历史，而新寨村自此就以嘛呢石经的生产与堆放而成为藏传佛教的圣地之一。

② 国家跳台滑雪中心共设计两条赛道，分别由落差 136.2m 的大跳台赛道和落差 114.7m 的标准跳台赛道组成。位于山下的看台区也是"雪如意"的一大亮点，其面积相当于一个标准足球场。此外，酷似祥云的"雪如意"顶峰俱乐部也将为观众带来独特的视角。跳台滑雪简称"跳雪"，就是运动员脚着特制的滑雪板沿着跳台的倾斜助滑道下滑，借助速度和弹跳力使身体跃入空中，使整个身体在空中飞行约 4 ~ 5s 后，落在山坡上。

建师的灵感来自气候和山脉，其设计的最大特点就是沿着长长的西南街道通道布局。西向是坚实墙壁，南向是釉面窗户，外立面有效地利用了当地充足的阳光，并为室内提供了热源。

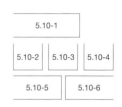

5.10-1		
5.10-2	5.10-3	5.10-4
5.10-5	5.10-6	

5.10-1 嘉那嘛呢游客服务中心透视
5.10-2 游客服务中心平面
5.10-3 游客服务中心环境
5.10-4 游客服务中心立面细部
5.10-5 嘉那嘛呢游客服务中心入口
5.10-6 嘉那嘛呢游客服务中心屋顶
　　　 女儿墙的构图

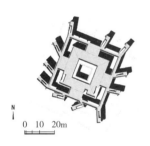

0　10　20m

5.10-7　2022 年冬奥会滑雪中心"雪如意"跳台设计透视

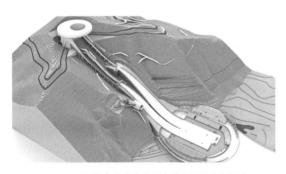

5.10-8　2022 年冬奥会的国家跳台滑雪中心设计

5.10-9　2022 年冬奥会的跳台滑雪中心现场

5.10-10　2022 年冬奥会跳台滑雪中心施工现状

5.10-11　跳台滑雪中心"雪如意"跳台夜景

5.10-12 宁波和丰创意中心透视

5.10-13 宁波和丰创意中心环境

5.10-14 宁波和丰创意中心沿街退台式低层

5.10-15 宁波和丰创意中心沿街细部处理

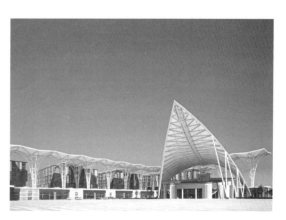
5.10-16 2009 全国第七届花卉博览会主展馆透视

5.10-17　2009 全国第七届花卉博览会主展馆细部　　　　　　　5.10-18　金昌文化中心透视

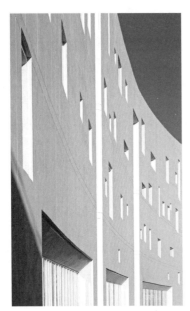

5.10-19　金昌文化中心侧面透视　　　　5.10-20　金昌文化中心室内透视　　　　5.10-21　张利于 2015 年

5.11 王澍与中国美术学院象山校区

王澍是 2012 年普利兹克建筑奖首位中国籍营建师得主。[①] 本书前面介绍乌镇的世界互联网会议中心时已经充分肯定了王澍的成果。但是，世界互联网会议中心是在他获奖之后完成的。对王澍获奖前的作品，我们不想恭维。普利兹克奖评委会主席帕伦博勋爵曾经这样评价王澍："他的作品能够超越争论，并演化成扎根于其历史背景而永不过时，甚至具世界性的建筑。"美国《时代》杂志最认可王澍的理由是因为王澍选择了建筑材料的"环保"理念。上述权威评论，似乎虚无缥缈，在下不敢苟同。

为了深入了解王澍的作品，我们专程南下，在宁波和杭州考察了中国美术学院象山校区、宁波博物馆、杭州南宋御街等王澍的代表性作品。中国美术学院象山校区是最大的一个项目，设计自由发挥，可谓得天独厚。象山校区总平面布局摒弃了老一套的轴线关系，设计因地制宜，在校园内还保留了一片农田，真是难能可贵。从卫星拍摄的总平面图可以看到其布局自由的状态。中国美术学院象山校区的北区相对规整，遮阳板令人印象深刻，这在世界互联网会议中心也有同样的感受，只是其尺度似乎大了一些。学生宿舍的功能也有些问题，南区学生宿舍有一半的房间是黑房间，开窗也小，基本上看不到室外环境，这对居住心理将产生不良影响。有学生反映"我住得憋屈死了"。中国美术学院象山校区的单体设计似乎多处是有意模仿西方大师的作品，有些模仿的也并不到位，例如倾斜的钢柱，它并非受力的支柱，原创是阿尔瓦·阿尔托在玛利亚别墅入口处的木柱。此后，扎哈·哈迪德在维特拉工厂消防站的入口也用了装饰性的斜柱、很细的钢柱。[②] 中国美术学院象山校区连廊的斜柱则是较粗的型钢柱，观感有些笨拙。此外，勒柯布西耶在朗香教堂运用过的、有变化的小窗孔，在中国美术学院象山校区也多处可见，这包括学生宿舍。但是，小窗的位置与室内功能并不巧妙结合，显得生硬。而对宁波博物馆争议较大的则是其外观的处理。作者运用旧砖、破瓦装饰外立面，这种做法既不美观，也没有发展前途。宁波博物馆外观处理的做法似乎在中国美术学院象山校区并不多见，可能是作者本人也意识到这样处理并不妥当。王澍的最大成就是他保护并发展了传统的砖石砌筑工艺，中国美术学院象山校区有多处展示

---

① 王澍，汉族，1963 年出生于新疆乌鲁木齐市，营建师。就读于东南大学（原南京工学院）建筑系本科和研究生，2000 年获同济大学建筑学博士。现为中国美术学院建筑艺术学院院长、教授、博士生导师。

② 薛恩伦. 解构主义与动态构成：建筑造型与空间的探索 [M]. 北京：中国建筑工业出版社，2019：58.

了砖石砌筑的墙体，这值得肯定。由于中国古代营建工程的主流是木结构，因而在某种程度上忽视了民间传统的砖石结构，而王澍的成果则弥补了这方面的欠缺。这是我们对王澍作品深层次的理解，而国外的专家恐怕较难意识到这点。

王澍获得普利兹克建筑奖后也做了不少项目，不仅有世界互联网会议中心，而且在浙江富阳洞桥镇试点美丽宜居村庄建设。[①] 从互联网上看到王澍在浙江富阳洞桥镇文村的作品，似乎也很一般，而互联网上官方的评价都是正面的。但是，它不太受农民的欢迎，因为人们不习惯生活其中。此外，从外观上也看不出与传统民居的关系。王澍很有潜力，敢想敢干，我们期待他不断提高，不辜负国人的期望，也不辜负普利兹克奖评委会的奖励。

图书馆
2 公共课教学楼
3-4 传媒动画学院
5、6 公共艺术学院
7 创业楼
8 山北体育馆
9 专业基础教学部
10 展览馆
11 实验教学管理部
12-15 建筑艺术学院
16 包豪斯陈列馆
17 行政办公楼
18、19 设计艺术学院
20 山南体育馆
21 宿舍楼
22 食堂
23 热成型大楼

5.11-1　中国美术学院象山校区平面

① 2014 年 6 月，由浙江省住建厅牵头，联合中国美术学院建筑艺术学院和杭州市富阳区政府在富阳洞桥镇试点美丽宜居村庄建设。此次试点范围为"4+1"区块，即 1 个行政村和 4 个小自然村组成，分别为贤德中心村和大溪村、文村等 4 个自然村。其中，文村作为先行启动区，由王澍主持规划设计。王澍说，自己正在挑战营建界最难的领域：农居房。他在富阳洞桥镇文村设计建造的 14 幢农居房，从规划到落地，整整花了 3 年时间。从 2012 年开始，他和同是建筑师的妻子陆文宇一趟趟地奔向这个名不见经传的小村庄，用灰、黄、白的三色基调，以夯土墙、抹泥墙、杭灰石墙、斩假石的外立面设计，呈现他理想中的美丽宜居乡村。

5.11-2　中国美术学院象山校区图书馆

5.11-3　中国美术学院象山校区
图书馆的百叶窗

5.11-4　中国美术学院象山校区动画学院内院

5.11-5　中国美术学院象山校区动画学院走廊

5.11-6　中国美术学院象山校区动画
学院内院二层

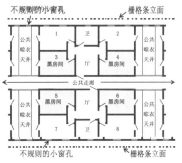

5.11-7　中国美术学院象山校区宿舍楼
平面局部示意

5.11-8　中国美术学院象山校区
学生宿舍楼透视

5.11-9　中国美术学院象山校区内院空间与开窗处理

5.11-10　中国美术学院象山校区外挂楼梯

5.11-11　中国美术学院象山校区连廊的斜钢柱

5.11-12　中国美术学院象山校区透空砖墙之一

5.11-13　中国美术学院象山校区透空砖墙之二

5.11-14　中国美术学院象山校区
　　　　　竹结构房屋
5.11-15　宁波博物馆侧面透视
5.11-16　宁波博物馆正面透视的
　　　　　体型与立面处理均不够
　　　　　完美
5.11-17　俯视文村总体布局
5.11-18　文村沿河透视
5.11-19　文村民居之一
5.11-20　文村民居之二
5.11-21　王澍于 2014 年

5.11-14	5.11-15
5.11-16	
5.11-17	5.11-18
5.11-19	5.11-20	5.11-21

5.12　张轲与标准营造

2017 年的阿尔瓦·阿尔托奖颁给了来自中国的营建师张轲和他的标准营造团队。[①] 评委对张轲的评价是："张轲在细节和技艺方面展现了超乎寻常的理解，即使他面对的建造环境极具挑战性，而且在偏远的村落中，当地社区甚少接触到当代科技。其作品顺应场地和功能的特殊性而量身定制，这不仅适用于中国的理念和愿景，更是与世上所有的营建相通的。他对当地社区的理解体现在营建设计上，从材料到功能也都保持了一致性。"

张轲在西藏设计了 3 幢房屋：西藏林芝派镇码头、西藏娘欧码头和西藏林芝尼洋河游客中心，3 幢房屋的构思相似，但手法不同。西藏林芝派镇码头位于西藏雅鲁藏布大峡谷南迦巴瓦雪山脚下的派镇附近。派镇是林芝地区米林县的一个村级小镇，它不仅是雅鲁藏布大峡谷的入口，还是通往全国唯一不通公路的墨脱县的陆路转运站，因而早就成为徒步旅行者的胜地。码头的规模很小，只有 430m²，功能也很简单，主要为水路往返的旅行者提供基本的休息、候船和恶劣天气情况下临时过夜等功能。林芝派镇码头的设计构思是把码头作为江边复杂地形的一部分，一条连续曲折的坡道从江面开始沿岸向上，在几棵树之间曲折缠绕，坡道与两棵大树一起围合成面向江面的小庭院。庭院由碎石筑成，可以供乘客休息、观景。由庭院再向上，穿过上层坡道形成的一个出挑过道，经两次左转，然后再次右转，并在高处从两棵大树之间穿出，悬挑到江面上成为一处观景台。西藏娘欧码头是继 2008 年完工的派镇码头之后，标准营造与西藏旅游股份公司合作完成的又一个码头项目。娘欧码头坐落在尼洋河和雅鲁藏布江的交汇口。这里保留有完好的原始景观，而河岸边日益频繁的居民日常活动也似乎等待着一种介入，把自然元素串联起来，形成一个关于天空、山川与人的完整故事。[②]

张轲设计的长城观山台住宅位于北京郊区长城脚下，占地 28.4m²，这是标准营造进行的一次对住宅自身空间及居住与景观关系的探索。住宅坐落于毗邻长城的坡地上，以步道与外界相连。顺势曲折的步道延续着住宅前方谷地的纵深感，并以

---

① 张轲，1970 年出生于安徽，父亲为设计师。1993 年在清华大学建筑学院获得建筑学学士，1996 年在清华大学建筑学院获得建筑与城市设计硕士，1998 年又在哈佛大学设计学院获得建筑学硕士。2001 年创办了"标准营造"工作室。张轲的团队名称我很欣赏。"标准营造"，不选用日语的汉字，这有先见之明。

② 在西藏，营建等于景观，景观等于营建，两者密不可分。张轲的营造便是要将码头嵌于景观中，因此，便有了迂回的走道，从海拔 3000m 的观景台沉降至海拔 2971m 的河岸。这条走道也因此定义了不同空间之间的复杂关系，生成了一个又一个平台和内部场所。码头的每一处空间也坚实地嵌入了周围的地势，并协调环境与人的微妙关系。

其自身穿插于树林中的几何态暗示着拾级而上必将迎来的叙事高潮。而步道的结束也正是住宅功能的开始——由现浇混凝土构筑的观山台住宅在竖向体量上，以3个不同方向的悬挑体量向周围环境延展，并与地块所处的山林景观形成一种平衡。同时，这3个悬挑体量为其承载的室内与室外空间提供了不同的朝向和视角。[①]

张轲还设计了广西龙脊爱心小学、杭州肖峰艺术馆、北京四合院改建等，一些规模不大的工程均很有特色。广西龙脊爱心小学是一项扩建工程，原有3层校舍，建筑面积450m²；而新建的两层校舍建筑面积338m²则嵌入地下。校舍上部是半开敞的餐厅，下面是多功能的教室。室内顶部的混凝土拱带有棕红色木纹，独具一格。杭州肖峰艺术馆在西湖南侧大慈山脚下，以强烈的内向性体现传统的文人园林。其总体布局顺应场地环境，有机的体块营造出一种层次感与动势。肖峰艺术馆占地3942m²，营建面积1298m²。张轲在北京四合院改建中也做出了贡献，他在前门大栅区茶儿胡同8号院的改建中提出了"微杂院"概念，并将老年原住民的生活与儿童图书馆结合，形成"共生式更新"。[②]

张轲参加了诺华公司上海园区一期工程，设计了诺华公司上海园区5号楼。[③] 诺华公司上海园区5号楼立面的倾斜与不规则的四边形玻璃是源于细胞结构状的网格体系，张轲用细胞的概念来描述他的设计理念，这似乎有些牵强附会。此外，5个自由布局的核心筒实现了"无柱"的室内空间，使得自然光线能够最大化地进入室内，并在办公空间内形成具有流动性的交通组织，这被诠释为中国传统园林的本质等，似乎也有些勉强。张轲设计的小型工程都很到位，稍大一些的项目建成的还不多。张轲在国际上获奖与成为营建大师之间，似乎还有较长的路要走，我们期待他不断取得更大的进步。

---

① 在长城观山台住宅设计中，语言的表达极为克制，几近吝惜。它以一种简单抽象的状态很好地融入自然山景之中，并创造出丰富的空间层次。一次浇筑而成的观山台，如同一块灰色的砾石嵌入长城脚下的山谷中。为求得工业化人造物与荒野景观的契合，摒弃了常见的、匠气过重的清水混凝土，而用木模板浇筑的住宅本身就被赋予了大自然的粗粝气质，再配合室内同等纹理的木质点缀，由内而外，其材质感受从细腻温暖到粗糙狂放，渐次自然，特制的材料选择营造出流畅的空间体验，并与观景台所处环境很好地融为一体。

② 茶儿胡同8号院曾经住着12户人家，每户都在院中加建了小厨房，这是典型的大杂院。张轲与标准营造首先保护了大院内300岁树龄的参天古槐，同时包容性地改造了先前居民自行非法搭建的厨房，增加了儿童图书馆和艺术中心，使大杂院增加了活力。这项工程获得2016年阿卡汗建筑奖。阿卡汗建筑奖（Aga Khan Award for Architecture）是一个颁给优秀的伊斯兰营建和对伊斯兰营建有重大贡献的营建师的奖项。2010阿卡汗建筑奖首次有多项非穆斯林世界的营建作品入围，清华大学建筑学院李晓东教授在福建下石村建的"桥上书屋"就获得了阿卡汗建筑奖。

③ 诺华（Novartis）公司是一家总部位于瑞士巴塞尔的制药及生物技术跨国公司。

5.12-1　西藏林芝派镇码头透视

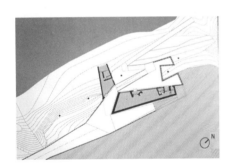

5.12-2　林芝派镇码头平面示意

5.12-3　林芝派镇码头环境

5.12-4　林芝派镇码头
入口

5.12-5　林芝娘欧码头透视

5.12-6　娘欧码头首层平面

5.12-7　林芝娘欧码头屋顶

5.12-8　西藏林芝尼洋河的游客中心

5.12-9　西藏林芝尼洋河的游客中心环境

5.12-10　俯视长城观山台住宅

5.12-11　长城观山台住宅剖面

5.12-12　长城观山台住宅内部俯视

5.12-13　俯视广西龙脊爱心小学全景

5.12-14　广西龙脊爱心小学多功能教室室内

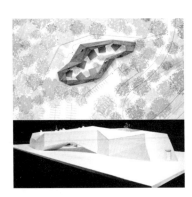

B 二层平面

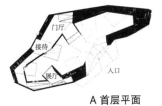

A 首层平面

5.12-15　杭州肖峰艺术馆总平面与模型　　　　5.12-16　杭州肖峰艺术馆平面　　　　5.12-17　杭州肖峰艺术馆门厅

5.12-18　诺华公司上海园区 5 号楼　　　　5.12-19　北京微杂院儿童图书馆　　　　5.12-20　张轲于 2018 年

6 城市规划学的发展趋向
The Tendency of City Planning

6.1 规划、规划学概述

规划，是指按照一定的规则制定方案、计划，尤指比较全面的工作计划或长远的发展计划。规划学就是关于规划的学问，分为高低两个层次。高层次的规划学重点指研究分析问题的方法、能力及理论体系，简称"研究能力"；低层次的规划学是指编制方案的技术方法体系。对城市进行规划的理论和方法体系就是城市规划学。自2008年《城乡规划法》实施后，城市规划学改称"城乡规划学"。2011年城乡规划学被确定为一级学科。2018年，国家自然资源部成立，城乡规划与国土规划等进行了多规合并，提出了"国土空间规划"的概念。

6.2 古代城市规划学融于"营建学"中

最初的规划学包含在营建学中。"营建"就是规划、建设的意思。古代西方的营建思想体现在维特鲁威的《营建十书》中，而中国古代的营建思想则体现在《营缮令》《营造法式》等历代文献中。因为古代的营建师面对的是一个相对确定的世界，所以营建学能够包容早期的城市规划。古代西方城市的规模普遍不大，构成也比较简单，包括城墙、教堂、会堂、广场、市场、居民区等。古代东方的城市也比较类似，当时的城市规划基本相当于今天的修建性详细规划，营建师是可以发挥规划统筹作用的。从这个意义上说，古代营建学毫无疑问地包含了规划学。

6.3 现代城市规划学的诞生

规划学的发展遵循与人类营建活动的尺度、复杂度同步发展的规律。当古代人类营建活动局限在城镇尺度时，规划学基本融合在营建学中。规划的复杂度不大，基本是选址、定向、平面布局及法式形制统筹等问题。当工业革命催生现代城市发展后，城市规划逐步脱离"营建学"而成为一门独立的学科。与古代城市相比，现代城市的新问题是出现了严重的、普遍的功能干扰和无休止的规模扩张。为了解决这些问题，于是诞生了现代城市规划。规划师的职责越来越脱离"房屋建造"的范畴，而是主要解决大的用地布局、规模预测、交通体系、工程体系等，其计划性、公共性、整体性、协调性越来越突出。

1933 年国际现代建筑师协会（CIAM）发布的《雅典宪章》（Charter of Athens）可以作为现代城市规划诞生的标志。《雅典宪章》提出了对工业时代城市具有普遍指导意义的分区思想，认为城市规划需解决居住、工作、游憩的合理分区以及彼此间的交通联系。

6.4 现代城市规划学的成就

随着城市化、大城市化的不断推进，城市的复杂性越来越高，城市规划解决问题的能力也不断发展提高。交通拥挤、住房紧张、供水不足、能源紧缺、环境污染等各类"城市病"也都在发展中不断得以解决。城市规划的理念也由《雅典宪章》的简单分区思想进一步提升完善。1977 年，《马丘比丘宪章》就提出了中心城市与关联区域城镇协同、城市用地多功能混合等思想，适应了全球广泛的城市化进程及部分国家进入后工业时代等新的发展要求。在规划方法上，规划界发展出了由战略、整体到局部、详细，由宏观大尺度到微观小尺度等的分层规划体系，以及多学科协同分析、解决问题的工作方法。规划的专业化分工也越来越细，例如人口、社会、经济、交通、市政、景观、生态、历史等，这些又进一步拓展出了各专项规划、专业规划、专类规划，如旅游规划、历史城镇保护规划、市政专项规划等。各种新技术也不断应用于规划，如遥感、计算机、大数据、各类软件等，这极大地提高了城市规划解决问题的能力。

6.5 现代城市规划存在的问题

（1）城市风貌普遍失控、相关控制理论及方法尚不成熟

无论东西方，由于现代规划学与营建学的分离，导致了新城城市风貌的普遍失控。不仅是两者在分离，而且现代主义营建运动某些流派还过分倡导"标新立异"，也导致了城市风貌的失控。为此，20 世纪中期（二战后）出现了现代意义的城市设计，试图挽救这种失控，但城市设计在 20 世纪对新城风貌的控制并不成功。一段时期内，我国主管部门甚至认为城市设计没有用。近年来伴随着对各种营建乱象

的批判，城市设计才重新得到重视，也出现了一些较好的城市设计案例，如北京朝阳 CBD、北京副中心、上海陆家嘴 CBD、广州天河 CBD、成都天府新区等，但普及程度仍远远不够，相关的理论及方法体系也都在探索完善中。

（2）城市概念制约发展

城乡规划主要覆盖的是城镇建设用地。现代社会的发展已遍及山、林、田、水等所有的空间区域，用途也越来越复合多样，许多功能已溢出城市中心区。在西方及一些发达国家，城市空间尺度的巨型化扩张，产生了大都市圈、大城市群等空间形态，在今天看来这是城市发展正常的"进化"现象。但我国的这种进化很不充分，一直强调大中小城市协调发展，但思维体系却一直离不开"城市"概念，把发展要素平摊在一个个城市中，这不仅导致建设用地总量过大，而且还人为阻碍了城市群等高级空间结构的发展，也阻碍了休闲旅游等产业的发展。如今，我国提出"国土空间规划"概念，将会引发一系列变化，既往的城市规划理论还能否继续引领发展？这值得深思。这个问题的解决，一方面需要城市规划拓展视野，对接当前的国土空间规划，即打破城市边界与研究全域空间规划的规律；另一方面似乎需要从规划学中再分离出一门新的学科——更高层次、更宏观领域的抽象空间规划，彻底跳出具象物质实体概念的束缚。既要跳出城市概念的束缚，也要跳出"国土空间"概念的束缚，以解决宏观结构引导的问题，至少要在区域尺度上解决城市齐头并进、重复建设的问题。西方国家虽然由于市场制度具有的流动能力而容纳了从城市到城市群的一次空间进化，但也正由于其意识形态的局限性而阻碍了其进一步的发展，即如何解决全球层面的发展问题——这就是抽象空间问题。[①]

6.6 现代城市规划面临的挑战——新技术革命

以 5G、云计算、大数据、AI、基因工程、纳米技术等为代表的新一代技术革命，将会全面颠覆和变革传统的社会经济发展模式，也必然会颠覆传统的城市规划体系，规划师、营建师又到了不得不扩大知识面、研究新技术、探索新规则的时候了。

未来的技术变化，可能会在以下几方面影响空间规划：

未来的交通技术将彻底改变。自动驾驶已经不是幻想，交通拥堵基本会被根治；汽车不再只是交通工具，而是多功能载体；个人飞行汽车也是可能的。所以，城市

---

① 虽然未来我国空间规划硬核部分的技术班底、理论体系还需要从城乡规划中来，但我国城市规划的队伍自身也有着严重的知识缺陷，规划师的知识体系主要是在城市以下层次展开，而城市以上的区域、国域层次仍是一片茫然。

道路可能失去意义。

全息通信技术使得人们可以减少"会面"，而大量的上下班通勤也可能消失，进一步减少交通发生量。

城市的产业体系可能遭遇颠覆性变化。现代农业彻底取代传统农业，甚至不需要农田。工厂的工人数量将极大地减少，自动化设备将大幅度取代人力劳动。工业区布局在城市中已经没有意义了，甚至许多服务业也会被新技术取代。未来有可能崛起的产业是休闲旅游、文化产业和探索、探险性产业，其选址逻辑将完全不同于传统城市，可能蔓延到所有的空间领域。未来的变化太具有颠覆性了，规划师们只有一边等待，一边研究，并保持跟进。

6.7 现代城市规划的发展趋势 [①]

（1）解决风貌失控问题，回归营建思想，发展城市设计理论

古代东西方都通过法式体系实现了总体城市风貌的和谐，这是"营造"、统筹、谋划思想的重要体现。古代城市之所以和谐，也是因为建造技术和材料的相对单一。今天的设计理念无拘无束，建造技术已十分发达，建材种类也五花八门，这些都是造成现代城市风貌混乱的重要原因。因此，基本的对策是要回归"营建"思想，以"营"统"建"，对过于自由的房屋设计做法加以规制约束，这就是城市设计的任务。解决现代城市设计有效的方法就是与"营建学"结合。

我国《城市设计管理办法》第十条规定："重点地区城市设计应当……注重建筑空间尺度，提出建筑高度、体量、风格、色彩等控制要求。"该办法提出的要素体系是："建筑空间、高度、体量、风格、色彩"。但"建筑空间"是一个错误的词汇，应该称为"城市空间"；"体量"也是一个很不专业的词汇，与"高度"的含义有重叠，应该叫"体型"；"风格"也缺乏专业性和操作性。当代城市基本都是现代营建风格，难以进行条文化描述引导，也难以指导房屋设计，应该叫作"立面形式"。上述这些要素都是一些有关营建形式的零散要素，在规划中一般都是单独控制，容易导致彼此脱节。因此，非常有必要发展出更全面、更系统的城市设计理论。

城市设计与营建学的结合，还体现了动态性，它不是一蹴而就的。对一片风

---

① （1）新华社．习近平主持召开中央财经委员会第五次会议 [N]. 2019 年 8 月 26 日．http：//www.cec.org.cn/hongguanjingji/2019-08-28/193771.html.
　　（2）罗志刚．从"人类聚居学"到"人类空间系统学"的提升 [CD]. 2018 中国城市规划年会论文集（电子版），2018 年 10 月．

貌地区的控制，除了应有初始的概念性城市设计外，还应随着建设发展过程的不断调整而更新。如上海陆家嘴东方明珠及"三件套"地标，是在非预设条件下先后由开发商提出地标意向，经由主管部门加入城市设计的因素与要求，经研究、引导后才得以实现的，最后竟也收获了不错的整体效果。

（2）横向拓展知识面，应对空间全域化、新技术革命和新产业体系的挑战

规划，自其诞生起就涉及多学科领域，未来这一属性仍将不变。扩充知识领域、不断研究新问题、解决新问题，这是规划学永恒不变的主题。

国家自然资源部门的成立，使得规划的范围从城乡割裂、部门割裂到辖区一体，其舞台变大了、资源也打通了，至少原来局限于城市中的各类用地规划可以在全域尺度上展开了，加之新一代技术革命导致的交通技术、产业体系等的变化，将引领规划要素、用地类型、结构体系、支撑体系等一系列的变化和相应的理论更新。传统城市规划也将迎来脱胎换骨的变化。

（3）人类空间系统学的孕育

规划学发展的第三个趋势是由于空间尺度的扩展而导致的变化。在这个方向上也已出现了两个层次的变化。第一个层次是城市群的出现，这是一个已经成为发展事实，但还没有被提升到规划"学"高度的空间现象。在区域尺度上，空间结构是一个此消彼长的现象，中国就是因为没有掌握这种此消彼长的规律，而在全国城镇规划中一刀切，犯了许多错误。2019 年 8 月 26 日，习近平总书记主持召开了中央财经委第五次会议并强调指出，"当前我国……经济发展的空间结构正在发生深刻变化，中心城市和城市群正在成为承载发展要素的主要空间形式。"由此可见，徘徊多年、影响全国空间结构的"大中小城市协调发展"的思想，是时候该退出历史舞台了；第二个层次是超越城市群，朝着更加宏观的尺度在推进着。例如，欧洲在 1980 年提出的跨国规划（transnational planning），但是欧洲的"国"都普遍较小，意义不大。而真正具有颠覆性意义的是近几年由中国提出的"一带一路"倡议，引发了中国规划界的思考。[①]

古代的营建师主要处理房屋与城市形象，现代的规划师处理用地配置关系、城市群空间布局等，而宏观空间领域处理的却是抽象的格局关系，如"一带一路"的格局是无论如何也无法从现有城市群格局推导出来的，这是当前最高层次的空间格局营造。这些过程构成了从具象到抽象的变化趋势。

理解宏观尺度的规划发展趋向，还需要有正确的政治立场和意识形态。过去的世界空间格局，基本是受强势西方发展模式的主导，而基于"人类命运共同体"

---

① 2000—2003 年，罗志刚在清华大学做博士论文研究期间，提出了空间系统的"层级进化规律"。此后，他出版了专著——《从城镇体系到国家空间系统》《一带一路与世界轴：基于新陆权主义的全球空间系统重构》，把空间思维由城市尺度、国家尺度一步步推到了全球尺度。

理念的一带一路倡议、高速陆路交通技术的成熟、中欧班列的快速发展等，使得今后的世界空间格局将发生根本性变化——全球将成为日益紧密联系的统一整体。探讨宏观领域这类空间规律的学科，我们称之为"人类空间系统学"，简称作"空间学"，于是就构成了从营建学，到规划学，再到空间学的发展路径。

总之，现代城市规划学的未来发展趋势，已呈现出3个方向：

（1）向下补课，缝合规划学与营建学的脱节，提高完善城市设计理论，弥补城市设计板块的缺陷。

（2）横向扩展，补充新知识、拓展新领域，紧密跟踪新一代技术革命，捕捉其对城市带来的综合影响，及时矫正城市规划的发展方向，并迎接全资源规划背景下空间规划1.0时代的到来。

（3）向上挺进，发展高层次人类空间系统学，简称为空间学。进一步摆脱城市及实体空间的束缚，向高层次空间体系跨越，实现新一轮的学科分离和蜕变。

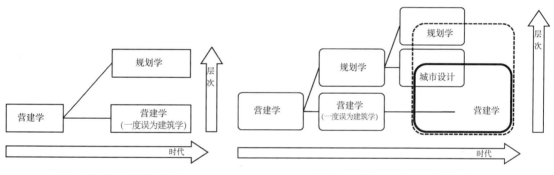

6.7-1 营建学与规划学的分离 　　　　　　　　　6.7-2 现代城市设计应与营建学结合

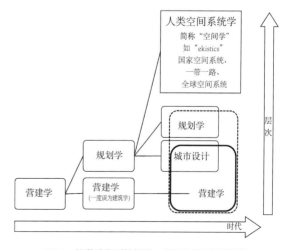

6.7-3 从营建学到规划学，再到人类空间系统学

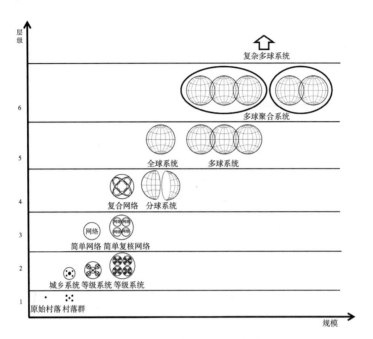

6.7-4 人类空间系统学的层–级进化规律

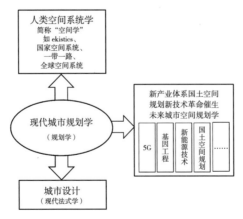

6.7-5 从营建学到规划学，再到空间学的发展趋势

7 景观营建学的发展趋向
The Tendency of Landscape Architecture

7.1 景观营建学与生态环境紧密结合

  景观营建学曾因"营建"误用日文的汉字被称为"景观建筑"。[①] 伴随社会发展和人民对优美环境向往的诉求，景观营建学与营建学、城乡规划学已并列为国家一级学科。这三门学科之间互相包容性较强，有较多的专业学科交叉。在实践领域，也经常会出现营建学专业延伸做规划设计、景观营建设计，景观营建专业也会有延伸做小型房屋设计的现象。在当今时代背景下，要求"景观营建"行业能够积极发挥其社会价值、经济价值、文化价值和生态价值。行业的创新发展需要更多的学科知识支撑，学科的交叉不仅限于营建学和城乡规划学。[②] 海绵城市建设实践中，景观营建与生态、水利、给排水等多专业合作，为海绵城市建设提供了更多的创新实践案例。[③] 景观营建行业的发展，不仅仅限于传统的历史遗产、生态、艺术等，目前这种学科之间的横向延展性呈现出百花齐放的局面。景观营建作为一门学科，是未来多专业协同发展的必然趋势。[④]

  景观营建既有解决美学任务、提升文化归属、带动城市发展的功能，又有生态环境修复等多重功能属性。伴随我国城市化发展，城市人口逐渐扩张，自然环境遭到破坏，环境发展问题被广泛关注，景观营建与生态环境发展密不可分，随之迎来了新的机遇。斗南王官湿地项目是由王欣领导的团队自 2012 年开始规划治理，

[①] 风景园林学科的命名，也经历了来自日本的"造园"、苏联的"绿化"、欧美的"景观"等名称。对 Landscape Architecture 的译名之争论，终于以一级学科"风景园林"的命名而尘埃落定。《中国园林》杂志原主编王绍增先生曾提出以"景观营造"作为学科命名。不论是"风景园林"还是"景观营造"、景观营建，这个命名比较起"建筑"学科的命名，都能够让更多的中国学者接受，并且充分体现了中国人民在改革开放之后的文化自信。

[②] 在研究领域可以看到，探讨景观营建管理制度和立法是景观营建与法学、社会学交叉的尝试，而园艺疗法与声景研究等则试图在景观营建和医学交叉领域有新的突破。在实践领域还可以看到，景观信息模型被广泛地应用在设计实践之中，景观营建与科学技术、参数化领域的结合也越来越多。

[③] 海绵城市，是新一代城市雨洪管理的概念，它是指城市能够像海绵一样在适应环境变化和应对雨水带来的自然灾害等方面具有良好的弹性，也可称之为"水弹性城市"。国际通用术语为"低影响开发雨水系统构建"，即下雨时吸水、蓄水、渗水、净水，需要时将蓄存的水释放并加以利用，从而实现雨水在城市中的自由迁移。

[④] 我国的传统园林包括皇家园林、私家园林、寺观园林和风景园林。受国民经济发展的制约，我国的景观营建主要是简单的园林绿化和为人们提供休憩集散地。近 30 年来，我国经济体制发生了较大变革，人民生活水平普遍提高，对于景观营建的诉求也由地方归属感上升至对文化认同感的追求。面对西方园林设计理念与中国传统园林的碰撞，将传统园林的空间设计手法融入现代园林设计之中，已被广泛认同。

2017 年落地建成的云南环滇池湖滨带。[①] 该项目是景观与生态等多功能结合的典型案例，并获得 IFLA（国际风景园林师联合会）雨洪管理类杰出奖与 2018 年英国景观行业协会国家景观奖。[②]

2012 年昆明市提出了打造环滇池生态圈、文化圈和旅游圈的三圈规划，将滇池治理的成果分享给市民。景观营建规划通过对滇池湖滨带的开放空间和公共服务设施空间体系进行科学、合理、有序的布局，为昆明建设国际化的高原湖泊型休闲旅游度假地和面向东南亚的世界城市旅游目的地创造了更好的生态环境、更优的空间品质。环滇池湿地具有显著或特殊生态、文化、美学和生物多样性价值的湿地景观载体，并具有一定的规模和范围，也是保护湿地生态系统完整性、维护湿地生态过程和生态服务功能的特定湿地区域。[③] 环滇池湖滨湿地公园成为三圈规划落地的重要抓手，斗南王官湿地就是其中重点打造的节点。

斗南王官湿地实指两个公园，一个位于昆明市呈贡区内，命名为呈贡斗南湿地；另一个位于昆明市官渡区内，命名为官渡王官湿地。[④] 两个公园由于所辖区域不同而分别命名，空间上则是两个紧紧相连的湿地，其水系和游览路线也都是连通的，游客在其中无法分辨两个公园的界限。所以，本文将公园名字合并命名为斗南王官湿地。[⑤]

斗南王官湿地位于滇池湖滨带东岸，环湖东路面湖一侧，为南北向条状用地，占地约 72.6hm²，最宽处 720m，最窄处 200m，湖岸线总长 1500m，建设前均为立砌防浪堤。[⑥]

---

① 王欣是清华大学风景园林硕士，现任中规院（北京）规划设计公司生态市政院副总工程师，长期致力于水环境治理、水生态修复和水景观营造等研究工作。

② 滇池是我国第六大淡水湖，1950 年以前滇池保持着原始天蓝水清的高原湖泊特征。20 世纪八九十年代，由于社会发展、人口增长，环滇池围湖造田，而且污水直排，导致滇池水质逐年恶化。近年来，滇池系列污染治理工程逐步实施，滇池生态环境综合治理成效得以显著提升。

③ 环滇池地区独特的自然条件与生态多样化，以及特有的山形水势为湿地公园的建设提供了最佳的条件，这也是提升昆明国际竞争力和影响力的关键资源。

④ 官渡王官湿地由罗家营水厂分割为南北两个部分，北部由于进深较窄，距离滇池水面较近，设计为保育区禁止进入；南部是与斗南湿地相连的开放区域。本文中的王官湿地指罗家营水厂南部区域。

⑤ 斗南王官湿地区域位置优越，既临近呈贡新区，又交通便捷，同时也是观赏昆明西山睡美人的最佳观赏点。恢复斗南王官湿地之前，场地基底以花卉大棚为主，还有少量的鱼塘。退耕还湿、科学拆除防浪堤、恢复湖滨带水生态系统是当时的第一要务。通过 3 种景观化的方式拆除了阻挡水陆连通的防浪堤，重新连接了陆地-湿地-滇池生态系统。同时，利用上游污水处理厂的出水作为湿地系统的水源，利用阶梯表流湿地净化水体，使湿地公园重获往日美景。

⑥ 为保护农田不被滇池风浪侵袭，在环滇池内修筑了 87.7km 的混凝土防浪堤，这一巨大的混凝土设施虽然保护了农田和附近村庄，但是却阻隔了滇池和外界环境的物质能量交换。该项目面临的挑战是：
（1）围湖造田与混凝土防浪堤的修建，阻断了滇池与外界自然环境的有机联系。该区位风浪较大，全面拆除防浪堤会造成大量水土流失，暂未搬迁的村庄将面临被淹没的风险。
（2）防浪堤内侧现存大量树龄 30 年以上的柳树，而且生长态势好。防浪堤拆除后，柳树存活难。
（3）场地水源基本丧失，仅留下少量鱼塘水系。水质恶化，原有湿地生境基本消失，现状湿地水源、水质还达不到景观水量、水质的要求，无法满足湿地水系的布水系统要求和正常水动力。
（4）雨水带着上游地区的面源污染直接排入滇池，导致滇池水质不断恶化。
（5）基地内缺少可供挖掘的历史文化资源，昔日的渡口和历史遗迹因水域面积缩小已离场地较远，或已被其他场地多次挖掘使用。

经过现场踏勘和多次走访，景观营建团队发现了两个亮点：一是防浪堤上现存成年的大树已经形成较为稳定的生态关系，岸上独特的景观吸引周边居民前往观山、垂钓。这些成年的大树由一位名叫陈嘉的老人带着自己的儿子贷款植栽下来的，他的目标就是为滇池边留下一道绿色的屏障。这个故事不仅让这些成年柳树具有生态属性，而且更赋予场地文化寄托；二是环湖路外侧有日供水量6万m³/d的污水处理厂一处，可为湿地提供水源。

对现状条件的分析和挖掘，景观营建团队提出了场地的五大需求，即生态修复需求、水安全保障需求、水质净化需求、文化保护需求和户外空间营建需求。这种多元的需求，要求设计师组成一个多专业合作的团队，系统地解决其问题。以"重生态、低干扰"为设计原则，拆除范围内的蔬菜大棚和工厂，扩大湿地水域面积，恢复原有湖滨带生境，提高生物多样性；科学合理、有计划、有方法地拆除防浪堤，保证村庄和城市不被洪水威胁；梳理连通入滇河道与湿地水系的关系，引入洛龙河污水处理厂尾水，保证水质停留时间和水体净化效果，提供湿地水源，增强水动力；增设慢行系统和休憩设施，为人们提供一个亲水近水、观光游览的户外空间。综合场地的功能需求，结合各专业研究的技术路线，多专业合作的团队提出了五大设计策略。[①]

斗南王官湿地实现了滇池水体与湖滨带陆域关系的重新连通，促进水生生态系统和陆地生态系统的物质和能量交换。重新恢复湖滨带原有动植物的生境，重现湖滨带湿地生物多样性，重现斗南王官湖滨水岸。场地通过不断的功能创新，使得

---

① 王欣团队提出的五大设计策略：

（1）生态修复方面：退田还湿，通过不同驳岸类型、材料，不同水深、流速的设计，恢复不同动植物栖息地，提高生物多样性；研究植物的种群搭配，种植浆果类植物，为鸟类提供食物。

（2）水安全保障方面：科学拆除防浪堤，依据场地地形条件、水文条件、风浪大小等因素，设计了3种防浪堤拆除形式。一是全拆：恢复块石驳岸，增加鱼虾产卵的栖息地，为生物提供多样的栖息环境。利用风浪爬坡技术确定生态堤埂的高程和材料，保障拆除防浪堤后的水安全红线，保证植物多样性和水系连通性。二是半拆：村庄未搬迁的区域，将防浪堤顶部拆至滇池常水位以下0.5m，同时，在湖体与陆地的交界处布置水生植物和灌草植物作为缓冲区。既保证村庄不受威胁，又增加了滇池水体与湿地的水体交换。三是保留并开口：现状大树保留的区域，采取局部开口的方法，使湿地水与滇池水有效连通。

（3）水质净化方面：湖滨湿地引入滇池水，使之与滇池水能够自由交换，达到增加滇池水面面积的目的。同时，将入滇河道水（包含洛龙河污水处理厂尾水每日6万m³）引入湿地。尾水首先进入初期氧化塘，再引入湿地布水系统，利用污水处理量计算和水系模拟技术确定湿地面积和功能参数，以及平面布置和水流方向。利用人工湿地技术帮助湿地设计达到预期功能需求。实施后水中污染物 $CODs$、$BODs$、NH_4-N、TP 和 TN 分别减少了50%、40%、20%、35%和10%。

（4）文化保护方面：保护现状大树，传承场地文化。

（5）户外空间营建方面：完善场地功能，营造亲水近水的休憩空间。

伴随滇池水体与湖滨湿地的连通，增加湿地慢行系统、观景平台、观鸟塔和景观服务设施，使得湖滨湿地成为人们游赏的好去处，并促进湖滨带周边用地的开发建设与可持续发展。此外，湿地恢复注重环保材料的运用，原场地内拆除房屋留下的砖瓦被用于铺地，同时可渗透雨水的材料也被广泛应用于地面铺装。

一个生态修复类项目充分叠加和转换，从而建成一个旱季尾水净化，雨季调蓄滞留，望得见山、看得见水、记得住乡愁的文化旅游地。

由于我国土地资源的稀缺与珍贵，未来的土地利用必然要通过系统的、复合的、多功能的交融设计以释放出更多的生态、经济和社会价值。

7.1-1　云南环滇池湖滨带斗南王官湿地鸟瞰

7.1-2　斗南王官湿地设计策略平面示意

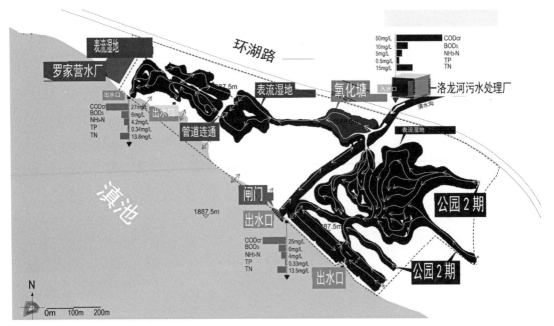

环湖路

表流湿地

罗家营水厂

1887.5m

出水口

CODcr	27mg/L
BOD₅	6mg/L
NH₃-N	4.2mg/L
TP	0.34mg/L
TN	13.8mg/L

出水口

管道连通

表流湿地

氧化塘

1888.0m

入水口

洛龙河污水处理厂

滇水沟

CODcr	50mg/L
BOD₅	10mg/L
NH₃-N	5mg/L
TP	0.5mg/L
TN	15mg/L

表流湿地

公园2期

滇池

1887.5m

1887.5m

闸门

出水口

CODcr	25mg/L
BOD₅	6mg/L
NH₃-N	4mg/L
TP	0.33mg/L
TN	13.5mg/L

出水口

公园2期

N

0m 100m 200m

7.1-3 斗南和王官湿地布水系统图

7.1-4 云南环滇池湖滨带斗南王官湿地现状

7.2　雕塑在城市空间中的作用加强

过去的雕塑在城市中只是一件孤立的艺术品。近年来，雕塑家们开始探讨把雕塑融入城市空间。位于安徽六安市裕安区茶谷景区入口处，有一个名为"山"的标志性雕塑，取代了当地流行的牌坊，令人瞩目。[①] 项目总占地面积 **13000m²**，施工采用现场组装吊装方式，由耐候钢板锻制焊接而成。[②] 雕塑高 **20m**，最长跨度约 **35m**，以宋元山水为蓝本，用数字化技术进行二维到三维的转换。从线到体，层层叠加的耐候钢板，塑造出宋元山水画的韵味和意境。人在雕塑中穿行时可感受到不断变化的造型、波动的线条与光影的纵横交错，以及"可行、可望、可游、可居"的丰富体验。[③] "山"的主创人为中央美术学院雕塑系的张兆宏老师。

张兆宏的另一项作品是浙江良渚文化村玉鸟流苏入口广场的雕塑。玉鸟流苏入口广场面积约 **4000m²**。玉鸟流苏文化村总面积约 **21 万 m²**，现已建成 **34000m²**。[④] 玉鸟流苏入口广场的雕塑构思是将整个广场当作一组雕塑来做，将广场雕塑分为两部分，一部分以石材为主，营造考古现场的氛围，使人产生"良渚古代遗迹"的联想，与良渚文化暗合，并通过坍塌、破损的石块自然构筑出跌水的结构；另一部分，将钢的材质渐次穿插进来，越来越强，直到通过钢模仿石头达到"错乱"，这是现

---

① 六安市裕安区地处安徽省西部、大别山北麓，东接金安，北接寿县，南接霍山、金寨，是东进西出、沟通南北的交通要道，为全国重要的交通枢纽之一。大别山和淠史杭三大河流共同孕育滋养出了独特的六安茶文化。2014 年六安市委市政府决定打造涵盖六安市裕安区、金寨县、霍邱县总长约 100km 的"六安茶谷"，进一步发展和壮大六安茶，进而领跑中国茶产业，打造以茶旅居一体化为特色的绿色发展先行示范区。

② 耐候钢是一类合金钢，在室外暴露几年后能在表面形成一层相对比较致密的锈层，因而不需要涂油漆保护。耐候钢以"Corrosion resistance"（耐蚀）及"Tensile strength"（拉伸强度）的缩写而为其商标名称的"COR-TEN"，则为人所知，故英文常以"Corten Steel"代称耐候钢。耐候钢可以完全不生锈，只是表面氧化而不会深入内部，它具有像铜或铝的防蚀特色。耐候钢呈浅棕色，古朴典雅，与自然环境极其融合。

③ "山"雕是北京慧谷·阳光国际环境艺术有限公司张兆宏、吴征等雕塑家创作的。"山"雕作品长 11m、宽 35m、高 7.5m。"山"雕 2016 年 6 月设计，2017 年 8 月竣工。

④ 玉鸟流苏入口广场的雕塑是受浙江万科南都房地产有限公司委托。玉鸟流苏是万科南都开发的良渚项目的一部分，整个良渚项目是由一个大型住宅与商业体相结合的社区，而玉鸟流苏又是良渚项目的门户，也是良渚项目最中心、最集中的商业区。

代都市生活的写照。[①] 本书作者从营建学角度观察，这一组"铺地雕塑"是一组完美的"构成示范"，唯一觉得有些遗憾的是绿化面积较少，虽然是小广场，"铺地雕塑"还是相对尺度较大。

7.2-1　安徽六安茶谷景区入口处的"山"形雕塑全景

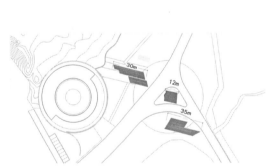

7.2-2　茶谷景区"山"形雕塑形平面

7.2-3　茶谷景区"山"形雕塑局部透视

① 设计从模型做起，即从草模到正式模型，再依据模型画图。整组雕塑的施工由张兆宏和雕塑家、专业雕塑工人组成的团队完成。图纸和模型的设计结束之后，现场制作又根据具体情况，做了大量的修改和调整。设计不能只停留在图纸上，施工是设计的延续。现场施工对场所的直觉大大完善了设计。这个施工队伍中的部分成员现在组合成立了小毛雕塑工作室。现场施工从 2007 年 6 月开始，一直到 2007 年 11 月结束。设计还得到北京创翌高峰景观设计公司周维设计师的大力协助。

7.2-4 耐候钢板锻制焊接而成的"山"雕塑细部之一　　7.2-5 耐候钢板锻制焊接而成的"山"雕塑细部之二

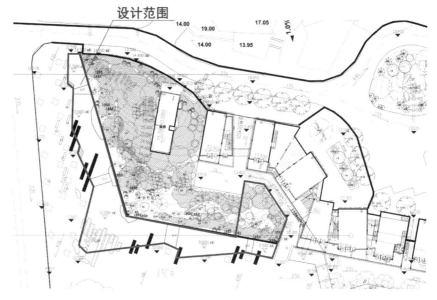

7.2-6 良渚文化村玉鸟流苏入口广场雕塑的平面示意

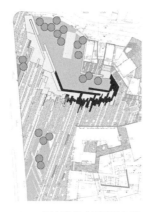

7.2-7 玉鸟流苏广场雕塑鸟瞰　　　　　7.2-8 玉鸟流苏雕塑透视之一

7.2-9　茶谷景区雕塑透视之二

7.2-10　玉鸟流苏雕塑透视之三

8 营建师的培养与营建师的工作
Education of and Profession as an Architect

8.1 营建师的培养与梁思成的教学思想

我是 1951 年考入清华大学营建系的，遗憾的是我只读了一年，就进行了院系调整。虽然只读了一年，但却印象深刻。第一学期重点课是绘画与雕塑。绘画是用炭笔作素描，画在一号图版上，显得非常正规。绘画老师是李宗津与李斛。[1] 两位老师对学生要求很严，一学期要画两张大素描，每周有两个上午的素描课。我们第一张画的是罗马万神庙（Pantheon）的设计人玛尔库斯·阿格里巴（Marcus V. Agrippa）的头像，这位名人的石膏头像似乎还简单些。第二张画的是拉奥孔（Laocoön）的头像，真的是很难画，头发的曲度都要非常准确。[2] 雕塑课的老师是高庄。高庄老师指导我们每人做一个小型木板凳，要求是榫卯式的板凳，而且要暗榫，当时大家都不太懂为什么要学木工，后来才逐步理解梁思成先生的用心良苦，让我们亲身体验一下榫卯结构的精确要求。现在回想指导我们做木板凳的居然是我国国徽模型的塑造者，真是三生有幸。[3] 1952 年进行了院系调整，清华大学营建系与

---

[1] 李宗津（1916—1977），祖籍江苏常州，油画家及美术教育家。1934 年就读于苏州美术专科学校，1937 年毕业，师从李毅士（叔父）、颜文梁、吕斯百等中国第一代油画家，并得徐悲鸿赏识，聘为北平国立艺专讲师。1947 年转入清华大学营建系，历任国立北平艺术专科学校、清华大学建筑系副教授。1952 年任中央美术学院油画系教授。李斛（1919—1975），号柏风，四川省大竹县人，画家、美术教育家。1942 年考入中央大学艺术系，在著名画家、美术教育家徐悲鸿、黄显之、吕斯百、傅抱石、谢稚柳等先生的指导下，刻苦钻研，成绩优秀，尤以素描、肖像画最为突出。是一名在中国画技法上有着开创性成就的国画家。1948 年，李斛应徐悲鸿先生之邀由四川来到北平，在清华大学营建系任教，并深得梁思成先生的器重。1962 年任中央美术学院中国画系人物科主任，直至去世。

[2] 拉奥孔和他的儿子（Laocoön and His Sons），这是一组著名的大理石群雕，规格尺寸为 208cm×163cm×112cm，是希腊化时期的雕塑名作，由阿哲桑达（Agesander or Agesandros）等 3 位雕塑家集体创作于公元前 1 世纪，现收藏于罗马梵蒂冈博物馆。我们画的仅仅是拉奥孔的头像。拉奥孔位于群雕的中心部位，神情处于极度的恐怖和痛苦之中，正在极力使自己和他的孩子从两条蛇的缠绕中挣脱出来。

[3] 高庄（1905—1986），1927 年毕业于上海中华艺术大学，曾在上海联华影片公司画广告，又在江西陶业管理局研究陶瓷艺术。抗日战争期间，参加过全国木刻界抗敌协会，创作木刻《鲁迅像》等，参加木刻协会举办的展览，曾在广西艺术师资训练班教素描、工艺美术。新中国成立后，先后任清华大学副教授和中央工艺美术学院教授。1949 年 7 月，中央公开征求国徽图案。在各地应征的 900 多幅作品中，最后选择以清华大学营建系设计的图案为基础，吸收各地意见，并对图案进行修改，最终塑造成模型。高庄当时在清华执教，并接受了这一任务。从 1949 年 7 月初到 1949 年 8 月中旬，经过一个半月的辛勤劳动，高庄终于完成了国徽模型的设计塑造。1949 年 8 月 18 日，国徽审查小组通过了国徽的浮雕模型。高庄在工艺美术方面造诣很深，木刻和素描技艺精湛，深得美术大师徐悲鸿先生的赞赏，特别是高庄在国徽设计中的贡献和地位逐渐被后人所确认。

北京大学建工系合并，更名建筑系。[①] 接下来就是全面学习苏联，我们未能按照梁思成先生的教学计划进行学习，非常遗憾。1949 年，梁思成在《文汇报》上发表的"清华大学营建学系学制及学程计划草案"中提出：以往的营建师大多以一座建筑物为一件雕刻品，只注意外表，忽略了房屋与人的密切关系，大多只顾及一座建筑物本身，忘记了它与四周的联系……。换一句话说，就是所谓"建筑"的范围现在扩大了，它的含义不只是一座房屋，而且还包括人类一切的体形环境。清华大学营建系的课程就是以造就这种广义上的体形环境设计之人为目标……。[②] 还有一点，梁思成先生本人在美国费城宾夕法尼亚大学学习的是巴黎美术学院体系，也称布扎体系（Beaux-Arts），这是一套西方古典主义的教学计划。但是，他没有照搬那一套教学计划，而是引进了包豪斯的教学思想。最突出的是"构成"图像的训练，以点、线、面、体等组合成美的、抽象的构图，学会运用权衡、比例、均衡、韵律、对比等形式美的基本法则。[③] 此外，梁思成先生还提出要学习市镇规划、学习"社会学"等，我这里有一张梁思成先生拟定的四年制的教学计划，可供大家参考。[④] 四年制的教学计划中，一年级的"预级图案"便是构图训练，学生们称其为"抽像图象"。学生不许画具象的内容，只能用点、线、面、体的组合来表达美的构图。此外，二年级的"初级图案"也是构图训练，当时在校的教师也都不会，靠着梁先生从美国带回的一些资料进行备课，边学边教。这种课程是包豪斯的创见，在美国也是新鲜事物，由此可见梁思成先生的胆识。[⑤] 梁思成先生 70 年前的观点，今天仍然适用。梁思成先生还强调要自学，因为营建师要学的东西太多，无法全部都在学校学习。我也深有体会，我出版了两套丛书，都是 70 岁以后边学边干完成的，在学校时也完全没有接触过。

我认真研究了一下清华大学建筑学院 2019 年的教学计划，似乎不少方面有必要改进。例如"清华营建培养特色及学科优势"，应以梁思成创办营建学系时的提法为依据，"以造就广义上的体形环境设计之人为目标"。

在具体教学措施方面应强调"因材施教"，梁思成先生是"因材施教"的表率。关肇邺在二年级的设计课中因表现突出，得到梁先生高度肯定，便叫关肇邺作为助手参与了任弼时的陵墓设计，还带着他向任弼时夫人汇报方案。关肇邺不仅在业务

① 朱兆雪（1899—1965），北京大学工学院建筑工程系主任、土木工程专业教授，撰有《高等数学》《图解力学》《材料耐力学》等著作。1952 年院系调整后，朱兆雪调至北京建筑设计院及北京市规划局任总工程师。
② 郭黛姮，高亦兰，夏路. 一代宗师梁思成 [M]. 北京：中国建筑工业出版社，2006：154-158.
③ 郭黛姮，高亦兰，夏路. 一代宗师梁思成 [M]. 北京：中国建筑工业出版社，2006：160.
④ 郭黛姮，高亦兰，夏路. 一代宗师梁思成 [M]. 北京：中国建筑工业出版社，2006：159.
⑤ 遗憾的是这门"预级图案"课虽然在一年级下学期开，我也未能学到，因为 1951 年底开始了"三反五反"和教师思想改造运动。我第一次见到梁思成先生是听他做思想检查，叫学生提意见，名为帮助老师"洗澡"。

上得到了提高，而且思想上也受到极大的鼓舞。① "文革"前清华大学的蒋南翔校长也曾提出"因材施教"，甚至提出"为了加快培养部分能在业务上攻关的骨干，1963 年学校从二年级抽调少数有学习潜力的学生单独组织部分课程的教学，有的直接用外文教材，全校一共抽调了 500 人……蒋南翔校长直接对这些学生讲话，勉励他们'要创造新经验，要登高峰'……"。"文革"后，高亦兰教授主管清华建筑系教学时，也曾尝试"因材施教"，为有学习潜力的学生创造机会，加快培养。②此外，有的学生可以选择双学位，或是允许提前完成学位。再进一步思考，有不少课程可以自学为主，能够提交论文或通过考试便达到通过的标准。有些课程如外语、绘画，甚至可以通过测试予以免修。部分营建设计也可以结合生产实践，协助老师参加投标或设计竞赛等多种形式，等等。总之，尽力提高学生的工作能力。缩短在校学习时间、培养各有专长的人才，以适应新时代社会主义建设的多方面需要。③

营建设计课当然是主要的必修课，力学与钢筋混凝土课也应当是必修课。营建与结构的关系最密切，营建学应加强与土木工程专业的结合。国外相当多营建大师的合伙人或助手都是土木工程师，如勒柯布西耶、诺曼·福斯特等。在理论方面，庄惟敏院士提出的"营建前期策划及后期评估"，这个理论很重要，应当是必修课。清华大学的营建系应当具有自己的特色，以适应新时代社会主义建设的需要。营建前期策划若能与城市设计相结合可能会更好。庄惟敏院士的著作《建筑策划与设计》可以进一步提高，与城市设计内容结合。④此外，还可以参考《20 世纪营建学的功能与形式》（Forms and Functions of Twentieth-Century Architecture）一书的写法，

---

① 关肇邺的二年级设计课题是在劳动人民文化宫（原太庙）中设计一座小型剧场。当时几乎所有同学的设计方案都是现代主义的方盒子，而关肇邺因从小就住在太庙附近，出于对环境的敏感，便设计了一种具有传统特色的曲面坡屋顶和金色琉璃瓦方案，并与四周的苍松翠柏、宫墙古刹保持和谐，从而得到梁思成先生的高度肯定。

② "因材施教"出自《论语·先进篇》。有一次，孔子讲完课回到自己的书房，学生公西华给他端上一杯水。这时，子路匆匆走进来，大声向老师讨教："先生，如果我听到一种正确的主张，可以立刻去做吗？"孔子看了子路一眼，慢条斯理地说："总要问一下父亲和兄长吧，怎么能听到就去做呢？"子路刚出去，另一个学生再有悄悄走到孔子面前，恭敬地问："先生，我要是听到正确的主张应该立刻去做吗？"孔子马上回答："对，应该立即践行。"冉有走后，公西华奇怪地问："先生，一样的问题您的回答怎么相反呢？"孔子笑了笑说："冉有性格谦逊，办事犹豫不决，所以我鼓励他临事果断。但子路逞强好胜，办事不周全，所以我就劝他遇事多听取别人意见，三思而行。"

③ 清华大学建筑系不仅培养出多位工程院院士，而且培养了几任住房和城乡建设部部长（原名建筑工程部），如周干峙、叶如棠、宋春华、王蒙徽等。

④ 城市设计（Urban Design），介于城市规划、景观营建与营建设计之间的一种设计，偏重于研究空间艺术方面的问题。过去是城市规划的主修课，今后也应成为营建系的主修课，若能与营建策划相结合，便可一举两得。营建策划侧重功能与经济，而且思考的范围应超过设计项目既定的范围，这恰好是城市设计的范围。

增加一些国内外名作实例。[①] 我借用了《建筑策划与设计》一书中的 3 张分析图，这 3 张分析图很好，准确地表达了营建学的学习内容、方法和学习中的思维变化。[②]

此外，计算机也要早学，学生可以用 Sketchup3D 设计软件提前做"构成"的练习。此外，还可以增加摄影的选修课，目前人人都有手机，学习摄影不仅有利收集资料，也有助于练习构图。有些基础知识可以在中学或小学便可以自学的，因此，必须提前告知这些未来的"营建师"们，请他们早做准备。

8.1-2 梁思成头像

8.1-1 梁思成与林徽因在美国读大学

---

① 《20 世纪营建学的功能与形式》一书是 20 世纪 50 年代美国各大学的基本教材，有一定的深度。我国"文革"后的初步教材，如《建筑设计初步》《建筑设计概论》《建筑设计原理》等，相对来说比较肤浅，有经验的老师一堂课便可以说清楚了。

② 庄惟敏. 建筑策划与设计 [M]. 北京：中国建筑工业出版社，2016：335、336、338.

8.1-3 《拉奥孔和他的儿子》群雕中的　　　　8.1-4 《拉奥孔和他的儿子》
　　　　拉奥孔头部

1947—1951 年清华营建系 4 个学年课程及学分表

第一学年 （1947—1948 年度）		第二学年 （1948—1949 年度）		第三学年 （1949—1950 年度）		第四学年 （1950—1951 年度）	
课程	学分	课程	学分	课程	学分	课程	学分
国文读本	4	经济学简要	4	辩证唯物主义与历史唯物主义	3	钢筋混凝土设计	9
国文作本	2	社会学概论	6	工程材料学	2	建筑设计（六）	18
英文（一）读本	6	测量	2	结构学	4	雕塑（一）	3
英文（一）作本	6	应用力学	4	建筑设计概论	1	专题讲演	2
普通物理演讲	8	材料力学	4	中国绘塑史	2	东方建筑史（史一）	7
普通物理实验	6	初级图案	6	水彩（三）（四）	2	给水排水装置	4
投影画	2	欧美建筑史	4	城市概论	4	施工图说	4
制图初步	4	素描（三）（四）	4	中级图案	9	毕业论文	9
素描（一）（二）	2	材料与结构	4	庭园学	1	雕塑（二）	4
预级图案	4	材料与结构	4	新民主主义论	3	东方建筑史（史二）	4
体育	2	体育		钢筋混凝土结构	3	中国建筑技术	4
				视觉与图案	2/1	建筑设计（七）	21
				欧美绘塑史	1	专题讲演	2
				暖房通风水电	1/2	业务及估价体育	3
				房层结构设计	1		

8.1-5 梁思成先生拟定的四年制的教学计划

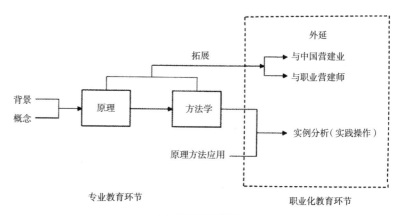

8.1-6 营建学的学习内容

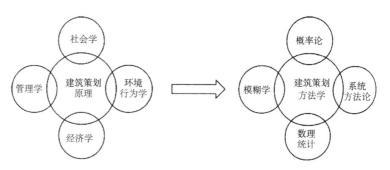

8.1-7 营建学的学习方法

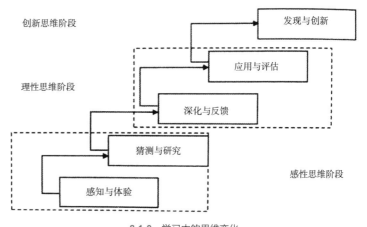

8.1-8 学习中的思维变化

8.2 营建师的工作

营建师的工作可以有多方面的选择，当老师、各地相关部门的行政管理人员、施工单位的技术员、开发公司的策划人员等，但是，多数人还是会选择在国营设计院或民营设计公司工作。要想成为一名优秀的营建师，依靠的是天赋、勤奋和机遇。

大学本科或研究生毕业后被分配或应聘到国营设计院或民营设计公司、外资设计公司或设计事务所等，都会做哪些具体工作呢？又应当如何提升自己呢？首先讲一下各家设计单位的工作流程。

目前进入各家设计单位工作岗位后，他们都会根据设计师的意愿，安排去做方案或施工图。对于较大的项目，不论过去还是现在，也不论是做方案或施工图，设计工作都是切块来做的，即把一部分给个人来完成，每人只做一小部分，然后集合成为最后的成果。而且，现在的营建设计业与其他行业一样，有碎片化的趋势，即每人只承担设计工作的一小部分，看不到设计工作的全貌，甚至毕业十几年做方案还是一点都不懂施工图的人却大有人在。只有少数人可以经历从开始策划、方案设计、施工图，直到最后项目的落成使用。设计过程中的各种问题，例如确定容积率、功能分析和布局，房屋的风格与空间处理，各专业技术问题的综合处理以及施工过程现场技术问题处理等，并非每个人都能遇到。在营建设计业比较繁忙时，设计单位为提高生产效率，节约时间、成本，自然会安排某个人做的都是他熟练的那部分工作，导致设计师经常重复做着排文本或画楼梯详图等的工作，就像盲人摸象一样，无法了解设计工作的全部内容，也无法参与设计的全过程。因此，也就无法了解一栋房屋是如何建造完成的。这样的工作流程，导致设计师得不到设计能力的提高，这也是我国大部分年轻营建师的现实工作状态。在设计单位从业多年，有可能参与营建设计工作中的各分部工作，至于落成的房屋是否能成为一项出色作品，作品是否获得赞誉（获奖），是否带来极好的环境效益等？其概率往往相对较小。所以，并不是每位营建师都能成为营建大师，大部分营建师一生都是在平凡的工作中执业。

下面谈一下各设计单位技术职务的层级。

在营建设计项目中，一般情况每个项目都有设计师、专业负责人、工程主持人、项目负责人四个层级，组成项目设计团队完成设计工作。由项目负责人带队负责项目整体运作，对建设方（也就是我们通常说的甲方）负责，具体实施设计工作由工程主持人来操作实施，各专业负责人负责各专业的设计方案，比如采用什么结构形式，是钢结构还是剪力墙或其他结构形式？暖通专业确定空调系统是分户还是集中等，设计师就是具体设计、绘图，服从专业负责人的安排，并完成具体工作。

再谈工程主持人的职责。

工程主持人的职责概括地讲有以下 5 项：

1. 结合国家和单位技术部门文件对设计流程实施全面过程质量控制；

2. 组织各专业负责人确定专业方案，负责各专业间的技术协调及设计周期进度安排控制，对关键节点、进度进行检查督促；

3. 设计过程、后期服务、现场问题协调解决和答复；

4. 作为项目负责人的助手，负责与甲方沟通工作，即在设计各阶段均保持与甲方有良好的协调和沟通，完成设计任务，并掌控设计工作的进度；

5. 营建专业工程主持人兼任本专业的专业负责人，除与项目负责人共同对项目的最终成果负责任，还须履行营建专业与其他专业负责人的协调配合。

最后，谈一下注册营建师和注册营建师终身责任制。

1994 年 9 月，建设部、人事部下发了《建设部、人事部关于建立注册建筑师制度及有关工作的通知》（建设〔1994〕第 598 号），决定实行注册建筑师制度。工程主持人应当执行注册制，通过考试成为注册营建师，能够在图纸上签字盖章，对主持设计的项目负有终身责任。一级注册建筑师的执业范围不受工程项目规模和工程复杂程度的限制。二级注册营建师的执业范围只限于承担工程设计资质标准中建设项目设计规模划分表中规定的小型规模的项目。[1]

此外，还想补充一下兼职的问题。张永和处理兼职问题给了我很大启发。我知道他给北京大学带博士生，我问他如何处理在北京大学教学与非常建筑设计室的工作关系。他明确地说：我在北京大学不要工资，只带博士生，也不承担其他工作。这种处理方式，对双方都有利。联想到清华大学，像孟岩这样成熟的营建师，为什么不请到清华大学做兼职教授，而是只带博士生呢？我想清华大学的校友都会对母校有感情的，都愿意尽一分力量。[2]

---

[1] 本节材料由白丽霞提供，本书作者进行了修改、补充。1989 年白丽霞毕业于内蒙古工业大学建筑学专业，1999—2000 年在清华大学建筑学院研究生班学习。现为国家一级注册建筑师，曾在内蒙古建筑设计研究院、北京中外建建筑设计有限公司、五合国际等单位工作，先后任职建筑师、主任建筑师、副总建筑师。

[2] 能做兼职教授、只带博士生的人也要精心挑选，双方协商并非是一件很简单的事。

8.3 营建事务所的经营管理

下面介绍一家国外先进的营建设计公司——F+P（福斯特及合伙人）集体设计和技术管理的成功经验，这或许对我国的设计单位有些启示。[①]

坐落在泰晤士河边的 F+P 总部设计大厅，其落地窗前的景色随伦敦变幻莫测的天空而变化。这里包括创始人诺曼·福斯特（Norman Foster）和执行总裁马修·斯特里特（Matthew Streets）在内，公司所有人都在开敞的空间办公，没有人拥有私人办公室，没有人拥有办公空间别于他人的特权，每个人平等地看到和被看到，成为集体的可见团队，并创造了不分阶层、共享的办公空间和透明、平等的工作氛围。

公司创始人诺曼本人经常在工作室尽端的大桌子上手绘草图，然后叫上同事们一起讨论方案。他 80 多岁依然精力充沛，只要没有特殊安排，每周都来办公室几次，画图、交谈，非常舒适自然。

与国内设计院的设计公司不同的是，F+P 无论是伦敦总部办公室，还是各国的驻地办公室，员工和领导都在通透的大空间里办公，弱化等级差异，强化沟通交流，各种创意、见解、观点和思想在开放的空间内随时随地交流、碰撞并融合。设计公司自建自用的办公空间以身作则，对内促进高效管理，对外体现企业文化。

F+P 有许多高端商业项目吸引来全球相关领域的知名顾问公司、承包商和产品加工生产商。以项目为依托，设计团队有机会与这些优秀的团队合作，学习不同领域的最新专业知识和经验，收集对项目有用的信息，为设计整合创新打好基础。这样，从项目中持续学习并学以致用，形成提升设计质量的闭环系统。

方案启动后，方案设计审查组安排定期例会，指导和评审方案。方案设计审查组借助全球项目经验和前沿视角，把握设计方向，提出改进意见，促进并推动设计创新，将年轻设计师的开放思路与资深营建师的宽阔眼界很好地结合在一起。

同时，为保证方案日后"落地"实施，技术设计审查组在方案设计阶段就定期介入审查其可实施性，提出技术挑战难点和重点，并分享以往成功的案例经验，对项目可能的创新点给予技术指导和支持。

---

① 本节材料由李雯提供。李雯毕业于北京工业大学建筑系，曾就职于中国航空工业规划建筑设计研究院和北京市建筑设计研究院，现任 Foster+ Partners 技术设计审查组主任营建师，国家一级注册建筑师。

随即至深化设计期，领导层进行多维度的质量监控。对顾问团队、当地合作设计院以及承包商提交的图纸或文件进行审阅批注，直到改进至符合原设计意图，达到 F+P 内部 A 级或 B 级标准方可开展下一步工作。为此，要倾注大量时间和人力进行协调、尝试和持续改进，这个阶段需要甲方对各方工作坚定的支持和认可才能保证设计品质。

在施工期间，F+P 指派设计人员每周进行现场巡查、拍照，对比原设计，整理出报告交项目设计负责人。遇到复杂问题则向总部团队和技术主管部门获取技术支持。若与原设计有很大出入，将汇报业主，针对设计方的立场给出处理意见。

技术设计部门总监每年都亲自巡查海外设计项目，听取驻地项目组的汇报，并提出建议，同时收集有利于日后设计使用的信息，补充到公司设计指南中，供设计人员学习和使用。设计指南历经数十年的技术经验积累和应用沉淀，而且不断更新、吸收和扩充，是一部实时更新的动态工具书。F+P 紧跟前沿技术发展，始终在规划建筑设计中坚持可持续设计理念，借用设计总监、高级执行合伙人斯宾塞·德·格雷（Spencer de Grey）的话说，这是"负责任的设计"。F+P 的管理方式不仅保证了营建工程的质量，也有利提高各级设计人员的水平，尤其有助于提高青年营建师的水平。

8.3-1 F+P 总部的设计大厅

8.3-2　F+P 总部的设计大厅（可见右侧二层走廊）

8.3-3　F+P 创始人诺曼·福斯特

9 质疑《广义建筑学》与《建筑学的未来》

Questioning of 《The Integrated Architecture》 and 《The Future of Architecture》

9.1 什么是"广义建筑学"

《广义建筑学》一书既没有给出"建筑学"的概念,也没有给出关于"广义建筑学"的清晰、明确、规范的概念,这是学术论著首先应该解决的问题。如果没有清晰的定义,那么作者的认识很可能是模糊、凌乱的。而且《广义建筑学》的英文译名是《A General Theory of Architecture》,此英文译名与《广义建筑学》也不相匹配,不知是翻译问题还是作者故弄玄虚或另有说法。[①]

《广义建筑学》全书也有"十论",这似乎有意挑战维特鲁威的《营建学十书》。《广义建筑学》的"十论"分别是:聚居论、地区论、文化论、科技论、政法论、业务论、教育论、艺术论、方法论与广义建筑学的构想。这"十论"不能说与营建学没有关系,但有些关系也比较牵强,如"政法论、业务论、教育论"分别是讲技术政策、法律条例、职业发展、营建学教育历史研究等,它们不宜归入"营建学"的理论体系中,只有第十论"广义建筑学的构想"谈到了主题,但都轻描淡写,也没有说清楚。[②]更主要的问题在于:这"十论"需要解决什么问题,正文里也没有交代。"十论"中有九论内容也多为老生常谈,并无新意。

以下评论中,笔者引用《广义建筑学》或《建筑学的未来》的原文,并均用楷体文字表现,以示与本书文稿的区别。特此说明。

《广义建筑学》在前言中讲述了写作的目的有两个,其前言部分用了比较直白的通俗语言,我们可以准确地对应上正文的核心思想。《广义建筑学》的两个目的,一是"建筑学的概念必须扩大";二是强调要"多学科"。《广义建筑学》一书作者对"建筑学的概念必须扩大"的论述:"*有人提出,现代'城市设计的诞生标志着现代建筑(运动)的失败与传统城市规划的破产'。这样说虽然不很全面,但有一定道理。规划和设计的实践证明,人们应当以地区的概念指导城市的规划与设计,以城市设计的概念指导建筑与园林的规划设计;另一方面,反过来以微观环境的研究逐步上溯,深化规划设计的科学与艺术。如此反复不已。*"[③]我们把作者的意思整理一下:是要把研究范围从建筑基地扩大,上溯到城市地区(应该是街区、片区的意思),

---

① 《广义建筑学》2011年再版时,将英文译名改为《Integrated Architecture》,这似乎也不确切。

② "广义建筑学的构想"第一节指出:以"良好的居住环境的创造"为核心,这或许是作者的指导思想,这一点也与他后来提出的人居环境思想是一致的。

③ 吴良镛. 广义建筑学 [M]. 北京: 清华大学出版社,1989: 2.

用"城市设计"的方法解决问题。这个认识是对的。但这是前人已有的成果。作者前言的这段话写得比较直白，但在正文里却把概念绕到了"聚居学"（ekistics）上去，把一个大家都熟悉的、约定俗成的内容换成了一套生僻、不成熟的语言体系，再辅以"十论"之论述，就实在没有必要了。

《广义建筑学》一书作者关于"多学科"的描述："无论是从更高层次的系统整体出发，或是从微观的角度出发，对一些问题做较深入的探索，都不可避免地涉及众多互相联系的学科群，对他们的了解和研究是完全必要的。同时，从这些由学科群组成的集合科学回过头来看，又可以使我们在所掌握的现有知识基础上开阔和丰富建筑学的思路，使我们有可能从其相互作用、序列、层次、秩序和整体组合方式来考虑内部诸要素学科的结构和功能。对建筑学方面的这一工作的尝试，初步称之为'广义建筑学'。"[1] 关于这一段，首先是句子有语病、读不通。建筑学的"内部诸要素"与"学科的结构和功能"是什么关系？无法读通。构词也有语病，"多学科"怎么能等于"广义"呢？广义是指"范围较宽的定义"，难道"建筑"的本意是不包含经济、人文、功能、艺术、技术这些内容，非要加上"广义"二字才行？从这一段话来看，作者的认识还算对的，但并不是新思想。对建设项目进行多学科研究或多方面研究、多方案比较，是有必要的，历来的营建设计也是这么做的。各类营建项目的设计都是在与专业结合的基础上形成的。例如医院、剧院、体育馆、火车站、飞机场等，哪一类不需要研究相关学科的知识？甚至关于地区差异、文化差异等也有大量的研究工作。例如，北方营建的防寒、南方营建的通风等都已不是新话题了。至于对艺术风格的讨论，更是国际上普遍的话题了。按照《广义建筑学》一书作者的定义，"广义＝多学科"，这也是不恰当的，照这种逻辑，世界上所有的学科都是"广义"的。

《广义建筑学》2011 年再版时，作者补充了一段有关《广义建筑学》出版 20 年的心得，该文最后有这样一段话："建筑学必须向深度与广度进军，而人居环境科学是以更开阔的视野将过去建筑的范进而拓展为人居环境，将建筑－城市－园林－技术为核心专业化解为一学科群，从更宽阔的学术空间致力于人居环境的开拓，寻求宜人环境的创造，并面向人类更大的科学问题，如全球气候变暖等。这就是我对《广义建筑学》出版 20 年来的探索心得，经济社会科学文化的发展永不完结，我们的探索也永不完结。"[2] 这段话更令人糊涂了，不仅人居环境可以取代《广义建筑学》，而且人居环境还可以发展为"以建筑 - 城市 - 园林 - 技术为核心专业的学科群"，甚至想解决全球气候变暖问题。其中，建筑 - 城市 - 园林是一贯联系在一起的，后面又增

---

[1] 吴良镛 . 广义建筑学 [M]. 北京：清华大学出版社，1989：2.
[2] 吴良镛 . 广义建筑学 [M]. 北京：清华大学出版社，2011：009.

加个技术，难道前面的内容中就没有技术吗？此逻辑不通，思维混乱。

《广义建筑学》前言中的两个概念：聚居学（ekistics）、多学科建筑学，似乎都是《广义建筑学》的重要观点，我们可以将这两个概念叠加、综合成"多学科聚居学"，这和"广义建筑学"的字面意义是两码事。而聚居学的创始人 C·A·道萨迪亚斯（Doxiadis）又是反对"多学科"的。《广义建筑学》一书的作者并没有深刻理解聚居学的全部内容，因为道氏的"聚落学"主要研究"人类空间系统"的合理组织和发展变化。①

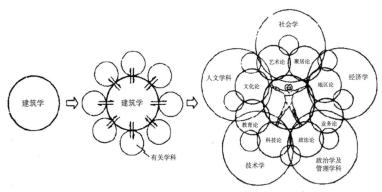

9.1-1 从传统建筑学走向广义建筑学（原图片标题）②

《建筑学的未来》一书中"从传统建筑学走向广义建筑学"的分析图也令人费解。左边的圆圈称为"建筑学"，似乎是维特鲁威的"营建学"，周围空空，什么相关学科都没有，只是没好意思称之为"狭义建筑学"。中间的圆圈也称"建筑学"，似乎是作者所谓的"传统建筑学"，为何不注明呢？周围的圆圈倒不少，只有一个名称——"有关学科"，这说明作者本人根本没弄清什么是"传统建筑学"。右边的圈套圈，似乎有点乱套了，有些小圈内也没有文字，似乎是"构图"的需要。中间应当是《广义建筑学》，不仅没有注明，反而画了个像列奥纳多·迪皮耶罗·达·芬奇绘制的素描《维特鲁威人》，生搬硬套、莫名其妙。这张分析图本应清晰地表达出全书的构思，结果却适得其反，表明了该书作者的构思是混乱的。

---

① "ekistics"一词是由希腊建筑师 C·A·道萨迪亚斯（Constantinos Apostolos Doxiadis）在1942年创造的，它来源于希腊动词 οἰκίζω（oikiz ō）"定居"和名词 οἶκος（oikos）"房子""家"或"栖息地"。该词的词面意思可理解为"定居地"，但道氏给它赋予的含义却是对人类空间场所的统称。后随着道氏思想的发展，该词既作为一个学科或一种专业的名称（人类聚居学），也用来指人类居住、生活、工作的整个空间系统。道氏解释人类聚居的含义是："人类为了自身的生存而使用或建造的任何类型的场所。他们可以是天然形成的（如洞穴），也可以是人工建造的（如房屋）；可以是临时性的（如帐篷），也可以是永久性的（如花岗石的庙宇）；可以是简单的构筑物（如乡下孤立的农房），也可以是复杂的综合体（如现代的大都市）"。其实，维特鲁威在《营建学十书》的第二书第一章中首先便介绍"住宅的起源"（The Origin of the Dwelling House），分析古代原始人类如何从分散居住在洞穴和丛林中发展至聚居和共同生活的。

② 吴良镛. 世纪之交的凝思：建筑学的未来 [M]. 北京：清华大学出版社，1999：65.

9.2 "广义建筑学"对"维特鲁威营建学"的理解

《广义建筑学》第9论"方法论"的第一节"建筑学中系统思想的发展",其中有一页分析图是该书作者对维特鲁威在《建筑十书》(高履泰译本)中关于"营建学"论述的理解,《广义建筑学》一书的作者称之为"闪耀的朴素的方法论思想"。[1] 而分析图却令人"啼笑皆非",原来"广义建筑学"理解的"维特鲁威营建学"居然如此:"三项原则与三个部门"。实际上,按摩根英译本,与之相对应的应当是《营建学十书》第一书第二章的"营建学的基本原理"(The Fundamental Principles of Architecture)和第一书第三章的"营建学的知识范围"(The Departments of Architecture)。本书第一章已有摩根英译本内容摘要的中文译稿。对照《广义建筑学》"方法论"第一节对"营建学"的分析图,可以看到高履泰译本《建筑十书》本来就是错误的译文,而《广义建筑学》的发挥则是错上加错。

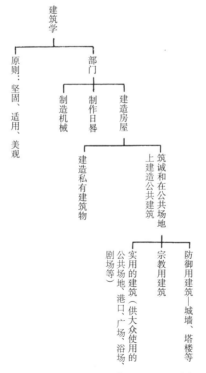

9.2-1　维特鲁威《建筑十书》对建筑学的论述示意[2]

---

① 吴良镛.广义建筑学 [M].北京:清华大学出版社,1989:178.
② 同:P179。

"广义建筑学"对维特鲁威提出的"营建学"的误读理解，最根本的原因在于其开始研究的依据就是错的。高履泰译本《建筑十书》第一书第三章的标题便是"建筑学的部门"，把"营建学的知识范围"翻译为"建筑学的部门"。[①]

　　清华大学建筑学院藏有 1914 年出版的摩根的英文版《营建学十书》，应当是梁思成先生从美国带回来的。《广义建筑学》一书的作者为什么不去看看呢？作为清华大学的一名教授，不看摩根的英文版译稿，仅凭高履泰根据日文版翻译的中文版《建筑十书》便大发议论，这也确实不妥。

9.3 《广义建筑学》与《建筑学的未来》中值得商榷的观点

　　《广义建筑学》出版十年后的 1999 年，该书作者主笔撰写了第 20 届世界建筑师大会《北京宪章（草案）》，并将写作过程的材料和思考一同刊印成书，这就是《世纪之交的凝思：建筑学的未来》。《北京宪章（草案）》其实是"广义建筑学"的一个扩大宣传版。

9.3.1 "从传统建筑学走向广义建筑学"

　　"广义建筑学，就其科学内涵来说，是通过城市设计的核心作用，从观念上和理论基础上把建筑、地景和城市规划学科的精髓整合为一体。"[②] 这到底是"广义建筑学"还是"城市设计"？看来应该是一回事。既然是一回事，就应该使用约定俗成的术语："城市设计（Urban Design）"。"城市设计"是弥补现代营建学与现代城市规划的不足而出现的"新事物"，"城市设计"原本也蕴含在营建学（architecture）的概念中，微观层面的城市设计应当归入营建学范畴。

　　"广义建筑学"认为：在现代条件下，"再也不能仅仅就个体建筑来论美与丑了；代之而起的是用城市的观念看建筑，要重视建筑群的整体和城市全局的协调，以及建筑与自然的关系。"这个观点是对的。但是，这不是新观点。"城市设计"这个术语可以追溯到 20 世纪中叶，而且城市设计的实践自古就有，且不乏精彩案例。本书前面列举的雅典卫城、威尼斯广场、意大利中世纪的圣吉米尼亚诺山城都是优秀

---

① 维特鲁威著，高履泰译 . 建筑十书 [M]. 北京：中国建筑工业出版社，1986：14.
② 吴良镛 . 世纪之交的凝思：建筑学的未来 [M]. 北京：清华大学出版社，1999：67.

的范例。大力倡导广义建筑学，也就是发展"城市设计"，摈弃"旧的建筑学"与"传统建筑学"，这是《北京宪章（草案）》的一个非常核心的观点，但这却根本不是创新。[1]

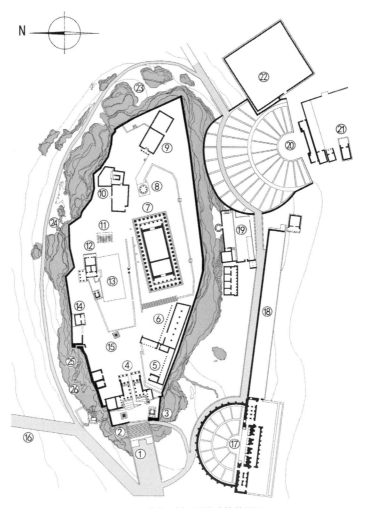

9.3.1-1　雅典卫城及周边建筑总平面

1- 进入卫城的入口（布雷之门）；2- 阿格里巴雕像基座；3- 胜利女神庙；4- 山门；5- 阿耳忒弥斯圣所；6- 青铜艺术品仓库；7- 帕特农神庙；8- 奥古斯都神庙；9- 潘狄翁一世圣所；10- 宙斯圣所；11- 雅典娜祭坛；12- 伊瑞克提翁神庙；13- 无翼雅典娜神庙遗址；14- 阿瑞封瑞翁；15- 雅典娜神像塑像；16- 雅典娜节日大道；17- 阿迪库斯剧场；18- 欧迈尼斯拱廊；19- 阿克勒庇昂神庙；20- 狄奥尼索斯剧场；21- 酒神狄奥尼索斯圣所；22- 伯里克利剧场；23- 阿革劳罗斯；24- 阿弗洛狄忒圣所；25- 迈锡尼喷泉；26- 宙斯洞穴、阿波罗洞穴、牧神洞穴

① 1965 年美国建筑师协会已组织编写了《城市设计：城镇与城市的营建学》（Urban Design：The Architecture of Towns and Cities）。我国的许多大学也早已增加了"城市设计"课程。

9.3.1-2 从西南方向俯视雅典卫城

9.3.1-3 从西北方向望雅典卫城

9.3.2 "三位一体: 走向建筑学 – 地景学 – 城市规划学的融合"

在《世纪之交的凝思: 建筑学的未来》一书中,《广义建筑学》一书的作者提出了"三位一体:走向建筑学 – 地景学 – 城市规划学的融合",这也未免过于滞后了。古罗马时代的城市已经做到这些,如庞贝古城的城市规划已很有章法,也有相应的绿地和水池(参见本书第 3 章中的庞贝古城总平面)。公元 100 年,古罗马为了抵御北非的努米底国(Numidia),建立了一座具有战略意义的新城。新城名为提姆加德(Thamugadi or Timgad),位于今日的阿尔及利亚境内,它可以容纳北非的罗马帝国退伍军人。[①] 此外,约旦境内保存最完好的古罗马城市——杰拉什古城(Jerash),其椭圆形广场在古罗马时代是少见的。2018 年,我们还特意拜访过这座古城。[②] 城市就是城市,不是营建物,也不是大营建物,更不是广义营建物。其实,不仅是古罗马,早在古埃及就已经具有城市规划的雏形。古埃及有一座名为"阿肯太顿"(Akhetaten)的城市,位于开罗以南 287km 的尼罗河畔,是倡导宗教改革的第 18 王朝国王阿肯那顿(Akhetaten)在位时(约公元前 1353 年—公元前 1336 年)

---

① 提姆加德城市人口为 1 万 ~ 1.5 万人,是典型的古罗马城市,街道互相垂直,形成正方形方格网。城内的广场也为正方形,城门在城市四面的中间。街道两侧有柱廊,市区中心有纪念性拱门。城内的剧场可容纳 4000 人,并且有很大的公共浴场。

② 杰拉什古城城墙内的面积约有 50hm²,城墙外有护城河,护城河与巴拉达河连通。杰拉什古城中间有一条笔直的、约呈南北向的中央大道(cardo),两条东西向的次要道路(Decumanus)与中央大道垂直相交,形成规整的城市布局。杰拉什古城中央大道与巴拉达河近似平行,两条东西向的次要道路跨越巴拉达河时还建造了桥,今日的巴拉达河已改建为道路,昔日的桥也已被破坏。杰拉什古城中央大道西侧以宗教神庙和公共殿堂为主,中央大道东侧遗址似乎尚未发掘,目前仅有一处东大浴池(Great East Baths)遗址。杰拉什古城中央大道南北两端各有一个城门,南门是城市的主要入口。进入南门前须经过哈德良凯旋门,哈德良凯旋门造型雄伟、雕刻精细,是古罗马最大的凯旋门之一,并不亚于古罗马城内的凯旋门。古城的南门虽然也有 3 个拱门洞,但是造型相对单薄。

规划、建造的，取名阿肯太顿是为了表达他对太阳神阿顿（Aten）的崇敬。阿肯太顿所在的地址原名特勒埃尔•阿马尔奈（Tell el-Amarna），故而今日阿肯太顿城也称阿马尔奈遗址。阿肯太顿城位于尼罗河东岸，介于孟菲斯和底比斯之间，是一座全新的城市，也是人类历史上第一座有完善规划的城市。[①]

"营建学的未来不是走向三位一体"，而是营建学、景观营建学、城市规划学互相密切配合、并驾齐驱。而且，城市规划学还要向人类空间系统学发展。

9.3.2-1 俯视约旦的杰拉什古城椭圆形广场

9.3.2-2 约旦的杰拉什古城哈德良凯旋门透视

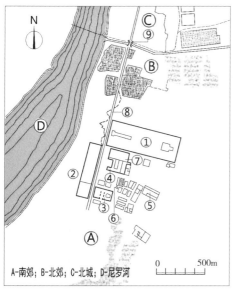

A-南郊；B-北郊；C-北城；D-尼罗河

1- 阿顿大神庙；2- 大宫；3- 阿顿小神庙；4- 国王住宅；5- 军事邮政；
6- 档案室；7- 面包房；8- 中央干道；9- 大桥；

9.3.2-3 古埃及阿肯太顿的中心城规划

9.3.2-4 阿肯太顿中心城的小神庙遗址

---

① 薛恩伦. 远古埃及对建筑学的贡献——古代建筑名作解读 [M]. 北京: 中国建筑工业出版社，2016: 213.

9.3.3 "美术、工艺与建筑相融合"始于西方文艺复兴时代

　　《世纪之交的凝思：建筑学的未来》一书中提出："早自文艺复兴时代起，雕塑、绘画、建筑就已视为一体，成为古典主义的传统。"[①] 此提法亦不妥，"绘画、雕塑与营建相融合"始于远古时期。国际营建学论述西方营建历史的书籍中均将古希腊、古罗马的营建与绘画、雕塑结合奉为经典，现代营建大师们也都反复强调营建与绘画、雕塑相结合的重要性。其实，远古埃及早已把营建与雕塑、绘画融为一体。古埃及的营建与雕刻、绘画结合得相当紧密，墙面上的雕刻更是处处可见，远古埃及的立柱表面均有装饰性的彩色与雕刻图案。绘画在古埃及陵墓中的表现更加充分，绘画的内容也非常广泛，并不局限于宗教内容，特别是在私人陵墓的壁画中更充分展示出当时的生活和习俗，其内容十分丰富。[②] 象形文字的装饰效果提高了古埃及营建的艺术性，成为古埃及装饰艺术的重要内容。[③] 吉萨金字塔群是最早，也是最完美的美术、雕塑与营建学相融合的范例，而由一座小山雕塑成的狮身人面像则更是历史上最早的大型雕塑。

　　不仅在西方，古代的东方也具有美术、雕塑与营建相融合的范例，诸如印度、波斯。孔雀王朝的营建与雕刻在继承印度本土文化传统的基础上，同时吸收了外来的文化艺术，这主要是波斯的文化艺术，它形成印度艺术史上的第一个高峰。阿育王时代（公元前 273 年—公元前 232 年）奠定了佛教陵墓的基本形制，如窣堵坡（Stupa）。印度现有保存最完整的桑吉大塔（Great Stupa of Sanchi）就是印度早期佛教窣堵坡的典型。[④] 印度莫卧儿王朝（1526—1857）皇帝阿克巴（Akbar）兴建的都城法塔赫布尔·西格里的枢密殿中精雕细刻的柱头是最精彩的雕塑与营建融合范例。[⑤] 中国古代的文明也是如此，像斗栱本身就是一种装饰。现存最早的营建彩画是山西五台山佛光寺大殿外檐额枋上的"赤白彩画"。两宋时期，营建彩画无

---

① 吴良镛.世纪之交的凝思：建筑学的未来 [M]. 北京：清华大学出版社，1999：90.

② 塞内菲尔（Sennefer）的陵墓（TT96）尤为突出，走进他的陵墓犹如进入了葡萄园，因而被称为"葡萄园陵墓"（Tomb of the Vineyard）。塞内菲尔以绘画形式在地下陵墓中创造出美妙的自然景观，堪称一绝。塞内菲尔陵墓顶部开挖后凹凸不平，在不平整的顶部画葡萄树，不仅增加了绘画的立体感，而且掩饰了陵墓表面不平整的缺陷（图片 9.3.3-2）。

③ 薛恩伦.远古埃及对建筑学的贡献——古代建筑名作解读 [M]. 北京：中国建筑工业出版社,2016：195-226.

④ 桑吉大塔为半球形陵墓，直径约 36.6m，高 16.5m，原为埋藏佛骨而修建的王墩，后来又加砌了砖石，顶上增修了一方形平台和 3 层华盖，并在底部构筑了石制基坛和石制围栏。整座大塔雄浑古朴、庄严秀丽。桑吉大塔的塔门上雕刻的佛教故事、象征符号和动植物纹样是研究印度艺术和佛教思想的重要文献（图片 9.3.3-3）。

⑤ 法塔赫布尔·西格里王城建在一片高地上，平面近似矩形，矩形的长轴为东北 - 西南走向。王城三面有高墙围合,西北侧临人工湖,人工湖现已干枯。人工湖的西北是民居。王城周长 6 英里(约 9.7km)，城墙高 10m，具有较强的防御能力。

论在技术和用色上都有很大的发展，一反隋唐时期古朴的丹粉刷饰而日趋华美。"绚丽如织绣"，宋《营造法式》较详尽地记录了这些成就。《西京杂记》曾谈及"橼檐皆绘龙蛇萦绕其间"和"柱壁皆画云气花，山灵鬼怪。"《西京杂记》是中国古代笔记小说集，其中的"西京"指的是西汉的首都长安。也有人认为，早在公元前11世纪的商代宫殿营建中就已用彩色编织物做装饰了，这尚待考证。

良渚文化遗址是新石器时代晚期人类聚居的地方，距今5300～4500年。良渚古城由宫城、内城、外郭三重结构组成，它是长江下游良渚文化的代表性遗址。我们期待良渚古城有更多的发现。

9.3.3-1　古埃及神庙立柱的彩色雕刻

9.3.3-2　古埃及"葡萄园陵墓"壁画显示祭司为主人祈祷

9.3.3-3　印度孔雀王朝的桑吉大塔南侧塔门

9.3.3-4　桑吉大塔南侧塔门的狮子柱头

9.3.3-5　法塔赫布尔·西格里枢密殿内的中央独柱　　　9.3.3-6　西格里枢密殿室内转角处的石雕牛腿

9.3.4　营建师中的巨人

　　《广义建筑学》第 6 论"业务论"中曾提到过历史上许多营建师中的巨人，包括文艺复兴时期的列奥纳多·迪皮耶罗·达·芬奇、杜勒、莱昂·巴蒂斯塔·阿尔伯蒂、米开朗琪罗和现代营建运动中的勒柯布西耶、瓦尔特·格罗庇斯与埃罗·沙里宁。《广义建筑学》一书作者还提到他曾于 1987 年在巴黎乔治·蓬皮杜国家艺术文化中心看到过"勒柯布西耶的百年展"。[①] 但是，《世纪之交的凝思：建筑学的未来》一书中，作者把自己与埃罗·沙里宁(Eero Saarinen)和阿尔瓦·阿尔托(Alvar Aalto) 并列为 3 位现代营建学理论家，这似乎有些离谱。[②] 埃罗·沙里宁是一位著名的美国营建师,他在麻省理工学院(MIT)设计的小教堂令人印象深刻。阿尔瓦·阿尔托是芬兰营建师,他将芬兰的地域和文化特点融入营建物中，形成了独具特色的芬兰现代营建，本书也做过介绍。[③] 但是，他们不是营建师中的巨人。20 世纪，西方现代营建运动中的营建师巨人，似乎只有勒柯布西耶可以胜任。[④]《广义建筑学》一书的作者似乎没有看过，也没有认真研究过勒柯布西耶的作品，他虽然去过印度，但是也没去过昌迪加尔，这影响了他对现代营建学的认知。

　　勒柯布西耶不仅是营建师，而且是画家、雕刻家、理论家，他在世时便有人把他

① 吴良镛 . 广义建筑学 [M]. 北京：清华大学出版社，1989：109.
② 吴良镛 . 世纪之交的凝思：建筑学的未来 [M]. 北京：清华大学出版社，1999：67.
③ 薛恩伦 . 阿尔瓦·阿尔托——现代建筑名作访评 [M]. 北京：中国建筑工业出版社，2011.
④ 薛恩伦 . 勒柯布西耶——现代建筑名作访评 [M]. 北京：中国建筑工业出版社，2011.

称作当代的列奥纳多·迪皮耶罗·达·芬奇或米开朗琪罗。20世纪国际营建界出现不少大师，勒柯布西耶应居首位，他对现代营建学运动的深远影响至今无人可以取代，他的作品均具有里程碑的意义。本书第4章（4.12）已有详细介绍，在此不再重复。

此外，在《世纪之交的凝思：建筑学的未来》一书第3部分第2节的"广义建筑学基本理论建构"中，作者引用了一些莫明其妙的西方理论，尤其是介绍了查尔斯·詹克斯（Charles Jencks）的理论，但是并没有说清楚，也未表示赞成或反对，反而令人更加糊涂。[①] 我们想说明的是：中国营建学的学者，尤其是有身份的高层人士，不能人云亦云，要有自己的观点。正确的观点源于实践，源于亲临现场，源于调查研究。毛泽东在《反对本本主义》一文中就精辟地指出："没有调查，就没有发言权。"

9.3.5 从"建筑天地"走向"大千世界"

《广义建筑学》第10论"广义建筑学的构想"之第二节，作者提出：从"建筑天地"走向"大千世界"——建筑的人本时空观。[②]"大千世界"是佛教用语，把"大千世界"作为"营建学"发展的目标，令人不解。[③]

孙中山先生曾提出走向"大同世界"的观点。"大同世界"源自《礼记·礼运》篇，其中有对大同世界理想的描述："大道之行也，天下为公。……是故谋闭而不兴，盗窃乱贼而不作，故外户而不闭，是谓大同"。"大同世界"是早在春秋时期就已经形成的学说，孔子的儒家学说为国人所理解也已达2000多年。孔子认为，世界在一个君主的领导下，君爱臣民，臣民拥护君王，世界到处遵守规矩，百姓生存安定，天下得以太平。而达到这种境界就必须人人贤德，其中心思想是"天下为公"，即天下的人都没有了私心，个人所做的一切工作与努力都是为了使整个社会更加美好。大同世界分为两个阶段，即小康社会与大同社会。有人认为：小康社会与大同社会基本相当于我国的社会主义阶段与共产主义阶段。上述观点虽然不够明确，总比"大千世界"靠谱一些。不知《广义建筑学》一书的作者是否混淆了"大千世界"与"大同世界"。

---

① 吴良镛.世纪之交的凝思：建筑学的未来[M].北京：清华大学出版社，1999：61.
② 吴良镛.广义建筑学[M].北京：清华大学出版社，1999：213.
③ 大千世界是佛教用语。世界的千倍叫小千世界，小千世界的千倍叫中千世界，中千世界的千倍叫大千世界，大千世界后指广大无边的人世。

附录：摩根的英文版《营建学十书》第二书至第十书之目录与内容摘要的中文译稿（接1.4）

（2）《营建学十书》第二书

第一章中首先介绍"住宅的起源"（The Origin of the Dwelling House）。古代原始人类从分散居住在洞穴和丛林中（in caves，and groves）至聚居和共同生活。第一章还进一步叙述房屋技艺的发明与发展，并且列举了当时还存在的早期住宅的构造型式，例如高卢（Gaul）、西班牙（Spain）和阿基坦（Aquitaine）的圆锥体屋顶，其屋顶上覆盖着带叶的树枝和泥浆。维特鲁威还特意解释了为什么不把"住宅的起源"放在第一书第一章的缘故，这是因为维特鲁威为了强调"营建师应当具有怎样的品质和才能"（what the qualities of an Architect should be）的重要性，所以才把"营建师的培养"放在第一书的第一章中。

第二章的标题为"物理学家论原始物质"（On the Primordial Substance According to the Physicists）。赫拉克利特（Heraclitus）认为火是万物之源。希腊哲学家德谟克里特斯（Democritus）发展了原子学说，以在空间运动的原子组成和重组来解释自然现象。由于万物均由元素组合而成，又演变为无穷无尽的自然物体。所以，我们想建造房屋的人，都要了解这些知识，以避免犯错误，而且在建造房屋时还要采用适用的材料。

第三章的标题为"泥砖"（Brick）。作者特别强调选土的重要性，要选用白色白垩土（white and chalky）或红黏土（red clay），而不能用沙质土或碎石土。制砖的时间宜选在春季或秋季，这样干燥的速度可以均匀一致。古罗马有3种类型的泥砖，均源自希腊。一种是希腊人称之为吕底亚砖（Lydian）的，长1.5足、宽1足，这是当时常用的泥砖。另外两种建造房屋的砖称作五掌砖（Pentadoron）和四掌砖（Tetradoron）。一块五掌砖的四边都是五掌长，一块四掌砖的四边都是四掌长。公共建筑物用五掌砖建造，私家建筑物用四掌砖建造。此外，还有一种半砖（half-bricks），砌墙时半砖用在接缝处，可以使墙体稳固，外观也美。靠近西班牙马克西卢亚（Maxilua）和卡列特（Callet）的人们制作的砖可以在水中漂浮起来，因为砖土中含有浮岩（pumice-stone），这种砖筑墙既轻又不易风化与分解。

第四章的标题为"沙子"（Sand）。因为砌筑砖墙时要应用砂浆（mortar），所以对砂浆中的沙子要求很严，必须不带泥土、污垢（no dirt）。如果没有采挖砂的山地，就必须从河床或砾石中筛取。将沙子抛在一块白布上，再将其抖落，未弄脏白布、又未留下土屑，这便是合用的沙子。矿沙（pitsand）用于砌砖施工时活干得快，而用于抹灰（stucco）时则附着力强。但必须是新沙（sand fresh），矿砂长时间暴露在外，经受日晒雨淋及冰冻，沙子是会分解为泥土的。

第五章的标题为"石灰"（Lime）。石灰是由多孔的石灰石或密实的石灰石（porous limestone or close-grained limestone）烧制成的白色粉状物体。前者用作粉饰墙面的抹灰砂浆（stucco），后者用作砌筑承重结构墙体的砂浆。作为粉饰墙面的抹灰砂浆可以采用1份石灰和3份矿砂，或1份石灰和2份河砂。石灰与水和沙子的结合就变成坚硬的物体。

第六章的标题为"火山灰"（Pozzolana）。自然界有一种粉末能一八产生奇特的效果，这种粉末在维苏威火山（Mt. Vesuvius）附近的巴亚（Baiae）被发现，这就是火山灰。这种火山灰粉末与石灰和砾石拌在一起时，不仅可以建造非常坚固的建筑物，而且在海中筑堤时也可以在水下硬化。有火山灰的地区就有地热，人们可以享受"汗浴"（sweating-bath），相当于今日的桑拿浴或蒸汽浴。据悉，维苏威火山下曾有大量火焰喷出，其附近有一种石头被称为"庞贝浮石"（Pompeian pumice）的海绵石（sponge-stone），这就是维苏威火山喷发形成的。

第七章的标题为"石料"（Stone）。继石灰和沙子之后，再介绍石料和采石场（stone-quarries）。这里介绍各种石料的性质及产地，以及选用的原则。

第八章的标题为"建造墙体的方法"（Methods of Building Walls）。古罗马有两种墙体：网格状（opus reticulatum）墙体与乱石（opus incertum）墙体。后者虽不美观，但相对坚固。这两种方法都要选用较小的石块。砌筑墙体时用石灰和沙搅拌的砂浆填实。有些地方因人口稠密，不得不采用抹灰篱笆墙（wattle and daub）。但是，抹灰篱笆墙容易发生火灾，也不坚固耐久。

第九章的标题为"木料"（Timber），包括树木的采伐、各种树木的材性及其应用范围。

第十章又专门介绍了"高地与低地"（Highland and Lowland）。指出树木生长地的重要性，生长于阳光充足地区（sunny place）的低地冷杉（lowland firs），比阴暗地区（shady places）的高地冷杉（highland fir）材质要好。

（3）《营建学十书》第三书

第一章的标题为"关于对称性：在神庙和人体中"（On Symmetry：In Temples and in the Human Body）。

在第三书序言中，首先谈到苏格拉底（Socrates）。维特鲁威从赞扬苏格拉底的聪明和睿智，延伸到古希腊雕塑家和画家的成就。如米隆（Myron）、波利克里托斯（Polycleitus）、菲迪亚斯（Phidias，约公元前480年—公元前430年）等。维特鲁威认为神庙的设计要依据对称、均衡（Symmetry）的原则，营建师必须精心遵守这项基本原则。均衡来源于比例（proportion），这是由古希腊继承下来的。比例就是在营建中的每个构件之间，以及构件与整体之间相互关系的度量标准。如果身体各部分没有准确的比例关系，也很难认为是身材好的男人。

人体也是按照一定比例形成的。人体自然的中心点是肚脐，因为如果人把手脚张开，作仰卧姿势，然后以他的肚脐为中心，用圆规画出一个圆，那么他的手指和脚趾就会与圆周接触。不仅可以在人体上这样画出圆形，而且还可以在人体中画出方形。方法是由脚底量到头顶，并把这一量度移到张开的两手，那么就会发现高和宽相等，恰似平面上用直尺确定正方形一样。人的肢体如指、掌、脚、臂都是工程上的计量数据，古希腊人称之为完美数（Perfect number）。

第二章的标题为"神庙分类"（Classification of Temple）。古希腊最早出现的神庙形式为"双柱门廊"式（in antis）神庙，此后是"四柱门廊"式（prostyle）神庙、前后廊柱式（amphiprostyle）神庙、周围列柱式（peripteral）神庙、伪双排列柱式（pseudodipteral）神庙（其中一排柱实际上附于内殿）、四周双列柱廊式（dipteral）神庙，以及露天式（hypaethral）神庙。书中对各类神庙均有详细说明。

第三章的标题为"柱间和柱的比例"（The Proportions of Intercolumniations and of Columns）。书中提出，神庙的外貌有5种，密柱距型（pycnostyle）柱距很密，窄柱距型（systyle）柱距稍宽一些，宽柱距型（diastyle）柱距更宽，疏距柱型（araeostyle）柱距宽得离奇，正柱距型（eustyle）柱距布置得正好。例如密柱距型的柱间距为柱径的1.5倍，宽柱距型的柱间距为柱径的3倍。正柱距型的神庙是最值得提倡的，它的柱间距为圆柱直径的2.25倍。书中还详细介绍了圆柱顶端柱颈（necking）的收分（diminution），柱子粗细的调节考虑到在一定距离范围内人们的视线是从下往上看的，以满足视觉的愉悦。

第四章的标题为"神庙的基础与附属结构"（The Foundation and Substructures of Temples）。神庙的基础非常重要，它要建在坚实的土壤上，而且还要再用碎石砌筑得尽可能的坚固（as solid as it can possibly）。在地面以上，在圆柱下面砌筑基墙，基墙厚度为圆柱直径的1.5倍，使神庙的基础更加稳固。若神庙场地找不到坚实的土壤，便将场地拟建神庙区域的松软泥土或湿泥挖出来，用机械尽可能密集地将橄榄木或硬栎木的木桩（piles）打入地下，就像建桥的桥桩（bridge-piles），再用木炭（charcoal）填实桩基内的间隙，然后再用最结实的粗石结构填筑基础。粗石结构填筑的基础砌到地面高度，便开始铺砌列柱下面的柱基座（stylobates）。神庙正面的台阶应当是奇数，这样，如果先抬右脚上台阶，登上神庙仍然是右脚。台阶的级高不应高于 10 英寸（inches），也不低于 9 英寸（1 英寸相当于 2.54 cm），这样，上台阶就不会感觉吃力。台阶的级宽不小于 1.5 英尺（foot），不大于两英尺（1 英尺 =12 英寸或 30.48 cm）。

第五章的标题为"爱奥尼柱式的柱础、柱头与檐部的比例"（Proportions of the Base，Capitals，and Entablature in the Ionic Order）。神庙的基础完成后便可安装柱础（bases of the columns）。柱础的高度相当于圆柱直径的 1/2，柱础的长和宽应为圆柱直径的 1.5 倍。如果柱础要做成阿提卡式（Attic style）的，应按下述方法进行划分：上部高度为圆柱直径的 1/3，其余部分是柱底座（plinth）。柱础除柱座之外的部分，应划分为 4 等份，包括上圆凸座盘（upper torus）与下圆凸座盘（lower torus）。如果柱础要做成爱奥尼式的，柱础的宽度在任何方向都要比柱径增加 3/8，高度与阿提卡式一致。柱身（shafts of the columns）立起后，便是柱头的问题。无论柱身的直径有多大，柱顶板（abacus）的长度与宽度都要加大，增加的幅度为圆柱底部直径的 1/18。柱头的高度，包括它的涡卷形饰（volutes）在内，是柱径的一半。关于爱奥尼柱式的柱头以及柱头以上各部分的描述，包括额枋（architraves）、挑檐（cornice）、柱顶过梁和挑檐间的雕带（friezes）、屋顶两端的山墙（gables）与顶部雕塑像的底座或山尖饰（acroteria）等都做了详尽的描述。本书限于篇幅，不再赘述。

（4）《营建学十书》第四书

第一章的标题为"三种柱式的起源，以及科林斯柱头的比例"（The Origins of the Three Orders，and the Proportions of the Corinthian Capital）。科林斯柱式在各个方面与爱奥尼柱式一致，仅仅是柱头有区别。爱奥尼柱式柱头的高度是柱径的 1/3，而科林斯柱式柱头的高度是柱径的 2/3。在谈到 3 种柱式的起源时，维特鲁威论述了许多典故。多立克柱式（Doric Order）是古希腊最早出现的柱式。多立克柱式是一种没有柱础的圆柱，直接置于阶座上，由一系列石料一个挨一个垒起来的，粗壮宏伟。圆柱身表面从上到下都刻有连续的沟槽，沟槽数目的变化范围在 16 条到 24 条之间。希腊人的祖先海伦（Helllen）之子多洛斯（Dorus）统治了阿哈伊亚（Achaea）和伯罗奔尼撒全境。多洛斯在古城阿尔戈斯（Argos）的朱诺（Juno）圣地建立了多立克柱式的神庙。后来，在阿哈伊亚的其他城市也建立了一些同样柱式的神庙。此后，雅典人在亚洲建立了 13 个殖民地，并为殖民地委派了首领，兴建神庙。为了寻找范本，他们转向人体自身，他们用男人的脚印长度与圆柱的高度作比较，发现足长是身高的 1/6，便将这种比值用于圆柱上。因此，多立克柱型就展示了男性身体的比例、强健与魅力。后来，他们为罗马神话中的处女守护神和月亮女神黛安娜（Diana）建立神庙时想用上述的比值运用在女性的身材上，将柱径做成柱高的 1/8，使圆柱外观显得苗条。并且在柱子下面安置了一个替代鞋的基座

（base），柱头就像是秀发，两边下垂的涡卷如同挽起的发结。柱身上通体雕刻凹槽，模仿贵妇的长袍衣褶。这种柱式之所被称为爱奥尼式，是因为它最早是古希腊东部的爱奥尼亚人（Ionians）制作的。第三种柱式称为科林斯柱式（Corinthian Order），它模仿少女的苗条身材。柱头的发明则有一番传说。此外，书中还进一步叙述了科林斯柱式柱头的细部尺寸，本书从略。

第二章的标题为"柱式的装饰"（The Ornaments of the Orders）。建筑物柱子以上的屋顶部分都是木结构，大梁（main beams）安放在圆柱、壁柱（pilasters）和门廊柱（antae）之上。若屋顶跨度很大，就要安放横梁（crossbeams）和支柱（struts）。若屋顶跨度不大，就可安放屋脊梁（ridgepole）和挑出到檐口的人字主椽（principal rafter）。在人字主椽上安放檩条（purlines），檩条上面是普通椽子（common rafters），最上面是屋顶瓦片（roof-tiles）。普通椽子应尽量向外出挑，以保护墙体。此后，古希腊的木匠用石材将檐部封闭，用雕刻的办法表达木结构的细部。多立克柱式在檐部创造出三竖线花纹装饰（triglyphs），用以遮挡梁的端部。爱奥尼柱式创造了齿饰（mutules），齿饰象征普通椽子出挑。

第三章的标题为"多立克神庙的比例"（Proportions of Doric Temples）。它进一步详细叙述了多立克柱式各部分的比例、做法和详细数据，本书从略。

第四章的标题为"内殿与门廊"（The Cella and Pronaos）。第四章对多立克、爱奥尼和科林斯三种柱式神庙的平面尺寸作了统一的说明。神庙的平面分为内殿与门廊两部分，神庙平面的长度应为宽度的 2 倍。如果神庙的宽度大于 20 足，两根圆柱应竖立于两道壁端之间。如果神庙的宽度超出 40 足，神庙内殿应增加圆柱的数量。神庙内殿圆柱高度应与立面高度一致，但直径要按比例缩小。若外立面圆柱直径是高度的 1/8，内殿圆柱直径就应是高度的 1/10。此外，如果室外圆柱刻有 20 道或 24 道凹槽（flutes），内殿圆柱就应刻 28 或 32 道凹槽。圆柱虽然变细，但通过增加凹槽数量，获得同样的视觉效果。

第五章的标题为"神庙的朝向选择"（How the Temple should face）。神庙和神庙内的神像都要朝向西方。这样，人们走向神庙和献纳供奉时都会面向东方，面向太阳升起的地方。如果神庙坐落的地点不允许这样安排就应该做出调整，以便神庙的位置有更开阔的视野，也让过路的人群能够注目。

第六章的标题为"神庙的出入口"（The Doorway of Temples）。神庙的出入口及其门框（casings）的做法有 3 种形式：多立克、爱奥尼和阿蒂卡（Attic）。书中详细介绍了 3 种形式出入口的做法及细部尺寸。本书从略。

第七章的标题为"托斯卡纳神庙"（Tuscan Temples）。将建造神庙场地的长度方向划分为 6 个等份，神庙场地的宽度为长度的 5/6。神庙长度方向一分为二，后半部用作内殿（cellae），前半部设置圆柱。神庙宽度方向划分为 10 等份，左右两边各 3 个等份用作副殿，中间的 4 个等份是神庙的中殿。圆柱底径为柱高的 1/7，柱高应为神庙宽度的 1/3。圆柱顶部的直径应按底径的 1/4 收缩。柱础（bases）高度为柱径的一半，下面应有一个圆形柱座（plinth），柱座高度为柱础高度的一半。柱头高度是其宽度的一半，柱顶板的宽度相当于柱底径。柱头划分为 3 等份，1/3 为托板（plinth），1/3 为钟形圆饰（echinus），最后 1/3 为柱颈及其线脚（necking with its conge）。

第八章的标题为"圆形神庙及其他形式的神庙"（Circular Temples and other）。圆形神庙中有的是单圈柱型（monopteral form），有圆柱围绕，不设内殿。圆形神庙另一种称为围柱式（peripteroe）。没有内殿的圆形神庙设有平台（platform）和台阶（a flight of steps），平台高度为平台直径的 1/3。圆柱立于柱座（stylobates）之上，圆柱直径是柱头至柱础总高的 1/10。其他形式的神庙也在书中列举了几处。本书从略。

第九章的标题为"祭坛"（Altars）。祭坛应面向东方，位置低于神庙中的神像，奉献供品的人能向上仰望神祇。祭坛高度的确定根据神祇的地位，朱庇特及其他天神的祭坛尽可能定得高些，灶神、地神和海神的祭坛则定得矮些。

（5）《营建学十书》第五书

第一章的标题为"广场与会堂"（The Forum and Basilica）。古希腊的集市广场平面设计成方形，四周由两层柱廊围合，柱廊是密集的圆柱。意大利人从祖先那里继承了在集市广场上举行击剑比赛（gladiatorial shows）的传统，广场四周要布置较宽的柱廊，安排钱庄（banker's offices），上层布置观看台。广场的大小要依据城市居民的数量，不能太小，也不能过大。广场平面应为长方形，宽度为长度的 2/3。会堂的位置应选择在靠近广场，而且冬季较温暖的地方，这有利商人汇聚。会堂的场地宽度应不小于长度的 1/3，不大于 1/2。会堂圆柱高度应等于侧廊（side-aisles）宽度。维特鲁威在这一章中还详细谈到他在法诺（Fano）设计与建造会堂的经历，使会堂达到端庄优雅的最高境界。

第二章的标题为"国库、监狱和元老院"（The Treasury, Prison, and Senate House）。本书从略。

第三章的标题为"剧场：及其选址、基础与声学"（The Theatre: Its Site, Foundations, and Acoustics）。城市的集市广场确定之后，下一步就是为剧场选址，以便人们在诸神节庆期间观看娱乐节目。剧场选址既要避开不良的风向，又要避免南侧太阳的直射。若选择丘陵地带，便容易处理基础工程。阶梯式座位应当在基础墙上从下向上砌筑。此外，书中还详细介绍了剧场的走道设计与声学方面的要求。本书从略。

第四章的标题为"和声学"（Harmonics）。"和声学"是音乐理论，是一门很难懂的学问，对不懂希腊文的人尤其如此。维特鲁威在本章中用较长的篇幅介绍和声学，不仅显示了维特鲁威的知识渊博，也说明古罗马对营建师的高度要求。限于篇幅，本书从略。

第五章的标题为"剧场的共鸣缸"（Sounding Vessels in the Theatre）。根据研究成果，可以造出合乎剧场规模的青铜共鸣缸。要使这些缸在被触及时能相互间发出四度、五度直至双八度音程，然后将它们放进剧场座位之间专设的小共鸣室之内。要根据音乐的基本原理来放置，不要碰到墙，四周和上方要留有空间。要将它们倒过来放置，在共鸣缸朝向舞台一边的下部置入一个楔子，高度不低于半足。在这些小室对面，沿地脚留出开口，两足长、半足高，朝向下层座位。此外，书中还详细讲解了如何根据剧场的规模布置共鸣缸，并介绍了对共鸣效果的不同观点。

第六章的标题为"剧场的平面"（Plan of the Theatre）。建造罗马剧场平面，要求在预定的剧场底部圆周中把圆规尖放在中心旋转，划出圆周线，再画 4 个间距相等的等边三角形内接于该圆。在这些三角形中，取一个三角形，它的边距离舞台最近。在此区域中，切开圆弧线，安排舞台背景，从此处画一条平行线通过圆心，将布景前部的舞台与乐队演奏席划分开。这样的舞台建得比希腊人建的舞台更深，我们所有的艺术家都可以在舞台上演出。乐队演奏席是专为元老院议员保留的座位。舞台高度不应超过 5 足，为了使坐在演奏席中的人能看到所有演员的姿态。剧场观众席呈楔形，应按如下方法划分。以环绕着圆周的三角形尖角来确定楔形座位区之间台阶上升至第一道横向通道的走向。上层楔形观众席与下层错开安排。观众席安排座位的阶梯高度不低于一掌，不高于一足又 6 指。阶梯宽度不小于两足，不大于 2½ 足。柱廊建在最上层阶梯之上，柱廊屋顶要与布景建筑处于一条水平线上。舞台的长度应是乐队演奏席直径的两倍，并详细介绍了细部做法。并且介绍了舞台布景的 3 种类型：悲剧、喜剧与性好酒色的滑稽短歌剧（satyric）。

第七章的标题为"希腊剧场"（Greek Theatres）。希腊剧场与罗马剧场不同，底层圆周内接 3 个正方形。取最靠近布景建筑的正方形的边切开圆弧，这个区域便划定为舞台的界限。希腊剧场的乐队演奏席较为宽敞，背景部分深深凹进，舞台则较浅。他们称舞台（stage）为"对白的场所"，因为悲剧和喜剧演员在台上表演，其他艺术家则在乐队演奏席中参与表演。希腊人将他们的艺术家分成"戏剧演员"（Scenic）或"舞台演员"（Thymelic）。希腊的舞台高度不低于 10 足，不高于 12 足。

第八章的标题为"剧场选址的音响效果"（Acoustics of the site of a Theatre）。要小心谨慎地为剧场选择地点，使声音柔和传播，不受阻碍，不会产生回声，让人听不清楚。

第九章的标题为"柱廊与散步道"（Colonnades and Walks）。在舞台布景后面的建筑物（scaena）应设柱廊（Colonnades）。当演出突然下雨时，观众可以有地方聚集，演员也有了排练的空间。庞贝和雅典的剧场都有这样的柱廊。此后，有认真的营建师（careful architects）的城市中，剧场周围都建起了柱廊和散步道。柱廊应当布置成双列，外侧应为带额枋（architraves）的多立克型圆柱以及相应的装饰。柱廊的宽度，指由外柱内侧到中间柱，再由中间柱到封闭柱廊散布道的墙壁，都应恰好等于外侧圆柱的高度。中间柱应比外柱高出 1/5，并且设计为爱奥尼或科林斯风格（Ionic or Corinthian style）。柱廊的圆柱比例不一定要遵循神庙的柱式。柱廊围合的空间应当布置绿化，露天散步道对健康极其有利。散步道要保持干燥，两侧要有排水沟。

第十章的标题为"浴场"（Baths）。浴场的位置要选择尽可能温暖的地点，背向北风与东北风，使冬日的阳光从西面照进热水浴池和温水浴池。注意将男女浴池安排在同一区域，这样可以共享为浴池加温的炉子。书中详细介绍了热水浴池悬空地板（hanging floors）的做法，以及浴室砖石拱顶的做法。在此，本书从略。浴场的规模根据入浴人数决定，浴场的宽度是长度的 1/3。书中还介绍了蒸汽浴室（Laconicum）和其他的发汗浴室（sweating bathes）的做法，如圆形浴室的圆顶中央开一个圆形孔洞（aperture）。

第十一章的标题为"角力学校"（The Palaestra）。维特鲁威认为角力学校是古希腊的传统，不是意大利人的风俗。在角力学校内应建造四周柱廊围合的正方形或长方形场地，三面是单柱廊，朝南的一面建双柱廊。三面是单柱廊外侧布置有座位的凹室，哲学家或乐于交谈的人可在此讨论问题。双柱廊外侧设体操房，也是谈话间，双柱廊角落布置浴室。此外，角力学校室外另有三面柱廊，朝北的柱廊为双柱廊，并尽可能宽敞。室外北端有跑道，靠北墙布置阶梯式座位，观看赛跑。室外柱廊的空间布置绿化和树丛。

第十二章的标题为"港口，防波堤与船坞"（Harbours, breakwaters, and shipyards）。本章从略。

（6）《营建学十书》第六书

第一章的标题为"气候决定住宅的形式"（On climate as determining the style of the House）。

第二章的标题为"对称，并对它进行修改以适应场地"（Symmetry, and Modification in it to suit the Site）。

第三章的标题为"主要房间的面积比例"（Proportion of the principal Rooms）。

第四章的标题为"不同房间应该的朝向"（The proper exposures of the different rooms）。

第五章的标题为"房间应该如何适合房主的身份"（How the room should be suited to the station of the owner）。

第六章的标题为"农舍"（The Farmhouse）。

第七章的标题为"希腊住宅"（The Greek House）。

第八章的标题为"关于基础和底部构造"（On foundations and substructures）。

（7）《营建学十书》第七书

第七书介绍营建装修（polished finishings）。

第一章的标题为"地面"（Floors）。

第二章的标题为"粉刷石灰的熟化"（The slaking of lime for stucco）。

第三章的标题为"拱顶粉刷工作"（Vaulting and stucco work）。

第四章的标题为"潮湿地区粉刷工作的探讨与餐厅的装饰"（On stucco work in damp places，and on the decoration of dining room）。

第五章的标题为"壁画的变坏"（The decadence of fresco painting）。

第六章的标题为"灰泥中用大理石粉"（Marble for use in stucco）。

第七章的标题为"天然颜料"（Natural colours）。

第八章的标题为"朱砂和水银"（Cinnabar and quicksilver）。

第九章为"朱砂"（cinnibar）。

第十章的标题为"人工颜料，黑颜料"（artificial colours，black）。

第十一章的标题为"蓝色，焦赭色"（blue，burnt ocher）。

第十二章的标题为"铅白，铜绿和人工雄黄"（white lead，verdigris，and artificial sandarach）。

第十三章的标题为"紫色"（purple）。

第十四章的标题为"紫色，黄赭石，孔雀绿与靛蓝的替代性颜料"（substitutes for purple，yellow ochre，malachite green，and indigo）。

（8）《营建学十书》第八书

第八书介绍"水"。

第一章的标题为"如何找水"（How to find water）。

第二章的标题为"雨水"（Rainwater）。

第三章的标题为"不同水的各种各样的性质"（Various properties of different water）。

第四章的标题为"好水试验"（Test of good water）。

第五章的标题为"测量高低和测平仪器"（Levelling and Levelling instruments）。

第六章的标题为"引水渠、水井和蓄水池"（Aqueducts，wells，and cisterns）。

（9）《营建学十书》第九书

第九书介绍"日晷与时钟"。

第一章的标题为"黄道带和行星"（The zodiac and the planets）。

第二章的标题为"月亮的阶段或月相"（The phases of the Moon）。

第三章的标题为"太阳穿过十二个标志的航线"（The course of the sun through the twelve signs）。

第四章的标题为"北方星座"（The northern constellations）。

第五章的标题为"南方星座"（The southern constellations）。

第六章的标题为"占星术和天气预报"（Astrology and weather prognostics）。

第七章的标题为"地球仪八字形曲线及其应用"（The analemma and its applications）。

第八章的标题为"日晷和水钟"（sundials and water clocks）。

（10）《营建学十书》第十书

第十书介绍"施工机械"。

第一章的标题为"机器和工具"（machines and implements）。

第二章的标题为"房屋机械"（housing machines）。

第三章的标题为"移动的要素"（The elements of motion）。

第四章的标题为"提水发动机"（Engines for raising water）。

第五章的标题为"水轮和水磨"（water wheels and water mills）。

第六章"螺旋桨"（the water screw）。

第七章"特西比乌斯泵"（the pump of ctesibius）。

第八章的标题为"水力共鸣器"（the water organ）。

第九章的标题为"里程器"（the hodometer）。

第十章的标题为"弩炮"（catapults or scorpiones）。

第十一章的标题为"古代发射石块的武器"（ballistae）。

第十二章"的标题为弩炮的穿线和调整"（the stringing and tuning of catapults）。

第十三章的标题为"攻城机器"（siege machines）。

第十四章的标题为"龟式攻城机器"（the tortoise）。

第十五章的标题为"赫革托耳向龟式攻城机器"（Hegetor's tortoise）。

第十六章的标题为"防御措施"（measures of defence）。

维特鲁威的《营建学十书》第十书的后七章讲的都是作战武器，这是所处的时代特定条件下的要求，与我们现代营建学无关，介绍从略。

参考文献
Select Bibliography

（参考资料排列顺序基本与文稿的先后一致）

[1] Vitruvius, translated by Morris Hicky Morgan, PH.D, LL.D. The Ten Books on Architecture [M]. New York: Dover Publications,INC., 1914.

[2] Dietrich Wildung. Egypt: From Prehistory to The Romans[M]. Kolon: Benedikt Taschen Verlag GmbH Hohenzollernrinb, 1997.
Panos Valavanis. Acropolis: visiting its museum and its monuments[M]. Athens: Kapon Editions, 2015.

[3] Giorgio Agnese and Maurizio Re. Ancient Egypt: Art and Architecture of The Land of The Pharaos [M]. Vercelli: White Star S.r.l., 2004.

[4] Alessandro Bongioanni. Luxor and the Valley of the Kings[M]. Vercelli: White Star Publishers, 2004.

[5] Matthias Seidel and Regine Schulz with contribution from Abdel Ghaffar Shedid and Martina Ullmann. Egypt: Art and Architecture[M]. Potsdam: h.f.ullmann Publishing, 2005.

[6] Jermy Smith Consultant: Rupert Matthews. Ancient Egypt: 1000 Facts[M]. Essex: Miles Kelly Publishing Ltd, 2006.

[7] General Editor: Jaromir Malek. Egypt: Cradles of Civilization[M]. Cairo: Weldon Russell Pty Ltd, 1993.

[8] Mitsuo Nitta. Ancient Egypt[M]. Tokyo: Gyosei Co.,Inc.,1985.

[9] Corinna Rossi. Architecture and Mathematics in Ancient Egypt[M]. Cambridge: Cambridge University Press, 2004.

[10] Edited by Ian Shaw. The Oxford History of Ancient Egypt[M]. Oxford: Oxford University Press, 2000.

[11] John C. McEnroe. Architecture of Minoan Crete: Constructing Identity in the Aegean Bronze Age[M]. Austin: University of Texas Press, 2010.

[12] George E. Mylonas. Mycenae and the Mycenaean Age[M]. Princeton: Princeton University Press, 1966.

[13] James Henry Breasted. The conquest of civilization[M]. New York : Harper

& Brothers Pub., 1926.

[14] Elsie Spathari. Mycenae: A guide history and archaeology[M]. Athens: HESPEROS Editions, 2001.

[15] James Henry Breasted. The conquest of civilization[M]. New York : Harper & Brothers Pub., 1926.

[16] Lisie Spathari. Mycenae: A guide to the history and architecture[M]. Athens: HESPEROS Editions, 2001.

[17] Lisa C. Nevett. Domestic Space in Classical Antiquity: Key Themes in Ancien[M]. Cambridge: Cambridge University Press, 2010.

[18] Claude Laisné. Art of Ancient Greece: painting, sculpture, Architecture[M]. Paris: Terrail, c1995.

[19] Gerald Cadogan. Palaces of Minoan Crete[M].London: Methuen, 1980.

[20] Marija Gimbutas. The gods and goddesses of Old Europe: 7000 to 3500 BC myths, legends and cult images[M]. Berkeley: University of California Press, 1974.

[21] Christos G. Doumas. Thera : Pompeii of the ancient Aegean : excavations at Akrotiri[M]. London : Thames and Hudson, 1983.

[22] Jeffey M. Hurwit. The Acropolis in the Age of Pericles[M]. New York : Cambridge University Press, 2004.

[23] Nancy H. Ramage and Andrew Ramage. Roman Art: Romulus to Constantine[M]. New Jersey: Prentice Hall, Inc., 1996.

[24] Supervision of texts, Sosso Logiadou-Platonos. Knossos : the Palace of Minos, a survey of the Minoan civilization ; mythology, archaeology, history, museum, excavations [M]. Athens, Greece : I. Mathioulakis & Co., 1980.

[25] Antonio Irlando and Adriano Spano. Pompeii: The Guide to the Archaeological Site[M]. Pompeii: Edizioni Spano-Pompei, 2011.

[26] Andrew Wallace-Hadrill. House and Society in Pompeii and Herculaneum [M]. New Jersey: Princeton University Press, 1994.

[27] Salvatore Ciro Nappo. Pompeii [M]. Vercelli: White Star S.r.l., 2004.

[28] Stefan Grundmann. The Architecture of Rome[M].Stuttgart: Edition Axel Menges, 2007.

[29] Anna Maria Liberati and Fabio Bourbon. Ancient Rome: History of a Civilization that ruled the World[M]. Vercelli: White Star S.r.l., 2004.

[30] Nancy H. Ramage and Andrew Ramage. Roman Art: Romulus to

Constantine[M]. New Jersey: Prentice Hall, Inc., 1996.

[31] John Hemming. Machu Picchu[M]. New York: Newsweek,1981.

[32] Jose Miguel Helfer Arguedas. Exploring Machu Picchu [M]. Lima: Ediciones del Hipocampo, 2013.

[33] Henri Stierlin. Art of the Incas and its origins[M]. New York: Newsweek,1984.

[34] Victor Wolfgang von Hagen. Realm of the Incas [M]. New York: New American Library, 1961.

[35] Michaef E. Moseley. The Incas and Their Ancestors [M].London: Thames and Hudsn, 1992.

[36] Edited by Susanne Klinkeler, Cologne. The Maya: Palaces and Pyramids of the Rainforest[M]. Kolon: Taschen, 1997.

[37] Christopher Tadgell. The History of Architecture in India: From the Dawn of Civilization to the End of the Raj [M]. London: Phaidon Press Limited, 1990.

[38] Ramprakash Mathur. Architecture of India: Ancient to Modern[M]. New Delhi: Murari Lal & Sons, 2006.

[39] Prabhakar V. Begde. Forts and Palaces of India[M]. New Delhi: Sagar Publications, 1982.

[40] George Michell. The Royal Palaces of India [M]. London: Thames and Hudson, 1994.

[41] International Symposium on Fatehpur-Sikri (1985: Harvard University) / Edited by Michael Brand and Glenn D. Lowry. Fatehpur-Sikri[M].Bombay: Marg Publications, 1987.

[42] Abha Narain Lambah and Alka Patel (editor). The Architecture of The India Sultanates[M]. Mumbai: Marg Publication, 2006.

[43] Dr. Surendra Sahai. Indian Architecture: Hindu, Buddhist and Jain[M]

[44] Leon Battista Alberti(Author), Joseph Rykwert ,Neil Leach and Robert Tavernor(Translators). On the Art of Building in Ten Books[M]. Massachusetts: MIT Press, 1988.

[45] Bauhaus archive; Magdalena Droste. Bauhaus 1919–1933[M]. Kolon: TASCHEN, 2006.

[46] Water Gropius. The New Architecture and the Bauhaus. London: Faber and Faber Limited, 1955.

[47] Sigfried Giedion. Water Gropius[M]. London : The Architectural Press, 1954.

[48] Bauhaus archive; Magdalena Droste. Bauhaus[M]. Kolon: TASCHEN, 2006.

[49] Robert C. Twombly. Frank Lloyd Wright: His Life and His Architecture [M]. New York: A Wiley-Interscience Publication, John Wiley & Sons, Inc, 1979.

[50] Frank Lloyd Wright. Essays by Frank Lloyd Wright for Architecture Record 1908–1952(In the Cause of Architecture) [M]. New York: An Architecture Record Book, 1975.

[51] Frank Lloyd Wright. An Autobiography[M]. New York: Barnes & Noble Books, 1998.

[52] Frank Lloyd Wright. Sixty Years of Living Architecture [M]. Zurich und Winterthur: Ende Mai, 1952.

[53] Jean-Louis Cohen. Ludwig Mies ven der Rohe[M]. Berlin : Birkhäuser Verlag AG, 2007.

[54] Peter Carter. Mies van der Rohe at Work[M]. New York: Phaidon Press Limited, 1999.

[55] David B. Brownlee/ David G. De Long. Louis I. Kahn: In the Realm of Architecture[M]. New York: Rizzoli International Publications, INC. 1991.

[56] George R. Collins(Editor). Translated from the Spanish by Judith Rohere. Gaudí: his life, his theories, his work[M]. Cambridge: MIT Press, 1975.

[57] Rainer Zerbst. Gaudí: 1852–1926 Antoni Gaudí Cornet - A Life Devoted to Architecture[M]. Kolon: TASCHEN,1993.

[58] juan jose lahuerta. Antoni Gaudí: 1852–1926, architecture, ideology and pol itics[M]. Milano: Electa Architecture Mondadori Electa spa, 2003.

[59] Alvar Aalto, ALVAR AALTO, Volume 1 - Volume 3, (Volume 1 and Volume 2, editor: Karl Fleig; Volume 3, editor: Elissa Aalto; Karl Fleig), Basel; Boston; Berlin: Birkhäuser Verlag, 1995.

[60] Alvar Aalto, Synopsis; Painting, Architecture, Sculpture, Basel und Stuttgart: Birkhäuser Verlag, 1970.

[61] Göran Schildt, Alvar Aalto, The Complete Catalogue of Architecture, Design and Art, New York: RIZZOLI, 1994.

[62] Nicholas Ray, Alvar Aalto, New Haven and London : Yale University Press, 2005.

[63] Richard Weston, Alvar Aalto, New York : Phaidon Press Inc. 1995.

[64] Louna Lahti, Alvar Aalto 1898–1976, Kolon: TASCHEN, 2004.

[65] Robert Venturi. Complexity and Contradiction in Architecture. New York: The Museum of Modern Art, 1977.

[66] Peter Arnell and Ted Bickford. Frank Gehry：Buildings and Projects[M]. New York：Rizzoli International Publications Inc., 1985.

[67] Tod A.Marder. Tod A.Marder(editor). Gehry House [M]. The Critical Edge：Controversy in Recent American Architecture. Cambridge：The MIT Press, 1985.

[68] Willy Boesiger. Le Corbusier Oeuvre Complete ：en 8 volumes/LeCorbusier[M]. Basel; Boston; Berlin ：Birkhäuser -Publishers for Architecture, 1965.

[69] Le Corbusier. Towards a New Architecture [M]. London：The Architecture Press, 1927.

[70] Le Corbusier. My Work [M]. Translated by James Palmes. London：The Architecture Press, 1960.

[71] （瑞士）W. 博奥席耶，O. 斯通诺霍编著 . 勒·柯布西耶全集（1-8 卷）[M]. 牛燕芳，程超译 . 北京：中国建筑工业出版社，2005.

[72] 郭黛姮，高亦兰，夏路编著 . 一代宗师梁思成 [M]. 北京：中国建筑工业出版社，2006.

[73] 刘敦桢主编 . 中国古代建筑史 [M]. 北京：中国建筑工业出版社，1984.

[74] 萧默主编 . 中国建筑艺术史 [M]. 北京：中国建筑工业出版社，2017.

[75] 陈明达 .《营造法式》辞解 [M]. 天津：天津大学出版社，2010.

[76] 周维权 . 中国名山风景区 [M]. 北京：清华大学出版社，1996.

[77] 梁思成 . 拙匠随笔 [M]. 天津：百花文艺出版社，2005：27-31.

[78] Michael Cannell，倪卫红译 . 贝聿铭传 [M]. 北京：人民文学出版社，1997.

[79] 卫莉，张培富 . 近代留日学生与中国建筑学教育的发轫 [J]. 江西财经大学学报，北京：2006 年第 1 期（总第 43 期）.

[80] 弗兰克·惠特福德 (Frank Whitford)，林鹤译 . 包豪斯 (Bauhaus)[M]. 北京：三联书店，2001.

[81] 薛恩伦 . 勒柯布西耶——现代建筑名作访评 [M]. 北京：中国建筑工业出版社，2011.

[82] 薛恩伦 . 弗兰克·劳埃德·赖特——现代建筑名作访评 [M]. 北京：中国建筑工业出版社，2011.

[83] 薛恩伦 . 路易斯·康　路易斯·巴拉甘——现代建筑名作访评 [M]. 北京：中国建筑工业出版社，2012.

[84] 薛恩伦 . 安东尼·高迪　密斯·范德罗厄——现代建筑名作访评 [M]. 北京：中国建筑工业出版社，2013.

[85] 薛恩伦.阿尔瓦·阿尔托——现代建筑名作访评 [M]. 北京：中国建筑工业出版社，2011.

[86] 薛恩伦.解构主义与动态构成：建筑造型与空间的探索——现代建筑名作访评 [M]. 北京：中国建筑工业出版社，2019.

[87] 薛恩伦.远古埃及对建筑学的贡献——古代建筑名作解读 [M]. 北京：中国建筑工业出版社，2016.

[88] 薛恩伦.印度建筑的兼容与创新：孔雀王朝至莫卧儿王朝——古代建筑名作解读 [M]. 北京：中国建筑工业出版社，2015.

[89] 薛恩伦.庞贝与古罗马建筑:研究建筑学的珍贵资料——古代建筑名作解读 [M]. 北京：中国建筑工业出版社，2018.

[90] 薛恩伦.西方建筑的摇篮:克诺索斯王宫至雅典卫城——古代建筑名作解读 [M]. 北京：中国建筑工业出版社，2017.

[91] 薛恩伦.马丘比丘:印加帝国的世外桃源——古代建筑名作解读 [M]. 北京：中国建筑工业出版社，2016.

[92] 高雷.广西三江侗族自治县鼓楼与风雨桥 [M]. 北京：中国建筑工业出版社，2016.

[93] 关肇邺.关肇邺选集 2002—2010 [M]. 北京：清华大学出版社，2011.

[94] 张锦秋.长安意匠——张锦秋建筑作品集 [M]. 北京：中国建筑工业出版社，2013.

[95] Rocco Yin. Reconnecting Cultures [M]. London：Artifice books on architecture，2013.

[96] 崔恺.本土设计 – 2 [M]. 北京：知识产权出版社，2016.

[97] 彭礼孝主编.都市·共生:都市实践第二个十年 [J]. 北京：城市·环境·设计杂志社，2019.

[98] 庄惟敏.建筑策划与设计 [M]. 北京：中国建筑工业出版社，2016.

[99] 维特鲁威著，高履泰译.建筑十书 [M]. 北京：中国建筑工业出版社，1986.

[100] 罗志刚.从城镇体系到国家空间系统 [M]. 上海：同济大学出版社，2015.

[101] 罗志刚，丁家骏等.一带一路与世界轴——基于新陆权主义的全球空间系统重构 [M]. 上海：同济大学出版社，2019.

[102] 吴良镛.广义建筑学 [M]. 北京：清华大学出版社，1989.

[103] 吴良镛.世纪之交的凝思:建筑学的未来 [M]. 北京：清华大学出版社，1999.

[104] Kenneth Framtton 著，张钦楠等译.现代建筑：一部批判的历史 [M]. 北京：生活·读书·新知三联书店，2004.

[105] 菲利浦·希提著，马坚译.阿拉伯通史（上、下）[M]. 北京：新世界出版社，2008.

图片来源
Sources of Illustrations

◆ 1.2-1、1.2-2、1.2-3、1.2-4、1.2-5、1.2-6，引自 Vitruvius, translated by Morris Hicky Morgan, PH.D, LL.D. The Ten Books on Architecture [M]. New York：Dover Publications,INC.,1914.

◆ 2.3-1、2.3-2、2.3-3、2.3-4、2.3-5、2.3-6、2.3-7、2.3-8、2.4.2-2、2.4.2-4、2.4.3-2、2.4.3-3、2.4.3-5、2.6.1-5、2.6.1-6、2.5.5-11、2.6.1-5 、2.6.1-6、2.6.2-1、3.1.1-1、3.1.1-2、3.1.1-6、3.3.1-1、3.3.1-2、3.3.1-3、3.3.1-4、3.3.1-5、4.11-3，引自互联网图片（本书作者进行技术加工）

◆ 4.1-1 引自 Kenneth Framtton 著，张钦楠等译. 现代建筑：一部批判的历史 [M]. 北京：生活·读书·新知三联书店，2004：19.

◆ 2.4.2-1、2.4.2-3、2.4.2-5、2.4.2-6、2.4.2-13、2.4.2-20、2.4.3-4、2.4.3-6、2.4.3-7、2.6.1-1、2.6.1-2、2.4.3-6、2.4.3.-，引自萧默主编. 中国建筑艺术史 [M]. 北京：中国建筑工业出版社，2017.

◆ 2.2.1-6、2.2.1-7、2.2.1-8、2.2.1-9、2.2.1-10、2.4.1-1、2.4.1-2、2.4.1-11、2.4.1-12、2.4.1-14、2.4.1-15、2.4.1-16、2.4.2-15、2.4.2-21、2.4.3-1、2.4.3-4，引自刘敦桢主编. 中国古代建筑史 [M], 北京：中国建筑工业出版社，1984.

◆ 2.5.6-2、2.5.6-3、2.5.6-4、2.5.6-5、2.5.6-6、2.5.6-7、2.5.6-8、2.5.6-9、2.5.6-10，引自：高雷. 广西三江侗族自治县鼓楼与风雨桥 [M]. 北京：中国建筑工业出版社，2016.

◆ 3.1.2-1、3.1.2-1、3.1.2-3、3.1.2-4、3.1.2-5、3.1.2-6、3.1.2-7、3.1.2-8、3.1.2-9、3.1.2-10、3.1.2-11、3.1.2-12、3.1.2-13，引自：薛恩伦. 远古埃及对建筑学的贡献 - 古代建筑名作解读 [M]. 北京：中国建筑工业出版社，2016.

◆ 3.1.1-8，引自：Seton Lloyd 著，高云鹏译. 远古建筑 [M]. 北京：中国建筑工业出版社，1999：66.

◆ 3.2.1-1、3.2.1-2、3.2.1-3、3.2.1-4、3.2.1-5、3.2.1-6、3.2.1-7、3.2.1-8、3.2.1-9、3.2.1-10，引自：薛恩伦. 西方建筑的摇篮：克诺索斯王宫至雅典卫城——古代建筑名作解读 [M]. 北京：中国建筑工业出版社，2017.

◆ 3.2.1-11、3.2.1-12、3.2.1-13、3.2.1-14、3.2.1-15、3.2.1-16、3.2.1-17、3.2.1-18、3.2.1-19、3.2.1-20、3.2.1-21、3.2.1-22、3.2.1-23、3.2.1-24、3.2.1-25、3.2.1-26，引自：薛恩伦. 庞贝与古罗马建筑：研究建筑学的珍贵资料——古代建筑名作解读 [M]. 北京：中国建筑工业出版社，2018.

◆ 3.3.3-1、3.3.3-2、3.3.3-3、3.3.3-4、
3.3.3-5、3.3.3-6、3.3.3-7、3.3.3-8、
3.3.3-9、3.3.3-10、3.3.3-11、3.3.3-12、
3.3.3-13、3.3.3-14，引自：薛恩伦.马丘
比丘：印加帝国的世外桃源——古代建筑
名作解读 [M].北京：中国建筑工业出版社，
2016.

◆ 4.1-2、4.3-1、4.4-1、4 4-2、4.4-3、4.1-25，
引自：Peter Gossel Gabriele Leuthauser.
Architecture in the Twentieth Century[M].
Berlin：Benedikt Taschen，1990.

◆ 4.3-9，引自：Urike Becks-Malorny. Kan-
dinsky[M]. Koln：Benedikt Taschen，
1994：121.

◆ 4.5-1、4.5-2、4.5-3、4.5-4、4.5-5、4.5-6、
4.5-7、4.5-8、4.5-9、4.5-10、4.5-11、
4.5-12、4.5-13、4.5-14、4.5-15、4.5-
16、4.5-17，引自：薛恩伦.弗兰克·劳埃
德·赖特——现代建筑名作访评 [M].北
京：中国建筑工业出版社，2011.

◆ 4.1-13、4.1-14、4.1-15、4.1-16、4.1-17、
4.1-18、4.1-19、4.1-20、4.1-21、4.1-
22、4.1-23、4.1-24、4.6-1、4.6-2、4.6-3、
4.6-4、4.6-5、4.6-6、4.6-7、4.6-8、4.6-9、
4.6-10，引自：薛恩伦.安东尼·高迪与
密斯·范德罗厄——现代建筑名作访评
[M].北京：中国建筑工业出版社，2013.

◆ 4.7-1、4.7-2、4.7-3、4.7-4、4.7-5、4.7-6、
4.7-7、4.7-8，引自：薛恩伦.路易斯·
康　路易斯·巴拉甘——现代建筑名作访
评 [M].北京：中国建筑工业出版社，2012.

◆ 4.9-1、4.9-2、4.9-3、4.9-4、4.9-5、4.9-6、
4.9-7、4.9-8,引自：薛恩伦.解构主义与
动态构成：建筑造型与空间的探索——现

代建筑名作访评 [M].北京：中国建筑工业
出版社，2019.

◆ 4.10-1、4.10-2、4.10-3、4.10-4、4.10-5、
4.10-6、4.10-7、4.10-8，引自：薛恩伦.
阿尔瓦·阿尔托——现代建筑名作访评
[M].北京：中国建筑工业出版社，2011.

◆ 4.12-1、4.12-2、4.12-3、4.12-4、4.12-5、
4.12-6、4.12-7、4.12-8、4.12-9、4.12-10、
4.12-11、4.12-12、4.12-13、4.12 14、
4.12-15、4.12-16、4.12-17、4.12-18、
4.12-19、4.12-20、4.12-21、4.12-22、
4.12-23、4.12-24、4.12-25、4.12-26、
4.12-27，引自：薛恩伦.勒柯布西耶——
现代建筑名作访评 [M].北京：中国建筑工
业出版社，2011.

◆ 5.1　吕彦直与南京中山陵图片引自互联
网。

◆ 5.2　关肇邺与清华校园图片引自：关肇
邺选集 2002-2010[M].北京：清华大学出
版社，2010.

◆ 5.3　张锦秋与长安意匠图片引自：长安
意匠·张锦秋建筑作品集：盛世伽蓝 [M].
北京：中国建筑工业出版社，2012.

◆ 5.4　庄惟敏与营建策划图片由清华大学
建筑设计研究院提供。

◆ 5.5　崔恺与本土设计图片由崔恺工作室
提供。

◆ 5.6　严迅奇与香港营建图片引自：Rocco
Yin. Reconnecting Cultures [M]. London：
Artifice books on architecture，2013.

◆ 5.7　孟岩与都市实践图片由都市实践
提供。

◆ 5.8　张永和与非常建筑工作室图片由非
常建筑工作室提供。

◆ 5.9 马清运与"地意田园"图片由马清运提供。

◆ 5.10 张利与简盟工作室图片由简盟工作室提供。

◆ 5.11 王澍与中国美院象山校区图片由本书作者拍摄。

◆ 5.12 张轲与标准营造图片引自：世界建筑 2018 第 10 期。

◆ 卢岩摄影的图片：2.4.2-17、2.4.2-18、2.4.2-19。

◆ 曲敬铭摄影的图片：2.5.4-1、2.5.4-2、2.5.4-3、2.5.4-4、2.5.4-5、2.5.4-6、2.5.4-7、2.5.4-8、2.5.4-9、2.5.4-10、2.5.4-11、2.5.4-12、2.5.4-13、2.5.5-1、2.5.5-2、2.5.5-3、2.5.5-4、2.5.5-5、2.5.5-6、2.5.5-7、2.5.5-8、2.5.5-9、2.5.5-10、2.5.5-12、2.5.5-13、2.5.5-14、2.5.5-15、2.5.5-16、2.5.5-17、2.5.5-18、2.6.2-6、2.6.2-7、2.6.2-8、2.6.2-9、2.6.2-10、4.4-12、4.4-13、4.4-14、4.4-15。

◆ 周锐摄影的图片：2.5.4-14、2.5.4-15、2.5.4-16、2.5.4-17、2.5.4-18、2.5.4-19、2.5.4-20。

◆ 叶子轻摄影的图片：2.4.2-7、2.4.2-9、2.4.2-10、2.4.2-11、2.4.2-12。

◆ 陈章摄影的图片：2.6.2-1、2.6.2-2、2.6.2-3。

◆ 宋欣然摄影的图片：4.3-17、4.3-18、4.3-22、4.3-23。

◆ 张兆宏摄影的图片：7.2-1、7.2-2、7.2-3、7.2-4、7.2-5、7.2-6、7.2-9、7.2-10。

◆ 李雯提供的图片：8.3-1、8.3-2、8.3-4。

◆ **凡是未注明来源的图片均为本书作者拍摄或绘制。**

后记
Postscript

本书最大的贡献是还原了一个正确的学术术语，并为这个术语重新赋予了正确的概念与灵魂，这个术语就是"营建学"（architecture）。长期以来，"建筑学"（architecture）这一畸形、错误的术语和概念充斥着中国学术界，在这一错误的基石上，关于建筑学的大学教育都是残缺的，对实践造成很多误导，有些甚至疯狂地追求所谓的形式游戏，走火入魔。

中国现代的"建筑学"这一概念之所以错误，是因为其只关注"建筑物"这一单体的设计。尽管英语里"architecture"一词也有设计学、建造学的意思，本可以不受"建筑物"单体的束缚，避免现代主义建筑的问题。但是，或许是由于以下原因使得architecture在西方现代语境里走向了迷失：一是现代工艺技术条件是一个颠覆性的事物，人类第一次应用这样的技术体系还缺乏形式处理经验，相关的形式设计原理其实到今天都还没有成熟；二是西方特有的"原子论"式的思维方式的局限性，使其认为只要解决一栋建筑物的问题或一个局部技术细节的问题就能解决城市和建筑群的整体问题，他们无法意识到还有比"建筑群"更高层面的营建问题；三是现代城市和建筑类型的复杂性、多样性，极大地增加了形式问题的难度，对由于人类建造产生的形式问题的理解也需要一个长期的过程。

建造物的"形式"，不仅仅是一栋建造物的图案样式。如果以一栋建造物的形式为一级形式的话，那么还有建筑群、城市片区、城市整体、大地环境这样的二级、三级、四级等多级形式。建筑师自顾自地"标新立异"，毁坏的是二级、三级、四级等的形式秩序。

这个问题在古代东西方是通过"法式"或"order"解决的，他们都实现了多级形式秩序的协调。这不是说石头建筑就只能做出西方五柱式，木结构就只能做出中国的斗栱和大屋顶，而是"法式"体系统一、协调了建造行为。

古罗马维特鲁威的《营建学十书》表述的建造学原理、order（法式或形制）、城市规划等，构成了architecture一词的主要含义——规制、规划、统筹、建造。对每一个层次的形式问题都有规制约束，这是我们需要关注的核心内涵，也就是"营"的内涵。

对于现代城市和建筑，简单套用古代的"法式"做法显然过于僵化。西方营建师埃罗·沙里宁提出了"'形式'表现'相互协调和空间有机秩序'的城市设计原则"，并认为营建师"要把他的各种表现形式，组成彼此协调的良好关系，最终把城市中的形式多样的有机体合成一个和谐的统一体。"埃罗·沙里宁的认识其实已经接近形成二级秩序、多级秩序的概念，可惜埃罗·沙里宁及其后的营建师、规划师都没有在这个方向获得突破，至今没有形成科学的认识。营建形式其实是一门科学，而且是一门涉及多级秩序协调联动的复杂科学。

梁思成先生也提出了建筑设计不能只顾及一座建筑物本身，而是要扩及其"体形环境"，进而梁思成先生一直把城市规划看作是建筑设计的延续。他认为，城市就是一个扩大的综合性的整体建筑群。对城市设计，梁思成"注重三度空间的城市实体环境的设计"。由此可见，梁思成与埃罗·沙里宁的思想有相似之处，但二人均"未能系统地提出现代城市设计的方法与措施"。

当代还有学者提出"广义建筑学"的含糊概念，意图应该也是希望探索更大尺度的设计科学，无奈"建筑学"本身就缺乏根基，这个方向的探索并不成功。

还有更广大的规划师也在探索大尺度层面的形式设计问题，但至今都没有形成成熟的理论体系。

这也是本书作为"后记"需要提出的第一个问题：回归"营建学"只是第一步，这一步为我们砸开了一道厚重的枷锁，一个新的学术空间的大门打开了。如何在营建学的广阔空间里构建新的形式理论大厦，是更艰巨、更有意义的工作，留待我们不断努力吧。

作为"后记"要提出的第二个问题，是营建学在规划领域的发展问题。按照营建学最初的概念内涵，它是包含城市规划的。现代城市规划自形成以来，越来越成熟于一个个现代城市或一个个居住区的规划，但对于同层级城市协调、打破城市边界进行要素重组，以及跨层级协调、跨多个层级协调等则缺乏概念和认识，更没有形成科学的理论体系。因此，在规划领域，营建思想随着空间尺度的扩展也具有了实际意义。如今，我国正在推行的国土空间规划为我们提供了这样一个全要素、跨层级的规划协同平台，也相当于为大家砸开了一道厚重的枷锁，并开启一个新的学术空间的大门。如何在国土空间规划的广阔空间里构建新的规划理论体系，这必将是一项更艰巨、更有意义的工作，留待我们不断建功吧。

罗志刚
2020.10.10